JN074886

モデル評価・精度改善・
可視化 実務活用のための

LightGBM 予測モデル実装ハンドブック

ハンズオン
形式で学べるから
よくわかる

著 毛利拓也

秀和システム

はじめに

筆者は機械学習システムの開発運用（Machine Learning Operations:MLOps）およびMLOps基盤の構築プロジェクトを支援しています。本書は実践知を基にLightGBMの仕組みや実務への活用方法をハンズオン形式で学ぶ技術書です。LightGBMは、レコード数が1,000万件を超える大規模データでも数時間でモデル学習でき、予測精度が高く、実装がシンプルという本番運用に適した特徴を兼ね備えた機械学習アルゴリズムです。

企業の社内システム（基幹システムなど）が蓄積しているデータの多くが、リレーショナルデータベースを基にしたトランザクションデータです。そのため、大量レコードのテーブルデータを高速に学習できるLightGBMは、社会実装という観点で最も実用的なアルゴリズムの1つだといえます。また、LightGBMは実務だけでなく、Kaggleなどのデータ分析のコンペティションでも主砲として広く使われています。

本書の目標は以下の2つです。

1. LightGBMの仕組みを理解し、他のアルゴリズムとの違いを具体的に理解する
2. LightGBMの実務での活用方法を理解する

目標1のLightGBMの仕組みを理解するためには、逆説的ですが「LightGBM以外」の仕組みを具体的に理解する必要があると筆者は考えています。そこで、本書は機械学習の基礎となる「線形回帰」、勾配ブースティングの基礎となる「決定木（回帰木）」の仕組みを最初に整理し、続いて、回帰木→勾配ブースティング→XGBoost→LightGBMというように、アルゴリズムごとの工夫（前提条件）を数式を交えて理解する構成にしています。

目標2の実務活用は、探索的データ解析（EDA）、クロスバリデーション、特徴量エンジニアリング、ハイパーパラメータ最適化の精度改善の実装を通じて、実務で役立つ考え方や運用で注意すべき点を学べるようにハンズオンします。また、実務は精度の改善と並んで、予測値の説明性が大事になります。そこで、予測値を特徴量の貢献度で分解し、予測値の原因を分析します。

本書がきっかけとなり、機械学習の技術や予測モデルの有用性に興味を持っていただき、予測モデルの社会実装に役立てていただければうれしく思います。

2023年5月　毛利拓也

本書の対象者

本書は、LightGBMを深く学びたいエンジニア、実務での活用方法を知りたいエンジニアを対象にしています。そのため、本書は入門書ではなく、以下のスキルを持つ読者を想定して執筆しました。

・Pythonのプログラミング経験がある
・Linuxの基本的な操作ができる
・機械学習の基本的な用語を知っている
・機械学習モデルを実装したことがある

ただし、ゼロからの初心者でも基本を中心に解説しているので、他の入門書を参考にしながら学べるよう配慮しました。また、サンプルコードはNotebookで用意し、ハンズオンは環境構築が不要なColaboratoryを使用するので、細かい処理は理解できなくても、サンプルコードに沿って予測モデルを実装できます。

本書の構成

第1章　予測モデルの概要

本書が前提とするスコープと予測モデルの作成の流れを確認します。機械学習アルゴリズムの全体像を俯瞰し、ハンズオン対象の予測モデルを整理します。Colaboratoryの初期設定とサンプルコードを用意します。

第2章　回帰の予測モデル

予測モデルの基礎として線形回帰、回帰木をハンズオンします。LightGBM回帰の予測値の計算方法をハンズオンを通じて理解します。

第3章　分類の予測モデル

2章の回帰の知識を分類に応用し、ロジスティック回帰、LightGBM分類をハンズオンします。検証データを使ったモデル評価を解説し、アーリーストッピングを使ったLightGBM分類のハンズオンをします。

第4章　回帰の予測モデル改善

実務を意識して、探索的データ解析、予測モデル実装、特徴量エンジニアリング、ハイパーパラメータ最適化に取り組み、段階的にモデルの精度を改善します。

第5章　LightGBMへの発展

論文の記載を引用しながら、勾配ブースティングの学習にスポットをあてます。回帰木→勾配ブースティング→XGBoost→LightGBMの学習アルゴリズムの工夫を理解します。

謝辞

本書の執筆に際し、以下の方々の協力のおかげで完成させることができました。ここに、感謝の意を表します。

『PyTorchニューラルネットワーク実装ハンドブック』の共著者である大川洋平氏には、専門的な立場で何度もレビューいただき、ディスカッションを通じて品質を格段に高めることができました。

『GANディープラーニング実装ハンドブック』の共著者である株式会社ウェブファーマー代表の大政孝充氏には、5章と数式を中心にレビューしていただき、数式の解説で多くの示唆をいただきました。

エンジニアの臼井渉氏には、自分では気づきにくい細かい数式のミスや正確性を欠く記載を指摘いただき、記載を見直すことができました。

Kaggle Competition Master神野亮太氏には、専門的な立場で4章の特徴量エンジニアリングで有益なアドバイスと示唆をいただきました。

最後に、一人ずつ名前を挙げることができませんが、機械学習プロジェクトをご一緒させていただいたメンバーおよびプロジェクトを支えていただいた関係者とのディスカッションのおかげで、この本が完成したと思っています。

目次

第3章 分類の予測モデル

第4章　回帰の予測モデル改善

ダウンロードサービスのご案内

サンプルコードのダウンロードサービス

本書ではサンプルコードのダウンロードサービスがあります。

https://www.shuwasystem.co.jp/support/7980html/6761.html

執筆で使用した各バージョンについて

- **Pythonのバージョン**：Python 3.10.11

- **ライブラリのバージョン**

サンプルコードは執筆時点（2023年5月）のColaboratoryのライブラリで動作確認しています。

pandas 1.5.3
numpy 1.22.4
matplotlib 3.7.1
seaborn 0.12.2
scikit-learn 1.2.2
xgboost 1.7.5
lightgbm 3.3.5
shap 0.41.0
optuna 3.1.1
graphviz 0.20.1

第1章

予測モデルの概要

1.1

予測モデル

本節は機械学習の全体像を視野に入れて、本書が対象とする予測モデルの範囲を確認します。続いて、テーブルデータを使った予測モデルの作成の流れを理解し、2章以降の予測モデル実装の基礎知識を整理します。

イントロダクション

機械学習は人工知能の一分野として発展し、自ら学習するアルゴリズムが開発されたことで、データから予測に関する知識を取得できるようになりました。これまでは、人間が大量のデータを分析してルールを導き出し、モデルを構築していました。現在、機械学習がデータから知識やパターンを引き出す効率的な方法を提供し、人間がデータに基づいた判断を下せるよう**機械学習モデル**を構築します。

機械学習は学習データの形式によって、教師がつけられたデータで学習する「教師あり学習」と、教師データのない「教師なし学習」「強化学習」に二分できます。これらの「教師あり学習」「教師なし学習」「強化学習」という分類は、機械学習を説明する際によく用いられています。

- 教師あり学習
- 教師なし学習
- 強化学習

教師データは「目的変数」「応答変数」と呼ばれ、予測値に対する正解値や実績値になります。その一方で、データの属性を示す変数は「特徴量」「説明変数」と呼ばれます。

教師なし学習は、特徴量から意味のある情報を取り出す機械学習モデルを構築します。データを意味のあるグループに分ける「クラスタリング」や、データの中で意味が高い軸を取り出す「次元削減」が代表的です。

強化学習はロボット制御やゲームAIに利用されています。強化学習では、教師データの代わりに「報酬」を設定します。ある環境内に存在するエージェントは、報酬を最大化するように行動を試行錯誤して学習を行います。

本書では、教師あり学習を使った機械学習モデルを対象とするため、教師なし学習と強化学習の詳細な説明や実装は行いません。これ以降、教師あり学習を説明する際に、教師データは「目的変数」、属性を示す変数は「特徴量」と記載します。

教師あり学習は特徴量xと目的変数yのペアの学習データ(x, y)を使用し、正解値yを予測するよう機械学習モデルを構築します。モデルは特徴量xの入力データを予測値$\hat{y}$に変換して出力します。教師あり学習は予測値$\hat{y}$と正解値yが近づくようモデルを学習し、その後、予測したい特徴量をモデルに入力し、予測値を出力します。このとき、モデルは将来の数値や、将来のイベントの発生確率を予測するので、本書は教師あり学習の機械学習モデルのことを**予測モデル**、または省略して**モデル**と記載します。

本書は図1.1の枠で示した機械学習の予測モデル実装ハンドブックです。機械学習は特徴量に**構造化データ**と呼ばれるデータベーステーブルやExcelのような表形式のデータ（テーブルデータ）を使用し、scikit-learn、xgboost、lightgbmなどテーブルデータ専用のライブラリでモデルを実装します。

■図1.1　学習方法の整理と本書のスコープ

学習方法	学習データ	機械学習	深層学習
教師あり学習	(特徴量x, 目的変数y)	未来の数量や合否判定などテーブルデータを使った予測	物体検出や文章分類など画像や文章を使った予測
教師なし学習	(特徴量x)	テーブルデータのクラスタリングやデータの次元削減	GANなど画像生成を使った異常検知や画像変換

なお、機械学習という大きな枠の中に深層学習（ディープラーニング）という一分野があります。**深層学習**はニューラルネットワークを使った表現力の高い予測モデルの構築が可能です。深層学習はテーブルデータでもモデル構築できますが、画像や自然言語など**非構造化データ**を使用したモデル構築に適しています。深層学習はPyTorchやTensorFlowなどのニューラルネットワーク専用のライブラリで予測モデルを実装し、機械学習とは大きく実装方法が異なるので、本書では深層学習を対象外とします。

テーブルデータの予測モデル

テーブルデータを例に予測モデルの実装プロセスを具体化します。テーブルデータは図1.2のように、行と列で構成された表形式のデータで、行はデータ1件ごとのレコード（インスタンス）、列はレコード1件ごとの属性情報を表し、**特徴量**の**列**と**目的変数**の**列**があります。

■図1.2　テーブルデータの特徴量と目的変数

	特徴量				目的変数
ユーザID	性別	年齢	サイトで使った金額	その他属性	クリック
1	F	31	0	…	0
2	M	49	4000	…	1
…	…	…	…	…	…
998	M	21	100	…	1
999	F	18	200	…	0
1000	M	35	1500	…	1

構造化データと非構造化データ

学習データは、**構造化データ**と**非構造化データ**に分けることができます。構造化データはテーブル形式のデータで、非構造化データは構造化データ以外のすべての総称で画像、文章、音声などのデータを指します。一般的に構造化データは機械学習、非構造化データは深層学習と相性がよい傾向がありますが、学習データの特性やデータ量に応じて、機械学習と深層学習を使い分けます。

図1.3　学習データとテストデータを使った予測モデルの作成プロセス

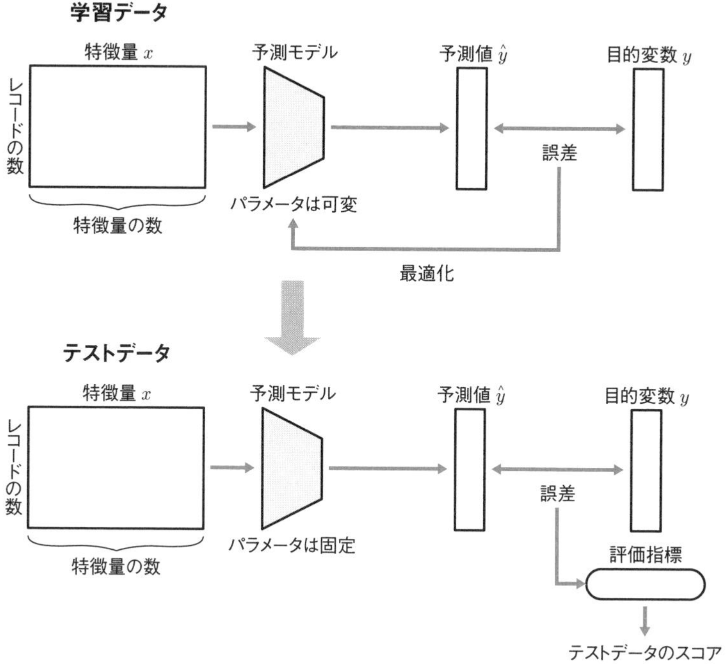

本書は、webで公開されているデータセットをテーブルデータに使用します。テーブルデータを使って、予測モデルを作成するとき、テーブルデータを「学習用」と「評価用」のレコードに分割する必要があります。最も簡単なデータセットの分割方法は、学習データとテストデータの2つに分割する方法です。学習データには特徴量と目的変数があり、モデルの学習に使用します。同様に、テストデータには特徴量と目的変数があり、予測値と目的変数を突き合わせて、モデルを評価します。

予測モデルは図1.3のように特徴量を入力し、予測値を出力します。**モデル**は特徴量の重みを表す**パラメータ**を持っています。パラメータはモデルの特性を表す数値であり、モデルは入力された「特徴量の数値」と「パラメータの数値」を組み合わせて予測値を計算します。予測モデルの作成プロセスは学習→予測→評価の3プロセスに整理できます。

学習

予測モデルの中のパラメータは可変です。学習はモデルの予測値と目的変数の正解値で誤差を計算し、誤差が小さくなるようモデルの中のパラメータを最適化します。

予測

学習が終わったら、テストデータの特徴量をモデルに入力し、予測値を出力します。このとき、モデルの中のパラメータを固定して予測値を計算します。

評価

評価は、目的変数と予測値を評価指標に入力して、モデルの精度をスコア化します。図1.3の例だとモデルの堅牢性を担保するため、学習に使用していないテストデータで評価します。モデルは学習データの目的変数を使用し、学習しているため、正解値を知っています。そのため、学習データは最終的なモデルの良し悪しの評価には使えません。

コラム

機械学習システム（本番運用）の学習→予測→評価

機械学習システムで予測モデルを運用する場合、予測は実績値がないタイミングで実行し、将来の予測値をビジネスなどで役立てます。このとき、推論データの特徴量の列には数値がありますが、目的変数の列には0やnullなどダミー値になります。そのため、予測実行のタイミングでは推論データに対するモデル評価は不可能です。モデル評価は、予測値に対する実績値を取得できるまで待つ必要があります。

前月までの実績データを使い、今月の月末までの取引量を日別に需要予測するモデルを例にして、1月の学習→予測→評価の実行タイミングを考えます。

1月時点

実績データは図1.4の左側の状態で、12月末までの実績データを使用し、月初に1月末までの取引量を予測するモデルを作成します。続いて、2023年1月の特徴量の推論データをモデルに入力し、1月末までの取引量を予測します。このとき、予測実行した月初の時点は、1月末までの取引量はデータベースに未登録のため、取引量の列はダミー数値0になります。そのため、1月の予測は実行可能ですが、評価は実績データが揃ってないため実行できません。

2月時点

実績データは図1.4の右側の状態になり、1月の実績値が登録済みです。この時点で1月月初に出力した1月の予測値の評価、つまり答え合わせが可能になり、予測月が1月の学習→予測→評価が完了となります。

■図1.4　12月末時点と1月末時点の実績データベース

2022年12月末時点の実績データベース

データ	年	日付	特徴量	取引量
実績	2022	2022/1/1	…	150
		2022/1/2	…	220
		…	…	…
		2022/12/30	…	150
		2022/12/31	…	240
推論	2023	2023/1/1	…	0
		2023/1/2	…	0
		…	…	…
		2023/1/30	…	0
		2023/1/31	…	0

2023年1月末時点の実績データベース

データ	年	日付	特徴量	取引量
実績	2022	2022/1/1	…	150
		2022/1/2	…	220
		…	…	…
		2022/12/30	…	150
		2022/12/31	…	240
	2023	2023/1/1	…	180
		2023/1/2	…	250
		…	…	…
		2023/1/30	…	290
		2023/1/31	…	320
推論	2023	2023/2/1	…	0
		2023/2/2	…	0
		…	…	…
		2023/2/27	…	0
		2023/2/28	…	0

1.2

機械学習アルゴリズム

教師あり学習の機械学習アルゴリズムの全体像を整理して、ハンズオン対象のアルゴリズムを確認します。続いて、線形回帰と決定木を比較します。最後に、決定木を用いたアンサンブル学習を紹介し、ブースティングとバギングの違いを確認します。

 機械学習アルゴリズムの全体像

機械学習アルゴリズムは予測モデルの式の仮定、最適化に使用する目的関数、最適化の計算方法、データの取得方法などに独自の工夫があり、同じ学習データでもアルゴリズムごとに異なる予測値になります。

機械学習ライブラリ**scikit-learn**は、予測モデルの開発に必要なAPIを提供し、主要な機械学習アルゴリズムを網羅しています。教師あり学習は、データの目的変数が連続値（数値）か、離散値（カテゴリ値）かで**回帰**と**分類**のタスクに分かれます。

scikit-learn algorithm cheat-sheet [1] は、回帰と分類の代表的なアルゴリズムを整理しています。

本書が扱うLightGBMは、勾配ブースティングというアルゴリズムに属する手法です。本書では回帰と分類の基本的なアルゴリズムと共に、勾配ブースティングを対象にハンズオンします。図1.5の実装が「○」のアルゴリズムはハンズオンの対象です。

本書では勾配ブースティングに関連した手法として、「線形回帰」を使用した手法と「決定木」を基にした手法の2つにスポットを当てます。

●線形回帰

予測値は特徴量と線形の関係という仮定をおきます。特徴量は人間が指定するので、特徴量の意味を解釈できれば、予測値の解釈性が高い点が強みです。また、線形性の仮定のおかげで、学習データが小さくても過学習しづらい特性があります（ただし、2乗項や3乗項など高次の特徴量を追加し、モデルを複雑にした場合は過学習します）。弱みは決定木系アルゴリズムに比べると精度が劣る点です。実務で高い解釈性を求められる場合やデータ量が限られていて過学習を避けたい場合に有効です。

■図1.5　機械学習アルゴリズムの整理

タスク	手法	アルゴリズム	scikit-learn ライブラリ	実装
回帰	線形回帰	線形回帰	sklearn.linear_model.LinearRegression	○
		Ridge 回帰	sklearn.linear_model.Ridge	
		Lasso 回帰	sklearn.linear_model.Lasso	○
	決定木	回帰木	sklearn.tree.DecisionTreeRegressor	○
		ランダムフォレスト回帰	sklearn.ensemble.RandomForest Regressor	
		勾配ブースティング回帰	sklearn.ensemble.GradientBoosting Regressor	○
分類	線形回帰	ロジスティック回帰	sklearn.linear_model.LogisticRegression	○
	決定木	分類木	sklearn.tree.DecisionTreeClassifier	
		ランダムフォレスト分類	sklearn.ensemble.RandomForest Classifier	
		勾配ブースティング分類	sklearn.ensemble.GradientBoosting Classifier	○

ワンポイント

その他の機械学習アルゴリズム

テーブルデータの予測モデル作成には、図1.5のアルゴリズムの他に、サポートベクターマシンやK近傍法があります。サポートベクターマシンは高い表現力を持つモデルですが、データサイズが大きいと学習に時間がかかるため、業務システムのような巨大なデータベースでの予測モデルの構築などでは避けるケースもあります。また、K近傍法もデータサイズが大きいと避ける傾向にあり、本書の対象外とします。

■図1.6　線形回帰（1次関数）の例

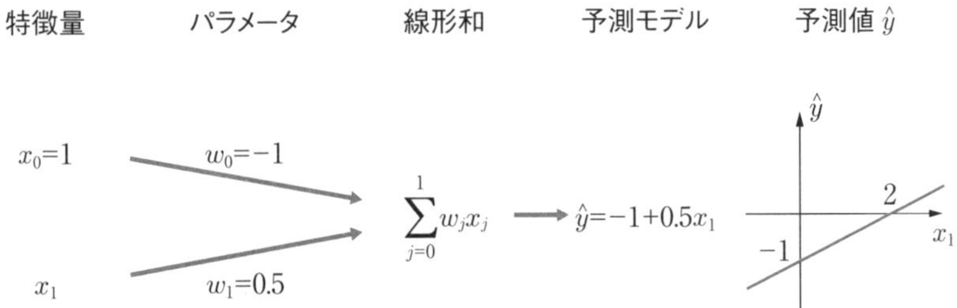

線形回帰とロジスティック回帰は勾配ブースティングの基礎を含んでいるため、ハンズオンの対象とします。また、Ridge回帰とLasso回帰は、線形回帰に「L2正則化」と「L1正則化」をそれぞれ加え、過学習を防ぐことができる線形回帰の上位互換アルゴリズムです。正則化は勾配ブースティングの中のXGBoostやLightGBMでも使用します。正則化は2.2節で紹介し、4.2節でLasso回帰を実装します。

●決定木

もう1つは決定木系のアルゴリズムです。決定木は学習データの特徴量を使って「条件分岐」の組合せで葉を作成し、葉ごとに異なる予測値を出力します。そのため、予測値は線形回帰と異なり、非連続です。

■図1.7　決定木（回帰木）の例

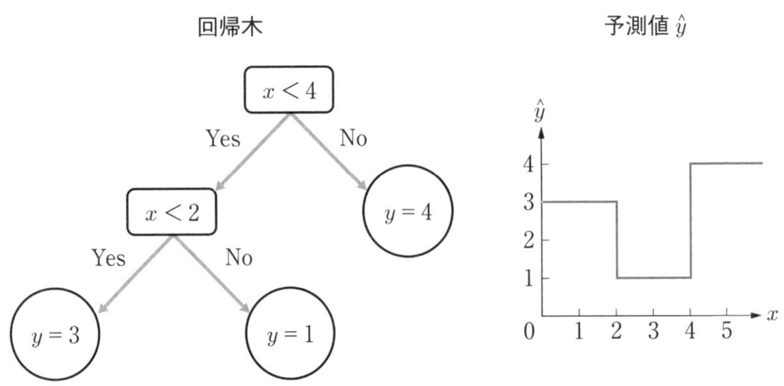

決定木は単体だと予測の解釈が容易という強みがある反面、学習データに過学習しやすく他のアルゴリズムに比べると精度は高くありません。しかし、決定木はアンサンブル学習の弱学習器に利用できます。**弱学習器**は単独で利用するとランダムよりわずかによい精度のモデルのことで、**アンサンブル学習**は複数の弱学習器を組み合わせて1つの優れたモデルを作成する手法です。決定木を用いたアンサンブル学習には「勾配ブースティング」と「ランダムフォレスト」があり、本書タイトルのLightGBMは勾配ブースティングを基に発展したアルゴリズムです。

勾配ブースティングは、回帰タスクでは回帰木を弱学習器として使用します。また、分類タスクにおいても回帰木を弱学習器に用いることが特徴的です。本書では勾配ブースティングの理解を深める目的で回帰木のハンズオンを行いますが、分類木については実装の対象外とします。

■図1.8　アンサンブル学習に使用する決定木の整理

アルゴリズム	タスク	決定木	補足
ランダムフォレスト	回帰	回帰木	分割基準に二乗誤差を使用
	分類	分類木	分割基準にジニ係数、エントロピーを使用
勾配ブースティング	回帰	回帰木	分割基準に二乗誤差を使用
	分類	回帰木	回帰の予測値をシグモイド関数で二値分類に変換

決定木のアンサンブル学習

アンサンブル学習の手法には、弱学習器を直列に配置して順番に学習する「ブースティング(Boosting)」と、並列に配置して独立に学習する「バギング(Bagging)」の2つの学習方法があります。

ブースティング

ブースティング(Boosting)は複数の弱学習器を使って順番に学習して1つの予測モデルを作成する手法です。ブースティングの中で有名なアルゴリズムは**勾配ブースティング**(Gradient Boosting) [2] と**アダブースト**(AdaBoost) [3] の2つです。勾配ブースティングは弱学習器に決定木を使用するので、**勾配ブースティング木**(**GBDT**:Gradient Boosting Decision Tree)と記載することもありますが、本書は「勾配ブースティング」と記載します。

勾配ブースティングの学習は1つ手前の決定木の予測値を利用しながら、予測の精度を段階的に改善します。K本の決定木をブースティングする場合は、図1.9のようにK本ぶんの残差（＝正解値－予測値）を計算し、それぞれの残差が最小化するような決定木の重みを学習します。図1.3の学習データの誤差をK本の決定木に対し、繰り返し計算するイメージで、手前の木の誤差修正のおかげで、ブースティングが進むほど残差は小さくなります。学習の詳細は5.2節を確認してください。

■図1.9　勾配ブースティングの学習

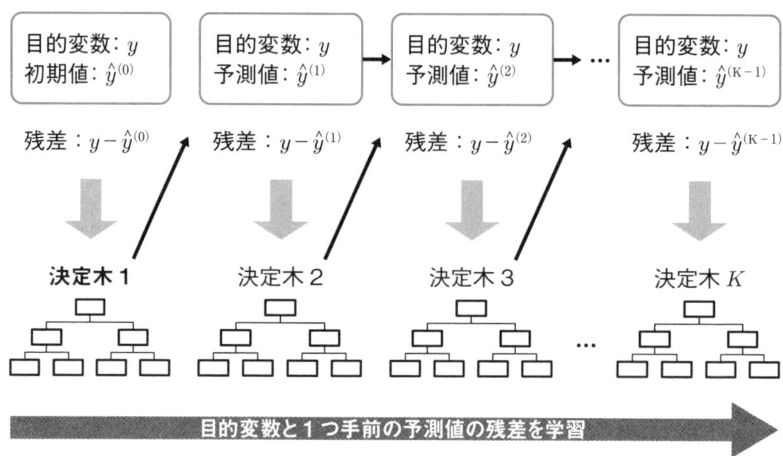

勾配ブースティングの予測はK本の決定木に予測したい特徴量$\mathbf{x}$を入力し、初期値$\hat{y}^{(0)}$に決定木kにおいて特徴量の条件に該当した葉の重み$w_k(\mathbf{x})$（残差を決定木で汎化した数値）を順番にK本ぶん加算します。予測の詳細は2.4節を確認してください。

$$\hat{y} = \hat{y}^{(0)} + w_1(\mathbf{x}) + w_2(\mathbf{x}) + \cdots + w_K(\mathbf{x}) = \hat{y}^{(0)} + \sum_{k=1}^{K} w_k(\mathbf{x})$$

図1.10 勾配ブースティングの予測

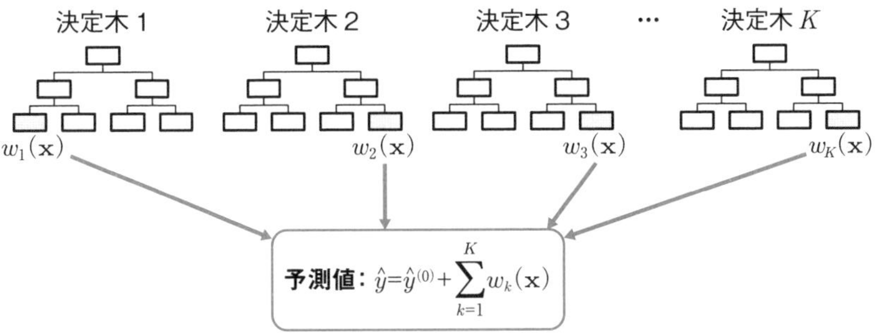

バギング

バギング（Bagging：Bootstrap aggregatingの略）は互いに独立した複数の弱学習器を並列に作成し、学習器の予測を平均化して、1つの優れた予測を作る方法です。回帰の場合は予測が連続値なので、予測の平均を計算できますが、分類の場合は弱学習器のラベルで多数決を取りラベルを決めます。ランダムフォレストは弱学習器に決定木を使用した手法で、回帰のときは回帰木、分類のときは分類木を使用します。

図1.11 ランダムフォレストの学習

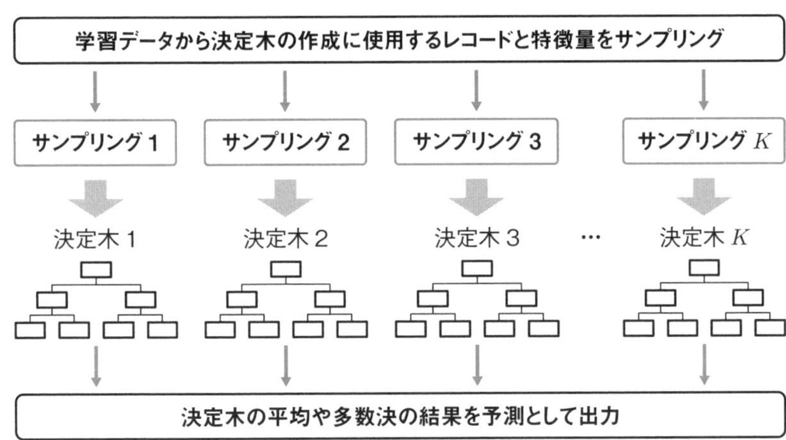

バギングは、その名前の一部にもなっているBootstrap法で複数の多様な決定木を作って弱学習器とします。**Bootstrap法**は1回のサンプリングで同じレコードの重複抽出を許可します。加えて、決定木の作成に使用できる特徴量の数を制限して、決定木ごとに選択できる特徴量をランダムに変えます。**ランダムフォレスト**は、学習データの「行」と「列」のデータサンプリングにランダム性を加えることで、多様性を持った決定木を作成し、それらの予測値を平均化して精度を高めるアルゴリズムです。独立した複数の決定木を組み合わせることで、決定木の弱点である過学習を緩和し、汎化性を向上させます。

■図1.12　ブートストラップと特徴量の選択

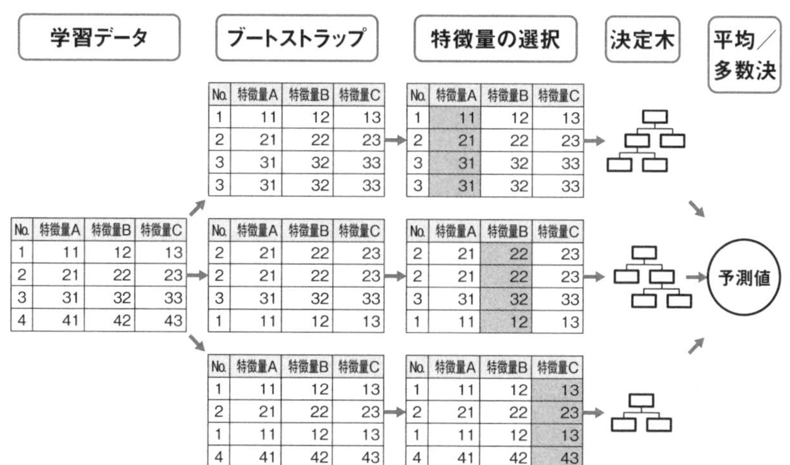

学習データ:

No.	特徴量A	特徴量B	特徴量C
1	11	12	13
2	21	22	23
3	31	32	33
4	41	42	43

ブートストラップ（上）/ 特徴量の選択（特徴量A）:

No.	特徴量A	特徴量B	特徴量C
1	11	12	13
2	21	22	23
3	31	32	33
3	31	32	33

ブートストラップ（中）/ 特徴量の選択（特徴量B）:

No.	特徴量A	特徴量B	特徴量C
2	21	22	23
2	21	22	23
3	31	32	33
1	11	12	13

ブートストラップ（下）/ 特徴量の選択（特徴量C）:

No.	特徴量A	特徴量B	特徴量C
1	11	12	13
2	21	22	23
1	11	12	13
4	41	42	43

 勾配ブースティングのライブラリ

ここでは勾配ブースティングの実装ライブラリを簡単に紹介します。

scikit-learn

ライブラリ**scikit-learn**は幅広く機械学習アルゴリズムをカバーし、勾配ブースティングのAPIも提供しています。

①sklearn.ensemble.GradientBoostingRegressor
②sklearn.ensemble.GradientBoostingClassifier
③sklearn.ensemble.HistGradientBoostingRegressor
④sklearn.ensemble.HistGradientBoostingClassifier

GradientBoostingRegressorやGradientBoostingClassifierは、内部で回帰木(sklearn.tree.DecisionTree Regressor)を呼び出し、特徴量の条件分岐を作成します。そのため、大規模データだと学習に時間がかかってしまい、実務で使われることは多くありません。scikit-learnはLightGBMにインスパイアされたHistGradient Boosting[10]も提供しています。HistGradientBoostingは特徴量ごとのレコードの数値をヒストグラムで粗くすることで、特徴量の条件分岐の計算を高速化したアルゴリズムです。実務ではこちらの方が好まれます。

xgboost

2014年発表のXGBoost[4]のアルゴリズムを実装したライブラリです。XGBoostはKaggleを始めとしたデータ分析コンペで上位を占め、現在でも人気が高いアルゴリズムです。

lightgbm

2016年発表のLightGBM[6]を実装したライブラリです。XGBoostの改良点を受け継ぎつつ、ヒストグラムを活用することで、XGBoostよりも高速に学習できるため実務でも広く使われます。精度は同程度ですが、使える目的関数や評価指標が増え、ハイパーパラメータもXGBoostより細かい調整が可能です。

catboost

2017年発表のCatBoost[11]を実装したライブラリで、target encodingで指定したカテゴリ変数の特徴量を数値に変換します。target encodingはカテゴリ値ごとの目的変数の平均値を使って数値に変換します。また、oblivious decision treesと呼ばれる、深さと左右の条件分岐が同じ決定木を使用します。

なお、ライブラリxgboostは「Learning API」と「scikit-learn API」を、ライブラリlightgbmは「Training API」と「scikit-learn API」をそれぞれ提供しています。scikit-learn APIは、scikit-learnでの操作と互換性のあるインターフェースを提供しています。ハイパーパラメータ名などのわずかな差がありますが、今回のハンズオンはLearning APIとTraining APIを使用します。

ワンポイント

アルゴリズムとライブラリの表記

XGBoost、LightGBM、CatBoostなど大文字を含むときはアルゴリズムを指します。これらのアルゴリズムは独自の改良を加えて、実装ライブラリも発表しています。ライブラリを指すときはxgboost、lightgbm、catboostなど小文字で記載します。

1.3

環境構築

本節は本書のサンプルソースコードとColaboratoryの使用方法をご紹介します。Colaboratoryはクラウドで動くJupyter Notebook環境です。

 サンプルコード

サンプルのソースコードは以下に格納しています。サンプルコードはlightgbm 3.3.5のバージョンで実装したNotebookです。ライブラリのバージョンは目次のあとに記載しています。リンク先からサンプルコードをダウンロードします。ダウンロードしたフォルダ名を「lightgbm_sample」に修正します。

- **サンプルコード　ダウンロードサイトURL**

https://www.shuwasystem.co.jp/support/7980html/6761.html

 Colaboratoryの初期設定とサンプルコードの格納

ColaboratoryはGoogleが推進している機械学習の教育研究を目的としたプロジェクトで、設定が不要なJupyter Notebook環境を提供しています。Colaboratoryはクラウドで動くJupyter Notebook環境なので、PCに環境を準備しなくてもクラウド環境でソースコードを動かすことができます。Colaboratoryは最初からpandas、numpy、matplotlib、scikit-learn、lightgbmなどハンズオンで使用するライブラリがプリインストールされています。Colaboratoryは環境構築が不要なので、ソースコードを手早く実行したい初心者にお勧めです。

Colaboratoryは PC版のwebブラウザであるChromeで動作します。

- **Colaboratoryのwebページ**

https://colab.research.google.com/

上記のURLをwebブラウザで開くと、ポップアップが表示されます。ここでは、キャンセルを選択します。

なお、Colaboratoryを使用する際は、Googleアカウントでのサインインが必要になるので、事前にGoogleアカウントを準備しておいてください。

図1.13　URLクリック時のポップアップ

Colaboratoryのブラウザが表示されるので、「ドライブにコピー」をクリックします。

図1.14　こんにちはColaboratory

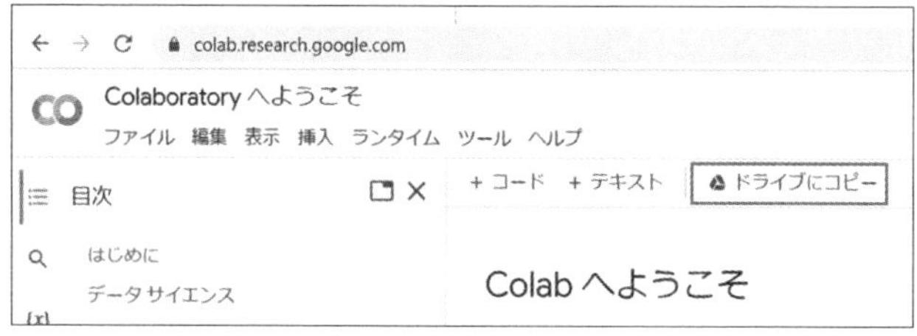

Googleドライブに Googleアカウントでログインすると、「Colab Notebooks」のフォルダが作成されています。先ほど、ドライブにコピーしたファイルは、このフォルダの中に保存されています。これで、Colaboratoryの準備は完了です。

図1.15　ソースコードが保存されるColab Notebooksのフォルダ

次に、PCなどのローカル環境に、ダウンロードしたサンプルコードのフォルダ「lightgbm_sample」をGoogleドライブの「Colab Notebooks」の中にドラッグアンドドロップします。以下のようにフォルダColab Notebooksの直下にフォルダlightgbm_sampleが作成されていれば、サンプルコードのアップロードは完了です。

図1.16　フォルダColab Notebooksへのサンプルコードのアップロード

あとは、フォルダlightgbm_sampleを開き、実行したいNotebookのファイルをダブルクリックして、「Colaboratoryで開く」をクリックします。

■図1.17 フォルダlightgbm_sampleの中のNotebookをダブルクリック

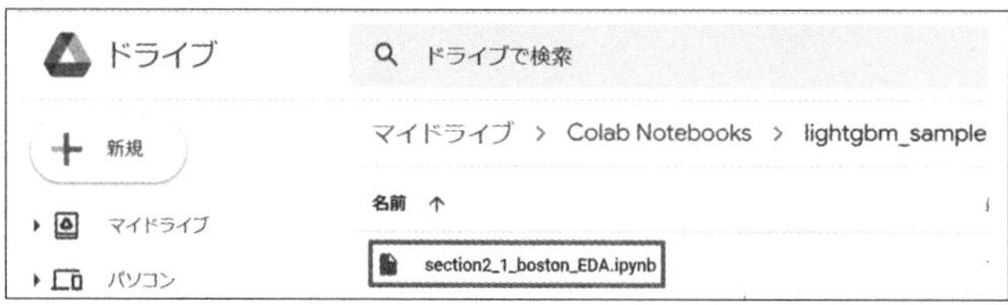

ColaboratoryがJupyter Notebookと同じ形式で起動します。操作はJupyter Notebookと同じで、実行したいセルを選択してShift+Enterで実行できます。

■図1.18 実行画面

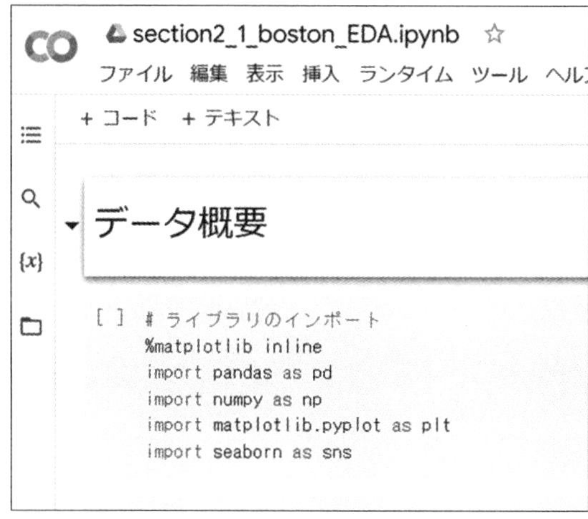

コラム

ColaboratoryのTips

ここではColaboratoryで便利なTipsをご紹介します。

初期化

Colaboratoryでエラーなどが発生して、最初から処理を実行する場合は、タブの「ランタイム」→「セッションの管理」からセッションを切断して最初からやり直してください。また、「ランタイム」→「ランタイムを接続解除して削除」からも初期化できます。

ローカルファイルのアップロード

ファイルを指定して、ローカル環境からColaboratoryの環境にアップロードする場合、以下の処理を実行します。

▼ファイルアップロード

```
from google.colab import files
uploaded = files.upload()
```

■ファイルアップロードの画面

ファイル選択 選択されていません Cancel upload

初期ディレクトリからのファイルダウンロード

初期ディレクトリ /contentのファイルはColaboratory利用後にファイル削除されます。初期ディレクトリのファイルを保存したい場合、以下の処理でローカル環境にファイルをダウンロードできます。

▼ローカル環境へのダウンロード

```
from google.colab import files
files.download('ファイル名')
```

●Linuxコマンド

Colaboratoryで Linuxコマンドを入力する場合はコマンドの前に「!」をつけて実行してください。

例：!pip install

●ライブラリのインストール

Colaboratoryは主要な機械学習ライブラリをインストール済みです。ただし、SHAPやOptunaなど一部のライブラリは未インストールです。ライブラリが未登録のとき、以下のコマンドでインストールしてください。

▼ライブラリshapのインストール

```
! pip install shap
```

●ライブラリのバージョン指定

Colaboratoryにインストールされているライブラリは定期的に新しいバージョンに更新されます。それによって、ライブラリのバージョンが先に進み、エラーが発生することがあります。その場合はバージョンを指定して、ライブラリのバージョンを目次のあとに記載してあるバージョンを参考に戻してください。

▼ライブラリのバージョン指定

```
!pip install lightgbm==3.3.5
```

●CPUコア数

ColaboratoryのCPUコア数を確認します。物理CPUの数は「Socket(s)」の1個、物理CPU1個あたりのCPUコアの数は「Core(s) per socket」の1個、論理プロセッサーの数（スレッド数）は「CPU(s)」の2個になります。LightGBMの並列計算は計算環境のCPUコア数を使用し、Colaboratory環境のCPUコア数は1個（「Socket(s)」×「Core(s) per socket」）のため、並列計算は実行できません。

▼CPUの情報表示

```
!lscpu
```

▼実行結果

```
省略
CPU(s):                    2
```

```
On-line CPU(s) list:          0,1
Thread(s) per core:           2
Core(s) per socket:           1
Socket(s):                    1
省略
```


本章のまとめ

- 予測モデルの作成プロセスには、学習→予測→評価があります。
- データセットのレコードを学習用の学習データと評価用のテストデータに分割して、学習データはモデルの学習、テストデータはモデルの予測→評価に使用します。
- 決定木の予測値は葉の値で、線形回帰と異なり非連続になります。
- 決定木を弱学習器に用いたアンサンブル学習には、ブースティングとバギングがあります。
- ブースティングは、勾配ブースティングとアダブーストが有名で、勾配ブースティングは残差を使ったブースティングで、LightGBMは勾配ブースティングを基にした手法です。
- 勾配ブースティングは回帰木を使用します。
- 勾配ブースティングの学習は決定木を直列に連結し、1つ前の木の残差＝（正解値ー予測値）を使って学習します。
- 勾配ブースティングの予測は初期値に決定木の葉の重み（残差を汎化）を加算して、1つの予測値を作成します。

MEMO

第2章

回帰の予測モデル

2.1

データ理解

本節は住宅価格データセットの理解を深めます。データセットは数値の列で構成され、欠損値がなく、最低限の前処理で予測モデルを実装できます。探索的データ解析(EDA)で特徴量と目的変数の関係を確認して、最後に本書で使用する回帰の評価指標を整理します。

住宅価格データセット

住宅価格データセットはボストン近郊の住宅情報と価格のデータセットです。カリフォルニア大学アーバイン校(UCI)が機械学習を学ぶ人向けに無償で提供しています。14個の列で構成されたデータセットで、13個の特徴量と1個の目的変数(MEDV)があります。目的変数MEDVは住宅価格の中央値を示す連続的な数値です。データセットをpandasのデータフレームに格納して確認します。

図2.1　住宅価格データセット

列名	説明
CRIM	犯罪発生数(人口単位)
ZN	25,000平方フィート以上の住宅区画の割合
INDUS	非小売業の土地面積の割合(人口単位)
CHAS	チャールズ川沿いかどうか(1:川沿いの場合、0:それ以外)
NOX	窒素酸化物の濃度(pphm単位)
RM	1戸あたりの平均部屋数
AGE	1940年よりも前に建てられた家屋の割合
DIS	ボストンの主な5つの雇用圏までの重み付きの距離
RAD	幹線道路へのアクセス指数
TAX	10,000ドルあたりの所得税率
PTRATIO	教師1人あたりの生徒の数(人口単位)
B	$1000(Bk-0.63)^2$:Bkはアフリカ系アメリカ人居住者の割合(人口単位)
LSTAT	低所得者の割合
MEDV	住宅価格の中央値(単位1,000ドル)

▼ライブラリのインポート

```
%matplotlib inline
import pandas as pd
import numpy as np
import matplotlib.pyplot as plt
import seaborn as sns
```

webからcsvファイルをダウンロードしてデータフレームに格納します。ダウンロードしたデータセットには列名がないので、列名を追加します。

▼データセットの読み込み

```
df = pd.read_csv('https://archive.ics.uci.edu/ml/machine-learning-
databases/housing/housing.data', header=None, sep='\s+')
df.columns=['CRIM', 'ZN', 'INDUS', 'CHAS', 'NOX', 'RM', 'AGE',
'DIS', 'RAD', 'TAX', 'PTRATIO', 'B', 'LSTAT', 'MEDV']
df.head() # 先頭5行の表示
```

	CRIM	ZN	INDUS	CHAS	NOX	RM	AGE	DIS	RAD	TAX	PTRATIO	B	LSTAT	MEDV
0	0.00632	18.0	2.31	0	0.538	6.575	65.2	4.0900	1	296.0	15.3	396.90	4.98	24.0
1	0.02731	0.0	7.07	0	0.469	6.421	78.9	4.9671	2	242.0	17.8	396.90	9.14	21.6
2	0.02729	0.0	7.07	0	0.469	7.185	61.1	4.9671	2	242.0	17.8	392.83	4.03	34.7
3	0.03237	0.0	2.18	0	0.458	6.998	45.8	6.0622	3	222.0	18.7	394.63	2.94	33.4
4	0.06905	0.0	2.18	0	0.458	7.147	54.2	6.0622	3	222.0	18.7	396.90	5.33	36.2

行数は506、列数は14の小規模なデータセットです。

▼データ形状

```
df.shape
```

▼実行結果

```
(506, 14)
```

欠損値はありません。

▼欠損値の有無

```
df.isnull().sum()
```

▼実行結果

```
CRIM       0
ZN         0
INDUS      0
CHAS       0
NOX        0
RM         0
AGE        0
DIS        0
RAD        0
TAX        0
PTRATIO    0
B          0
LSTAT      0
MEDV       0
dtype: int64
```

データ型はすべて数値で文字列はありません。文字列を含むデータの場合、文字列から数値に変換する必要がありますが、今回のデータセットは変換不要です。

▼データ型

```
df.info()
```

▼実行結果:

```
<class 'pandas.core.frame.DataFrame'>
RangeIndex: 506 entries, 0 to 505
Data columns (total 14 columns):
 #   Column   Non-Null Count  Dtype
---  ------   --------------  -----
 0   CRIM     506 non-null    float64
 1   ZN       506 non-null    float64
```

```
 2   INDUS    506 non-null   float64
 3   CHAS     506 non-null   int64
 4   NOX      506 non-null   float64
 5   RM       506 non-null   float64
 6   AGE      506 non-null   float64
 7   DIS      506 non-null   float64
 8   RAD      506 non-null   int64
 9   TAX      506 non-null   float64
 10  PTRATIO  506 non-null   float64
 11  B        506 non-null   float64
 12  LSTAT    506 non-null   float64
 13  MEDV     506 non-null   float64
dtypes: float64(12), int64(2)
memory usage: 55.5 KB
```

 1変数EDA

データセットの全体の確認に続いて、**探索的データ解析**（exploratory data analysis：**EDA**）を実施して、列ごとの情報を可視化します。EDAはデータ可視化を通じて、外れ値、データの分布など、データの特性を理解する手法です。

数値変数の**統計情報**を確認します。統計情報を見なくても、予測モデルは実装できます。しかし、統計情報は外れ値の把握など、前処理の重要なインプットになります。また、目的変数の統計情報は正解値の分布なので平均値や中央値や標準偏差を出力でき、予測モデルの誤差が本番運用で許容できるか否かを判断する際に役立ちます。

統計情報はpandasのdescribeで一覧表示でき、各項目の意味は以下のとおりです。

count

データの件数です。

mean

平均値はデータの中心的傾向を示す代表値の一種です。データの分布が正規分布であれば、平均値は他の代表値である中央値や最頻値と等しくなります。ただし、データが正規分布に従わない場合など、平均値と他の代表値が等しくならないことがあります。そのような場合、ときとして分析者の直感と一致しないことがあるため注意が必要です。

std

標準偏差です。データが正規分布のような分布だと、平均値の近くにどれくらいのデータが分布するか説明できます。

min

0パーセンタイルでデータの最小値です。

25%

25パーセンタイルで全データをソートして低い方からカウントして、1/4の値です。

50%

50パーセンタイルで全データを低い方からカウントして、50%の値で中央値と呼びます。正規分布の場合、中央値は平均値と一致します。分布に偏りや外れ値がある場合、中央値は平均値より代表的なデータを表します。

75%

75パーセンタイルで全データをソートして低い方からカウントして、3/4の値です。

max

100パーセンタイルでデータの最大値です。

目的変数の住宅価格MEDVの統計情報を表示します。平均値(mean)は22.53、中央値(50%)は21.20で2つの値は近いです。また、ばらつきを表す標準偏差(std)は9.19でパーセンタイルの分布に対して高くなく、ばらつきは小さいと判断できます。

▼住宅価格の統計情報

```
df['MEDV'].describe()
```

▼実行結果

```
count    506.000000
mean      22.532806
std        9.197104
min        5.000000
25%       17.025000
50%       21.200000
75%       25.000000
max       50.000000
Name: MEDV, dtype: float64
```

統計情報に続いて目的変数のヒストグラムを作成します。**ヒストグラム**は目的変数の数値をソートし、横軸はソート後の目的変数、縦軸はレコード件数の棒グラフです。なお、**ビン（bins）**はヒストグラムの棒の数を表し、binsを大きくするほど棒の数が増えます。住宅価格のデータ分布を確認すると、高価格帯で件数が増えている点が気になりますが、やや強引に解釈すると正規分布に近い分布となっています。統計情報のとおり、平均値は中央値と近く、データは平均値22.53の周辺で標準偏差9.19でばらついています。

▼住宅価格のヒストグラム

```
df['MEDV'].hist(bins=30)
```

▼実行結果

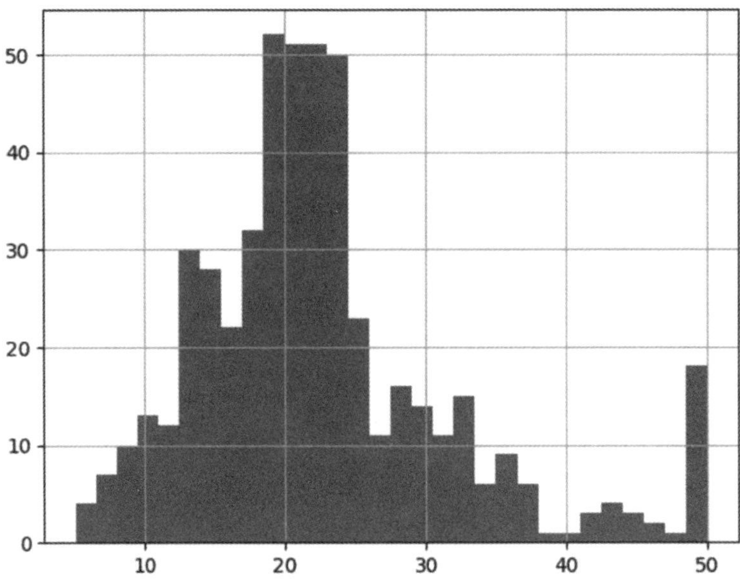

正規分布と標準偏差

コラム

データの分布が正規分布の場合、平均値を中心とした標準偏差σを使って、標準偏差の中に何％のデータが含まれるかについて説明できます。例えば、平均値からのズレがマイナスσとプラスσの範囲に68.2％のデータが含まれてます。

▼正規分布と標準偏差の誤差割合

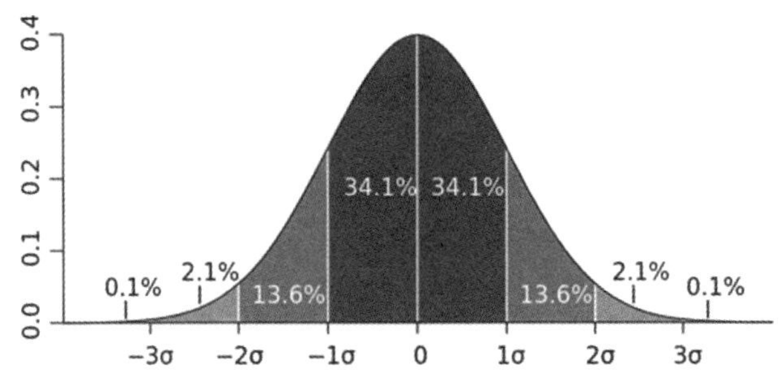

出典：Wikipedia「標準偏差」

2変数EDA

先ほどは目的変数MEDVの1変数に注目しました。しかし、予測モデルを作成するときはデータセットが持つ特徴量と目的変数MEDVの相性が重要で、特徴量と目的変数の2変数の関係を理解する必要があります。

簡易的な確認方法は相関係数です。**相関係数**は数値のデータ型に対して線形の従属関係を計算し、−1から1の範囲の値を出力します。相関係数が1に近ければ正の相関、0だと相関なし、−1に近ければ負の相関になります。

住宅価格データセットは14個の数値なので、相関係数は14×14の表になります。この中で、特に目的変数MEDVと強い相関を持つ特徴量を知りたいので、MEDVの行に注目します。出力結果は14×14の表なので、最後の2行を掲載します。

▼相関係数

```
plt.figure(figsize=(12, 10))
df_corr = df.corr()
sns.heatmap(df_corr, vmax=1, vmin=-1, center=0, annot=True, cmap
= 'Blues')
```

▼実行結果

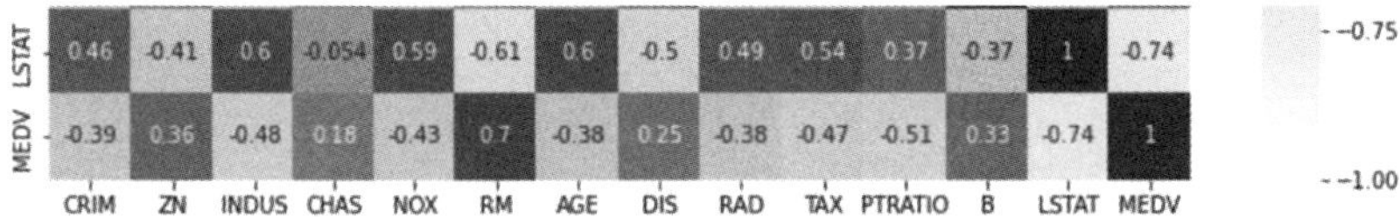

最終行の目的変数MEDVに注目すると、相関が高い特徴量が2つあります。1つは正の相関0.7のRM、もう1つは負の相関−0.74のLSTATです。

正の相関の特徴量RMは平均部屋数なので、部屋数が多い物件ほど住宅価格は高いと解釈できます。一方、負の相関の特徴量LSTATは低所得者の割合であり、低所得者が多い地域の物件は住宅価格が低いと解釈できます。

続いて、**散布図**で2変数の関係を可視化します。散布図は列が多いと処理が重く、見づらくなるので、列を特徴量LSTAT、特徴量RM、目的変数MEDVの3つに絞り、3×3の散布図を作成します。目的変数と特徴量の関係を把握したいので、3行目の縦軸MEDVの散布図を掲載します。

その結果、特徴量LSTATと目的変数MEDVは負の相関があります。特徴量RMと目的変数MEDVは外れ値がありますが、正の相関が確認できます。右下は目的変数MEDVのヒストグラムで、ビンの数が異なりますが、少し上で表示したヒストグラムと同様の分布です。

▼散布図

```
num_cols = ['LSTAT', 'RM', 'MEDV']
sns.pairplot(df[num_cols], size=2.5)
```

▼実行結果

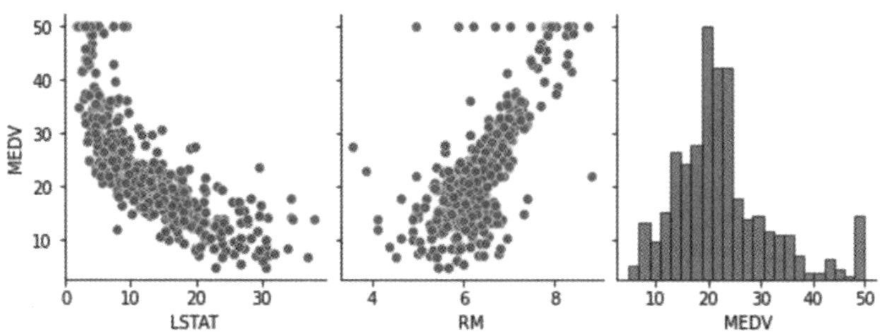

ワンポイント

相関係数と散布図

簡易的な手法で紹介した相関係数は、非線形な関係性は捉えることができません。一方、散布図はより多くの情報を提供して非線形な関係も把握できます。2変数の関係は相関係数と散布図の2つの手法で理解する必要があります。

 回帰の評価指標

予測モデルを作成する前に、ここでモデルの精度評価に使用する評価指標を整理します。モデル評価は評価指標に目的変数の正解値y_iと予測モデルの予測値$\hat{y}_i$をあてはめて、予測モデルの性能を評価指標に基づき定量化します。この精度指標の値は誤差、精度、スコアと呼ばれ、モデルの良し悪しの判断に利用します。回帰の場合、正解値y_iと予測値$\hat{y}_i$の残差$y_i - \hat{y}_i$が評価の基本になります。そのため、残差が小さくなるほど精度が良いモデルとなります。

評価指標は複数ありますが、本書はMSE、RMSE、決定係数、MAEを紹介します。なお、RMSEは2章、MAEは4章の評価指標に使用します。評価指標はビジネス上のKPI、予測モデルを利用するユーザへの説明のしやすさ、モデルの誤差改善を担当するエンジニアの意見などの複数の観点を踏まえて決定します。

●MSE（平均二乗誤差）

MSE（Mean Squared Error）は正解値と予測値の二乗和誤差の平均で、2.2節の線形回帰の目的関数と同じ式です。式の中のインデックスiはレコードを区別し、nは評価レコード数を表します。誤差を二乗するため、予測が外れて大きな誤差が出たとき、外れ値の誤差が強調され、MSEは大きくなります。

$$\mathrm{MSE} = \frac{1}{n}\sum_{i=1}^{n}(y_i - \hat{y}_i)^2$$

●RMSE（二乗平均平方誤差）

RMSE（Root Mean Squared Error）はMSEの平方根をとった評価指標です。平方根をとったことで数値の単位が目的変数と同じになるため実務で好まれます。ただし、MSEと同様、平方根の中で個々の誤差を二乗しているため大きな誤差を重要視し、後述するMAEと比べて外れ値の誤差の影響を受けやすいです。そのため、小さな誤差より、外れ値など大きな誤差へのあてはまりを重視したいときに採用するとよいでしょう。

$$\mathrm{RMSE} = \sqrt{\frac{1}{n}\sum_{i=1}^{n}(y_i - \hat{y}_i)^2}$$

RMSEは誤差が正規分布に従うときの誤差説明に有効で、標準偏差の式と高い類似性があります。標準偏差σはRMSEの予測値$\hat{y}_i$を評価レコードの目的変数の平均値$\bar{y}$に置換した誤差で、RMSEの特殊なケースと解釈できます。そのため、RMSEと標準偏差は比較可能で、予測モデルにより、誤差がどの程度改善したか説明できます。また、作成した予測モデルに対して、予測値は正解値からRMSE程度の誤差が出るという説明が可能です。

$$\sigma = \sqrt{\frac{1}{n}\sum_{i=1}^{n}(y_i - \bar{y})^2} \qquad \bar{y} = \frac{1}{n}\sum_{i=1}^{n} y_i$$

R^2（決定係数）

MSEと分散を比較して、スコア化した評価指標で通常0～1の範囲になります。MSEはRMSEを二乗、分散は標準偏差を二乗した式で、決定係数はRMSEと標準偏差の誤差を比較するイメージです。

$$R^2 = 1 - \frac{\sum_{i=1}^{n}(y_i - \hat{y}_i)^2}{\sum_{i=1}^{n}(y_i - \bar{y})^2}$$

完璧な予測モデルだと分子のMSEが0なので、決定係数は1になります。予測モデルのMSEが分散と同じ（RMSE＝標準偏差）だと分子と分母が同じ値になり、決定係数は0になります。この性質を使って、決定係数は0から1の値で予測モデルの精度をスコア化します。なお、予測モデルの予測値が平均値より正解値へのあてはまりが悪い場合、決定係数はマイナスになります。

MAE (平均絶対誤差)

MAE (Mean Absolute Error) は誤差の絶対値の平均で、平均的な残差を表します。誤差を二乗しないため、評価指標が残差の大きさを表し、直観的に理解しやすいという強みがあります。また、誤差を二乗しないため、大きな誤差への強調がなく、小さな誤差と外れ値の誤差を同じ基準で評価します。RMSEと比べて小さな誤差を重視するので、外れ値の影響を重視しない場合に有効です。

$$\mathrm{MAE} = \frac{1}{n}\sum_{i=1}^{n}|y_i - \hat{y}_i|$$

最後に、外れ値の誤差がある場合とない場合で、MSE、RMSE、MAEを比較します。図2.2の左側は外れ値がない場合です。このとき、RMSEとMAEは一致します。右側は誤差が10倍のNo.6のレコード1件を追加した場合です。このとき、RMSEは平方根の中で誤差を二乗して強調し、強調した結果を全体のレコード件数で平均化するため、誤差の増分はMAEよりRMSEが大きくなります。

■図2.2 外れ値レコード有無におけるMAE、MSE、RMSEの比較

No.	正解値	予測値	誤差	誤差^2
1	100	110	10	100
2	100	110	10	100
3	100	110	10	100
4	100	110	10	100
5	100	110	10	100

MAE	MSE
10	100
	RMSE
	10

No.	正解値	予測値	誤差	誤差^2
1	100	110	10	100
2	100	110	10	100
3	100	110	10	100
4	100	110	10	100
5	100	110	10	100
6	1000	1100	100	10000

MAE	MSE
25	1750
	RMSE
	41.833

2.2

線形回帰

本節は線形回帰アルゴリズムで使用する基礎知識を整理します。ハンズオンは特徴量が1個の単回帰を実装し、予測値を可視化します。続いて、データセットを学習データとテストデータに分割し、重回帰で学習→予測→評価の一連の流れを実装します。最後に、予測値をパラメータと特徴量に分解して、線形回帰は予測値の解釈性に強みがあることを示します。

単回帰のアルゴリズム

線形回帰は予測値が特徴量と線形の関係と仮定したアルゴリズムです。最初に、予測モデルの式を確認し、学習と予測のプロセスを整理します。

予測モデル

予測モデルは特徴量を入力して、予測値を出力する変換器と考えることができます。単回帰の場合、1個の特徴量xをモデルに入力し、1次関数で変換した予測値$\hat{y}$を出力します。1次関数の切片w_0と傾きw_1がモデルの**パラメータ**になります。

$$\hat{y} = w_0 + w_1 x$$

予測モデルの式に続いて、学習のプロセスと予測プロセスを整理します。

学習

本書はn件のレコード（インスタンス）をインデックスi（$1 \leq i \leq n$）で区別し、インデックスiの単回帰の学習データを(x_i, y_i)と記載します。単回帰の予測モデルに特徴量x_iを入力したときの出力値$\hat{y}_i$は以下になります。

$$\hat{y}_i = w_0 + w_1 x_i$$

切片w_0と傾きw_1のパラメータは予測モデルの予測値$\hat{y}_i$と目的変数の正解値y_iの誤差が最小化するよう最適化します。誤差の評価方法は機械学習アルゴリズムごとに決まっていて、本書はパラメータの最適化に使用する関数を**目的関数**と記載します。「目的関数＝損失関数＋正則化」の関係のため、後述する正則化を除くと、「目的関数＝損失関数」になります。

線形回帰の目的関数は学習データの残差の二乗になります。**残差**は図2.3で示したデータ（data）と1次関数のy軸方向の差分です。

インデックスiのレコードの二乗誤差は次式になります。

$$l(y_i, \hat{y}_i) = \frac{1}{2}(y_i - \hat{y}_i)^2$$

■図2.3　残差のイメージ

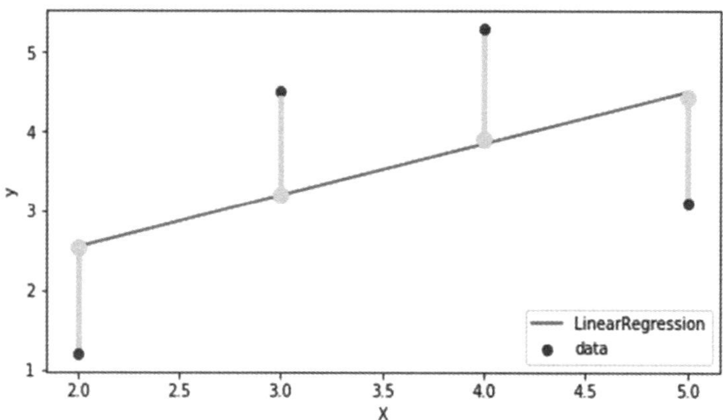

目的関数Lはレコードn件の学習データの誤差の平均値とします。

$$L = \frac{1}{n}\sum_{i=1}^{n} l(y_i, \hat{y}_i)$$

この式にインデックスiのレコードの二乗誤差$l(y_i, \hat{y}_i)$を代入すると、n件の学習データの目的関数になり、平均二乗誤差（Mean Squared Error：MSE）の式になります。

$$L = \frac{1}{n}\sum_{i=1}^{n} l(y_i, \hat{y}_i) = \frac{1}{2n}\sum_{i=1}^{n}(y_i - \hat{y}_i)^2$$

ここで予測値$\hat{y}_i = w_0 + w_1 x_i$を目的関数$L$に代入します。$n$件の学習データ$(x_i, y_i)$は既知なので、目的関数$L$は2つのパラメータの関数$L(w_0, w_1)$になります。

$$L(w_0, w_1) = \frac{1}{2n}\sum_{i=1}^{n}(y_i - w_1x_i - w_0)^2$$

目的関数L (w_0, w_1)は図2.4のようなイメージで最小値が存在する関数となり、L (w_0, w_1)が最小化する切片w_0と傾きw_1のパラメータは解析的に計算でき、一意に決まります。なお、目的関数の係数1/2はパラメータを計算する上では不要ですが、目的関数の1次微分を計算するときに式がきれいになるのでつけています。5.2節 勾配ブースティングの「二乗誤差の重み」で1次微分を計算するので、ご参照ください。

図2.4　単回帰の目的関数の最小値のイメージ図

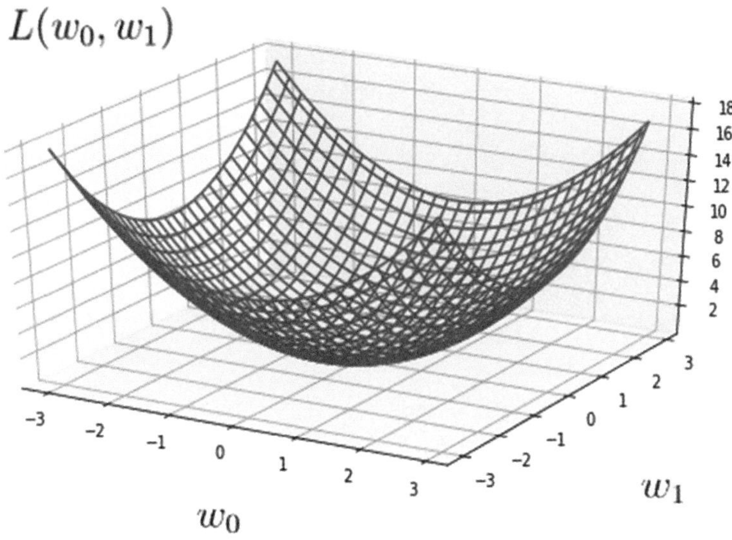

モデルの学習は目的関数を最小化するパラメータの計算と等価です。パラメータの計算方法は、「近似計算」と「解析計算」の2通りの方法があります。線形回帰は後者の方法で計算できる数少ないアルゴリズムで、**正規方程式**を使い、解析計算することで目的関数を最小化するパラメータを計算できます。なお、3.2節のロジスティック回帰は、パラメータの解析計算は不可で、代わりに**勾配降下法**で近似計算します。

以上がパラメータを最適化する学習のプロセスです。

予測

学習のプロセスで上述の目的関数を最小化したときの切片 w_0^* と傾き w_1^* が決まると、予測のプロセスに進みます。予測は予測したい特徴量 x を最適化した予測モデルに入力して、未知の予測値 $\hat{y}$ を計算します。

$$\hat{y} = w_0^* + w_1^* x$$

単回帰の予測値の可視化

最初の実装は単回帰の予測モデルを作成します。データと予測値を同時に可視化し、予測値とデータの関係を視覚的に理解します。

実装で使用するライブラリをインポートします。

▼ライブラリのインポート

```
%matplotlib inline
import pandas as pd
import numpy as np
import matplotlib.pyplot as plt
from sklearn.metrics import mean_squared_error
```

csvファイルを読み込み、pandasのデータフレームに格納します。

▼データセットの読み込み

```
df = pd.read_csv('https://archive.ics.uci.edu/ml/machine-learning-databases/housing/housing.data', header=None, sep='\s+')
df.columns=['CRIM', 'ZN', 'INDUS', 'CHAS', 'NOX', 'RM', 'AGE', 'DIS', 'RAD', 'TAX', 'PTRATIO', 'B', 'LSTAT', 'MEDV']
df.head() # 先頭5行の表示
```

▼実行結果

	CRIM	ZN	INDUS	CHAS	NOX	RM	AGE	DIS	RAD	TAX	PTRATIO	B	LSTAT	MEDV
0	0.00632	18.0	2.31	0	0.538	6.575	65.2	4.0900	1	296.0	15.3	396.90	4.98	24.0
1	0.02731	0.0	7.07	0	0.469	6.421	78.9	4.9671	2	242.0	17.8	396.90	9.14	21.6
2	0.02729	0.0	7.07	0	0.469	7.185	61.1	4.9671	2	242.0	17.8	392.83	4.03	34.7
3	0.03237	0.0	2.18	0	0.458	6.998	45.8	6.0622	3	222.0	18.7	394.63	2.94	33.4
4	0.06905	0.0	2.18	0	0.458	7.147	54.2	6.0622	3	222.0	18.7	396.90	5.33	36.2

特徴量は、目的変数と正の相関があるRM（平均部屋数）を使用します。目的変数は、MEDV（住宅価格）を使用します。データセットのレコード件数は500件以上ありますが、レコード件数を絞った方がデータと予測値の関係を直感的に理解しやすいので、可視化の実装は学習データの件数を100件に絞ります。2.3節の回帰木、2.4節のLightGBM回帰も同様に、学習データの件数を100件に絞り、アルゴリズムごとの学習データの予測値を比較します。

▼特徴量と目的変数の設定

```
X_train = df.loc[:99, ['RM']] # 特徴量に100件のRM（平均部屋数）を設定
y_train = df.loc[:99, 'MEDV'] # 正解値に100件のMEDV（住宅価格）を設定
print('X_train:', X_train[:3])
print('y_train:', y_train[:3])
```

▼実行結果

```
X_train:       RM
0   6.575
1   6.421
2   7.185
y_train: 0    24.0
1    21.6
2    34.7
Name: MEDV, dtype: float64
```

scikit-learnの線形回帰アルゴリズムLinearRegressionをimportします。Linear Regression ()で線形回帰モデルのインスタンスを生成します。続いて、学習データを引数にfitメソッドで学習を実行し、パラメータの最適値を計算します。線形回帰の場合、解析計算するのでハイパーパラメータの指定は不要ですが、次節以降のアルゴリズムと実装を揃えるため、get_paramsメソッドでハイパーパラメータを出力します。**ハイパーパラメータ**はパラメータを計算することが前提の変数で、多くのアルゴリズムは学習時に指定します。

▼モデルの学習

```
from sklearn.linear_model import LinearRegression

model = LinearRegression() # 線形回帰モデル
model.fit(X_train, y_train)
model.get_params()
```

▼実行結果

```
{'copy_X': True,
 'fit_intercept': True,
 'n_jobs': None,
 'normalize': 'deprecated',
 'positive': False}
```

予測モデルmodelを作成できたので、次に予測を実行します。予測は学習データ100件の特徴量X_trainを引数にpredictメソッドで実行します。その結果、特徴量RM (平均部屋数) に応じた住宅価格の予測値を出力します。

▼予測値

```
model.predict(X_train)
```

▼実行結果

```
array([25.7910094 , 24.21659604, 32.02732208, 30.11553442,
31.63883047,
```

```
        24.30860721, 20.0351995 , 21.67095365, 16.14005995,
19.9534118 ,
        23.76676365, 20.00452911, 18.77771351, 19.39112131,
20.89397043,
        18.21542302, 19.24799282, 19.81028331, 14.35095385,
17.12151244,
省略
```

データと予測値を同時に可視化します。予測値の可視化のため、ライブラリMalplotlibにNumPy形式でデータを渡します。pandas形式の特徴量X_trainをNumPy形式のX_pltに変換し、predictメソッドで予測値y_predを出力します。x軸にX_plt、y軸にy_predを割り当て、Malplotlibで特徴量と予測値の関係をplotメソッドで可視化します。また、学習データもscatterメソッドで同時に可視化します。その結果、データの分布を近似した1次関数を引くことができました。

▼データと予測値の可視化

```
plt.figure(figsize=(8, 4)) #プロットのサイズ指定
X = X_train.values.flatten() # numpy配列に変換し、1次元配列に変換
y = y_train.values # numpy配列に変換

# Xの最小値から最大値まで0.01刻みのX_pltを作成し、2次元配列に変換
X_plt = np.arange(X.min(), X.max(), 0.01)[:, np.newaxis]
y_pred = model.predict(X_plt) # 住宅価格を予測

# 学習データ(平均部屋数と住宅価格)の散布図と予測値のプロット
plt.scatter(X, y, color='blue', label='data')
plt.plot(X_plt, y_pred, color='red', label='LinearRegression')
plt.ylabel('Price in $1000s [MEDV]')
plt.xlabel('average number of rooms [RM]')
plt.title('Boston house-prices')
plt.legend(loc='upper right')
plt.show()
```

▼実行結果

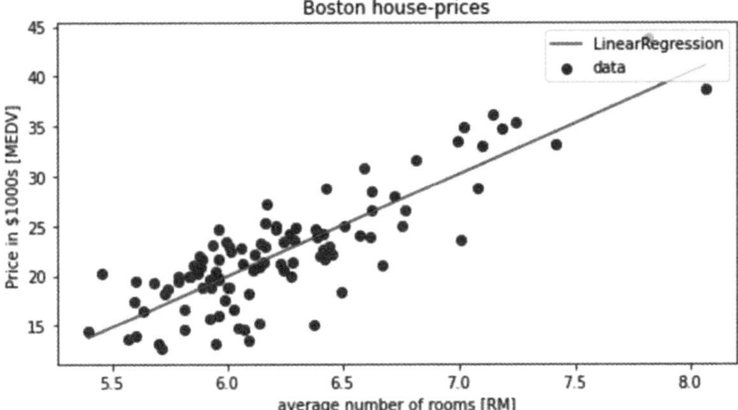

1次関数の傾きと切片がパラメータになり、最適値は以下になります。

▼パラメータ

```
print('傾き w1:', model.coef_[0])
print('切片 w0:', model.intercept_)
```

▼実行結果

```
傾き w1: 10.223463401699545
切片 w0: -41.42826246618968
```

以上で、平均部屋数から住宅価格を予測するモデルを実装し、予測値を可視化できました。

重回帰のアルゴリズム

重回帰は複数の特徴量を用いて、予測値を計算できるよう単回帰を拡張したアルゴリズムです。最初に予測モデルの式を確認して、単回帰との違いを理解してから、学習と予測のプロセスを整理します。

予測モデル

単回帰は1個の特徴量xをモデルに入力し、1次関数の予測値$\hat{y}$を出力しました。

$$\hat{y} = w_0 + w_1 x$$

重回帰は複数の特徴量を使うことで、複数の特徴量を加味した総合判断の予測値を出力します。

図2.5　重回帰の予測

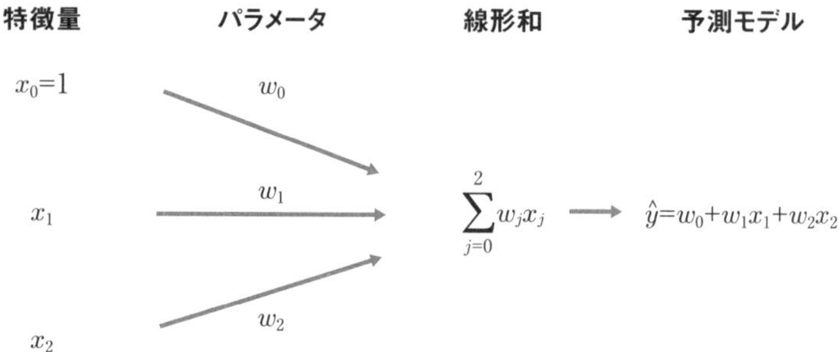

そのため、特徴量の数をm個に拡張し、予測値は特徴量と線形という仮定を置きます。予測モデルの式に注目すると、特徴量の「重み」を表すパラメータの次数は「1次」になります。なお、式の特徴量の次数は1次で記載していますが、2次や3次など高次の特徴量を使用し、モデルの表現力を高めることもできます（多項式回帰と呼びます）。

$$\hat{y} = w_0 + w_1 x_1 + \cdots + w_m x_m$$

特徴量を区別するインデックスj（$1 \leq j \leq m$）を導入すると、式をまとめることができます。

$$\hat{y} = w_0 + \sum_{j=1}^{m} w_j x_j$$

1レコードの予測値$\hat{y}$はパラメータベクトル$\mathbf{w}$と特徴量ベクトル$\mathbf{x}$の内積に定数項w_0を加えた式に整理できます。本書はパラメータや特徴量のベクトルを太字（ボールド）で表記します。添え字のTは転置（Transpose）の略で、縦ベクトルを横ベクトルに変換します。

$$\hat{y} = w_0 + \sum_{j=1}^{m} w_j x_j = w_0 + \mathbf{w}^T \mathbf{x}$$

$$\mathbf{w} = \begin{pmatrix} w_1 \\ w_2 \\ \vdots \\ w_m \end{pmatrix} \qquad \mathbf{x} = \begin{pmatrix} x_1 \\ x_2 \\ \vdots \\ x_m \end{pmatrix}$$

予測モデルの式を確認できたので、続いて、学習と予測のプロセスを整理します。

学習

学習データの中のi番目のレコードは$(\mathbf{x}_i,\ y_i)$のようにインデックスi（$1 \leq i \leq n$）です。1レコードの学習データはm個の特徴量と、1個の目的変数を持つので、それぞれベクトル$\mathbf{x}_i$、スカラーy_iと表記します。

特徴量の値は1レコードごとに異なるので、特徴量$\mathbf{x}_i$は以下の式になります。

$$\mathbf{x}_i^T = (x_{i1}, x_{i2}, \cdots, x_{im})$$

インデックスiのレコードに対する予測値と二乗誤差は以下の式になります。

$$\hat{y}_i = w_0 + \mathbf{w}^T \mathbf{x}_i$$

$$l(y_i, \hat{y}_i) = \frac{1}{2}(y_i - \hat{y}_i)^2$$

単回帰と同様、目的関数は平均二乗誤差（Mean Squared Error：MSE）になります。

$$L = \frac{1}{n} \sum_{i=1}^{n} l(y_i, \hat{y}_i) = \frac{1}{2n} \sum_{i=1}^{n} (y_i - \hat{y}_i)^2$$

目的関数のパラメータは予測値$\hat{y}_i$の中のm個のパラメータ$\mathbf{w}^T = (w_1, w_2, \cdots, w_m)$に定数項$w_0$を加えた合計$m+1$個になります。

$$L(w_0, w_1, \cdots, w_m) = \frac{1}{2n}\sum_{i=1}^{n}(y_i - w_0 - \mathbf{w}^T\mathbf{x}_i)^2$$

重回帰の目的関数$L(w_0, w_1, \cdots, w_m)$の最小化は1個の特徴量を持つ単回帰の目的関数の拡張で、最小化するパラメータの組合せは一意に決まります。重回帰の場合、単回帰と同様に**正規方程式**を用いてパラメータの組み合わせを解析的に計算します。

そのため、ライブラリscikit-learnの線形回帰(sklearn.linear_model.LinearRegression)のモデル学習ではハイパーパラメータの指定は不要です。

● 予測

学習のプロセスを通じて、目的関数を最小化する定数項w_0^*とパラメータベクトル$\mathbf{w}^*$を計算できると、予測のプロセスに進みます、予測は予測したい特徴量ベクトル$\mathbf{x}$をモデルに入力し、最適化した予測モデルで予測値$\hat{y}$を計算します。

$$\hat{y} = w_0^* + w_1^* x_1 + \cdots + w_m^* x_m = w_0^* + \mathbf{w}^{*T}\mathbf{x}$$

ワンポイント

転置を使ったベクトルの表記

転置Tを使うと、縦ベクトルを横ベクトルで記載でき、必要に応じて横ベクトルで記載します。

$$\mathbf{w}^T = (w_1, w_2, \cdots, w_m) \qquad \mathbf{x}^T = (x_1, x_2, \cdots, x_m)$$

 正則化

正則化はパラメータの値が大きくなると、目的関数の値が最小値から遠ざかるような制約を課します。この制約はパラメータが自由に大きな値をとることを抑えるため、モデルが複雑になることを防ぎます。

正則化にはL2正則化があります。**L2正則化**は個々の特徴量のパラメータの値を二乗して総和をとったものです。線形回帰の目的関数にL2正則化を加える際には、ハイパーパラメータλで制約の強さを調整します。L2正則化はscikit-learnのRidge回帰（sklearn.linear_model.Ridge）で実装します。線形回帰の目的関数にL2正則化を追加した式が次式になります。

$$L(w_0, w_1, \cdots, w_m) = \frac{1}{2n}\sum_{i=1}^{n}(y_i - \hat{y}_i)^2 + \lambda\sum_{j=1}^{m} w_j^2$$

正則化はL2正則化の他に絶対値でパラメータに制約を与えるL1正則化もあります。**L1正則化**は、重要度が低い特徴量に対応するパラメータをゼロにし、重要ではない特徴量を削除する効果があります。L1正則化はLasso回帰（sklearn.linear_model.Lasso）で実装し、ハイパーパラメータαで制約の強さを調整します。実装は4.2節をご確認ください。

$$L(w_0, w_1, \cdots, w_m) = \frac{1}{2n}\sum_{i=1}^{n}(y_i - \hat{y}_i)^2 + \alpha\sum_{j=1}^{m} |w_j|$$

L2正則化とL1正則化はXGBoostやLightGBMの勾配ブースティングでも利用でき、モデルの学習時にハイパーパラメータλとαの強さを指定します。LightGBMのハイパーパラメータは4.5節をご確認ください。

特徴量の標準化

重回帰は複数の特徴量を使うことで、複数の特徴量を加味した総合判断の予測値を出力します。ただし、特徴量の数値のスケールは特徴量によって異なります。例えば、住宅価格データセットの特徴量RM（平均部屋数）とAGE（家の割合（%））だと、スケールが異なります。スケールが大きい特徴量は、パラメータのスケールが相対的に小さくなり、スケールが小さいパラメータは正則化が効きにくくなります。そこで、複数の特徴量を持つ重回帰は数値の特徴量のスケールを揃える標準化を実行します。

標準化は各特徴量の平均が0、標準偏差が1になるよう変換します。標準化後の特徴量x_{std}は特徴量xと平均μの差を計算し、標準偏差σで除算します。

$$x_{std} = \frac{x - \mu}{\sigma}$$

最適化できたパラメータ$\mathbf{w}^{*T} = (w_0^*, w_1^*, \cdots, w_m^*)$は**回帰係数**と呼びます。モデルが重回帰であることを強調する場合は**偏回帰係数**、今回のように標準化済みの特徴量で最適化した場合は**標準化偏回帰係数**と呼びます。回帰係数は標準化後の特徴量で計算するため、スケールが揃っています。そのため、パラメータどうしの比較が可能で、予測値の解釈に役立ちます。また、特徴量は標準偏差で基準を揃えているため、特徴量の値1の変化は1標準偏差の変化に相当し、そのときの予測値の変化が回帰係数の値になります。ただし、標準化のデメリットとして、モデルを解析する際に特徴量の値はもとの特徴量の値ではない点に注意してください。なお、次節の回帰木は標準化が不要なため、もとの特徴量の値のまま扱えます。

重回帰の学習→予測→評価

データセットの全件レコードを使って、1章の図1.3のように学習→予測→評価の一連の流れを実装し、住宅情報から価格を予測するモデルを作成します。データセットのレコードをホールドアウト法で学習データとテストデータに2分割し、学習データはモデルの学習、テストデータは予測→評価に使用し、評価指標はRMSEを計算します。2.3節の回帰木、2.4節のLightGBM回帰も、節の最後で学習→予測→評価を実装し、アルゴリズムごとの評価指標RMSEを比較できるようにします。

予測モデルの実装で使用するライブラリをimportします。

▼ライブラリのインポート

```
%matplotlib inline
import pandas as pd
import numpy as np
import matplotlib.pyplot as plt
from sklearn.model_selection import train_test_split
from sklearn.metrics import mean_squared_error
```

csvファイルを読み込み、pandasのデータフレームに格納します。

▼データセットの読み込み

```
df = pd.read_csv('https://archive.ics.uci.edu/ml/machine-learning-
databases/housing/housing.data', header=None, sep='\s+')
df.columns=['CRIM', 'ZN', 'INDUS', 'CHAS', 'NOX', 'RM', 'AGE',
'DIS', 'RAD', 'TAX', 'PTRATIO', 'B', 'LSTAT', 'MEDV']
df.head() # 先頭5行の表示
```

▼実行結果

	CRIM	ZN	INDUS	CHAS	NOX	RM	AGE	DIS	RAD	TAX	PTRATIO	B	LSTAT	MEDV
0	0.00632	18.0	2.31	0	0.538	6.575	65.2	4.0900	1	296.0	15.3	396.90	4.98	24.0
1	0.02731	0.0	7.07	0	0.469	6.421	78.9	4.9671	2	242.0	17.8	396.90	9.14	21.6
2	0.02729	0.0	7.07	0	0.469	7.185	61.1	4.9671	2	242.0	17.8	392.83	4.03	34.7
3	0.03237	0.0	2.18	0	0.458	6.998	45.8	6.0622	3	222.0	18.7	394.63	2.94	33.4
4	0.06905	0.0	2.18	0	0.458	7.147	54.2	6.0622	3	222.0	18.7	396.90	5.33	36.2

特徴量Xは目的変数であるMEDV（住宅価格）を除いた列、目的変数yにはMEDVを設定します。先ほどの可視化の実装はレコード件数を100件に絞りましたが、今回の実装はデータセットの全件レコードを使用する点にご注意ください。

▼特徴量と目的変数の設定

```
X = df.drop(['MEDV'], axis=1)
y = df['MEDV']
X.head()
```

▼実行結果

	CRIM	ZN	INDUS	CHAS	NOX	RM	AGE	DIS	RAD	TAX	PTRATIO	B	LSTAT
0	0.00632	18.0	2.31	0	0.538	6.575	65.2	4.0900	1	296.0	15.3	396.90	4.98
1	0.02731	0.0	7.07	0	0.469	6.421	78.9	4.9671	2	242.0	17.8	396.90	9.14
2	0.02729	0.0	7.07	0	0.469	7.185	61.1	4.9671	2	242.0	17.8	392.83	4.03
3	0.03237	0.0	2.18	0	0.458	6.998	45.8	6.0622	3	222.0	18.7	394.63	2.94
4	0.06905	0.0	2.18	0	0.458	7.147	54.2	6.0622	3	222.0	18.7	396.90	5.33

関数train_test_splitを使って、特徴量Xと目的変数yを学習データとテストデータのレコードに分割します。分割比率は8：2とするため、引数test_sizeに0.2を指定します。また、引数random_stateで乱数のseed番号を0に指定し、評価レコードを固定します。これで、次節以降で評価に使用するレコードを固定できるので、同じレコードで精度比較できます。特徴量Xのデータ形状を確認すると、レコード数は8：2になってます。また、1レコードに13個の特徴量があります。比率でデータセットのレコードを分割する方法を**ホールドアウト法**と呼びます。ホールドアウト法は3.4節で紹介します。

▼学習データとテストデータに分割

```
X_train, X_test, y_train, y_test = train_test_split(X, y, test_
size=0.2, shuffle=True, random_state=0)
print('X_trainの形状：',X_train.shape,' y_trainの形状：',y_train.
shape,' X_testの形状：',X_test.shape,' y_testの形状：',y_test.shape)
```

▼実行結果

```
X_trainの形状： (404, 13)  y_trainの形状： (404,)  X_testの形状： (102,
13)  y_testの形状： (102,)
```

単回帰のときは特徴量が1個なので不要ですが、重回帰は複数の特徴量を扱い、13個の特徴量のスケールが異なるので標準化を実行し、学習データとテストデータの特徴量のスケールを揃えます。

▼特徴量の標準化

```
from sklearn.preprocessing import StandardScaler
scaler = StandardScaler() # 変換器の作成
num_cols =  X.columns[0:13] # 全て数値型の特徴量なので全て取得
scaler.fit(X_train[num_cols]) # 学習データでの標準化パラメータの計算
X_train[num_cols] = scaler.transform(X_train[num_cols]) # 学習データ
の変換
X_test[num_cols] = scaler.transform(X_test[num_cols]) # テストデータ
の変換
display(X_train.iloc[:2]) # 標準化された学習データの特徴量
```

▼実行結果

	CRIM	ZN	INDUS	CHAS	NOX	RM	AG
220	-0.372574	-0.499608	-0.704925	3.664502	-0.424879	0.935678	0.69366
71	-0.397099	-0.499608	-0.044878	-0.272888	-1.241859	-0.491181	-1.83552

線形回帰をmodelに設定して、学習データでパラメータを計算します。ハイパーパラメータの指定はありません。

▼モデルの学習

```
from sklearn.linear_model import LinearRegression
model = LinearRegression() # 線形回帰モデル
model.fit(X_train, y_train)
model.get_params()
```

▼実行結果

```
{'copy_X': True,
 'fit_intercept': True,
 'n_jobs': None,
 'normalize': 'deprecated',
 'positive': False}
```

テストデータの特徴量X_testをモデルに入力し、predictメソッドで予測値y_test_predを出力します。X_testは平均部屋数RMなど住宅価格の予測に使用する13個の特徴量が格納してあります。特徴量の数値は標準化され、もとの値ではないことに注意しください。

続いて、正解値y_testと予測値y_test_predを使用し、モデルを評価します。2章のモデル評価は評価指標RMSEを使用します。テストデータは学習に使用していないため、モデルの性能評価に使用できます。

▼テストデータの予測と評価

```
y_test_pred = model.predict(X_test)
print('RMSE test: %.2f' % (mean_squared_error(y_test, y_test_pred)
** 0.5))
```

▼実行結果

```
RMSE test: 5.78
```

RMSEは2.1節で触れたとおり、標準偏差と比較できます。テストデータの標準偏差はstdの値で約9.07です。RMSEは5.78なので、予測モデルはテストデータの平均を予測値とした約9.07の場合よりも優れた予測値を出力します。

▼テストデータの目的関数の統計情報

```
y_test.describe()
```

▼実行結果

```
count    102.000000
mean      22.219608
std        9.068333
min        5.600000
25%       17.100000
50%       20.550000
75%       23.875000
max       50.000000
Name: MEDV, dtype: float64
```

 パラメータによる予測値の解釈

パラメータは標準化済みの特徴量で計算したため、回帰係数のスケールは揃っています。このとき、パラメータは回帰係数になります。回帰係数は特徴量と同じで13個あり、回帰係数とは別に特徴量に依存しない定数項が1個あります。

▼パラメータ

```
print('回帰係数 w = [w1, w2, ... , w13]:', model.coef_)
print('定数項 w0:', model.intercept_)
```

▼実行結果

```
回帰係数 w = [w1, w2, ... , w13]: [-0.97082019  1.05714873
0.03831099  0.59450642 -1.8551476   2.57321942
 -0.08761547 -2.88094259  2.11224542 -1.87533131 -2.29276735
0.71817947
 -3.59245482]
定数項 w0: 22.611881188118804
```

回帰係数のパラメータは13個の特徴量の順番に並んでいます。

▼特徴量の列テキスト表示

```
X.columns
```

▼実行結果

```
Index(['CRIM', 'ZN', 'INDUS', 'CHAS', 'NOX', 'RM', 'AGE', 'DIS',
       'RAD', 'TAX','PTRATIO', 'B', 'LSTAT'],dtype='object')
```

回帰係数を降順にソートして可視化します。RM（平均部屋数）のパラメータは予測値に対してプラスに貢献して、LSTAT（低所得者の割合）はマイナスに貢献することがわかります。また、回帰係数の値は特徴量の値が1標準偏差だけ変化したときの予測値への貢献度を表します。

▼回帰係数の可視化

```
importances = model.coef_ # 回帰係数
indices = np.argsort(importances)[::-1] # 回帰係数を降順にソート
plt.figure(figsize=(8, 4)) #プロットのサイズ指定
plt.title('Regression coefficient') # プロットのタイトルを作成
plt.bar(range(X.shape[1]), importances[indices]) # 棒グラフを追加
plt.xticks(range(X.shape[1]), X.columns[indices], rotation=90) # X
軸に特徴量の名前を追加
plt.show() # プロットを表示
```

▼実行結果

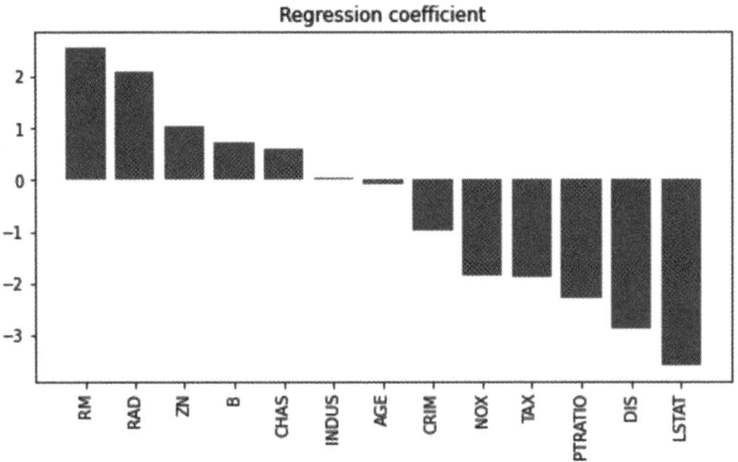

予測値のリストを出力して、住宅価格を確認します。定数項22.61と比べると、15件目の予測値39.99の住宅価格は高く、理由を確認します。

▼予測値のリスト

```
y_test_pred
```

▼実行結果

```
y_test_pred
array([24.88963777, 23.72141085, 29.36499868, 12.12238621,
21.44382254,
       19.2834443 , 20.49647539, 21.36099298, 18.8967118 ,
19.9280658 ,
        5.12703513, 16.3867396 , 17.07776485,  5.59375659,
39.99636726,
省略
```

インデックス14を指定して、15件目の予測値を確認します。

▼15件目の予測値

```
y_test_pred[14]
```

▼実行結果

```
39.99636726102577
```

15件目の特徴量を一覧表示します。特徴量の数値は標準化済みの数値です。

x6は特徴量RMであり、プラスの値です。x13は特徴量LSTATであり、マイナスの値です。回帰係数を可視化したとおり、パラメータw6はプラス、パラメータw13はマイナスの符号で予測値への影響が特に大きいです。

線形回帰の予測値はパラメータと特徴量の線形和のため、15件目の特徴量×パラメータを計算すると、上記の特徴量の計算結果は共に符号がプラスとなり、15件目のレコードの予測値は高くなることが確認できます。

▼15件目の特徴量

```
print('15件目の特徴量 X = [x1, x2, ... , x13]:', X_test.values[14]) #
pandasをnumpyに変換
```

▼実行結果

```
15件目の特徴量 X = [x1, x2, ... , x13]: [-1.91016247e-01 -4.99607632e-
```

```
01  1.21078669e+00  3.66450153e+00
  4.26866547e-01  2.16220049e+00  1.03920698e+00 -8.32308117e-01
 -5.09046341e-01  9.13828105e-04 -1.71633159e+00  3.48089081e-01
 -1.47958855e+00]
```

回帰係数と15件目の特徴量の内積を計算すると、予測モデルの予測値と一致します。回帰係数の値は全レコードで共通ですが、特徴量はレコードごとに異なります。線形回帰の予測値はパラメータ（回帰係数）と特徴量に分解でき、レコードごとに予測値の解釈が可能なことがわかります。

▼15件目予測値の検証

```
# y = w * X + w0
np.sum(model.coef_ * X_test.values[14]) + model.intercept_
```

▼実行結果

```
39.99636726102577
```

ワンポイント

二乗和誤差の呼び方

二乗和誤差SSEは**残差平方和**（Residual sum of squares：**RSS**）と呼ぶこともあります。

2.3

回帰木

本節では回帰木の学習アルゴリズムを通じて、決定木の作成方法と予測値の計算方法を理解します。ハンズオンは前節と同様に予測値を可視化して、線形回帰の予測値と比較します。続いて、学習データとテストデータを使って、学習→予測→評価の一連の流れを実装し、精度を確認します。

決定木

線形回帰の予測値$\hat{y}$は以下の数式で表すことができます。学習は学習データと目的関数を用いて、定数項w_0とパラメータベクトル$\mathbf{w}^T = (w_1, w_2, \cdots, w_m)$を最適化しました。予測は最適化済みのパラメータと予測したい特徴量ベクトル$\mathbf{x}^T = (x_1, x_2, \cdots, x_m)$の内積を計算しました。

$$\hat{y} = w_0 + \sum_{j=1}^{m} w_j x_j = w_0 + \mathbf{w}^T \mathbf{x}$$

決定木（decision tree）の予測値は線形回帰と異なり、1つの数式で表現できません。決定木は学習データ$(\mathbf{x}_i, y_i)$の条件分岐の組み合わせを学習し、条件分岐に従って予測値を出力します。よって、予測値の式にはパラメータベクトル$\mathbf{w}^T = (w_1, w_2, \cdots, w_m)$がありません。

決定木は「回帰木」と「分類木」の2種類があり、共に学習プロセスで決定木を作成します。回帰木は決定木を作成する目的関数に残差平方和などの「回帰指標」、分類木はジニ係数やエントロピーなどの「分類指標」を使用するという違いがあります。

本書テーマの勾配ブースティングは、回帰木を基本に発展したアルゴリズムです。これ以降、決定木は「回帰木」を指すことにします。

回帰木のアルゴリズム

決定木の予測値は非連続な値の集合で、予測モデルは、1つの数式で表現できません。ここでは、学習と予測のプロセスを定式化してアルゴリズムを整理します。

●学習

学習データは線形回帰と同様、インデックスiで区別するn件のレコードを持つ学習データ$(\mathbf{x}_i, y_i)$の集合で、1レコードはm個の特徴量$\mathbf{x}_i^T = (x_{i1}, x_{i2}, \cdots, x_{im})$があると考えます。学習データ全体は特徴量の行列$\mathbf{X}$と正解値のベクトル$Y$の組み合わせた$(\mathbf{X}, Y)$になり、モデルの学習は目的関数で予測値$\hat{Y}$と正解値$Y$の誤差を計算します。

$$\mathbf{X} = \begin{pmatrix} x_{11} & x_{12} & \cdots & x_{1m} \\ x_{21} & x_{22} & \cdots & x_{2m} \\ \vdots & \vdots & \ddots & \vdots \\ x_{n1} & x_{n2} & \cdots & x_{nm} \end{pmatrix} \qquad \hat{Y} = \begin{pmatrix} \hat{y}_1 \\ \hat{y}_2 \\ \vdots \\ \hat{y}_n \end{pmatrix} \qquad Y = \begin{pmatrix} y_1 \\ y_2 \\ \vdots \\ y_n \end{pmatrix}$$

■図2.6　学習のイメージ

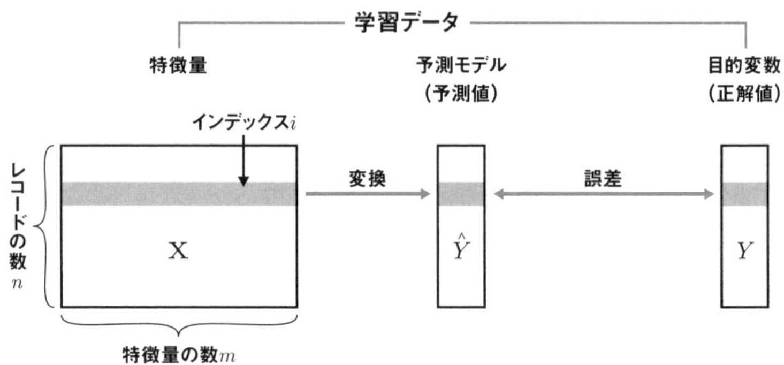

回帰木は、学習データ$(\mathbf{X}, Y)$に対してレコードの2分割を繰り返して決定木を作成し、末端の葉に含まれるレコードの集合で予測値を計算します。

予測値は、葉を区別するインデックスj $(1 \leq j \leq T)$で区別し、葉R_jごとに異なる予測値を出力します。葉数の最大値はTとします。

インデックスjの予測値$\hat{y}_{R_j}$は以下の式で、葉R_jに含まれるN_{R_j}件のレコードの目的変数y_iの平均値になります。

$$\hat{y}_{R_j} = \frac{1}{N_{R_j}} \sum_{i \in R_j} y_i$$

具体例として、図2.7のようにコンピュータゲームXへの興味(interest)をスコア化した回帰木tree1を考えます。tree1は5人ぶんの学習データで学習したと考えると、レコードのインデックスは$i=1, 2, 3, 4, 5$になります。また、回帰木の葉の最大数$T=3$で、葉のインデックスは$j=1, 2, 3$になります。このとき、葉の予測値は以下の3値になります。

$$\hat{y}_{R_1} = y_1 = +2 \qquad \hat{y}_{R_2} = y_4 = +0.1 \qquad \hat{y}_{R_3} = \frac{y_2 + y_3 + y_5}{3} = -1$$

コラム

特徴量の行列Xと行と列で抽出したベクトルの表記方法

特徴量の行列Xは行と列を持つので、太字かつ大文字で表記します。

$$\mathbf{X} = \begin{pmatrix} x_{11} & x_{12} & \cdots & x_{1m} \\ x_{21} & x_{22} & \cdots & x_{2m} \\ \vdots & \vdots & \ddots & \vdots \\ x_{n1} & x_{n2} & \cdots & x_{nm} \end{pmatrix}$$

行列Xに対して、インデックスiの「行」で固定したレコードは太字$\mathbf{x}_i$のベクトル表記とし、転置Tを付けて横ベクトル$\mathbf{x}_i^T$で記載します。添え字のTは転置(Transpose)の略で縦ベクトルを横ベクトルに変換します。

$$\mathbf{x}_i = \begin{pmatrix} x_{i1} \\ x_{i2} \\ \vdots \\ x_{im} \end{pmatrix} \qquad \mathbf{x}_i^T = (x_{i1}, x_{i2}, \cdots, x_{im})$$

インデックスjの「列」で固定した特徴量は大文字X_jの縦ベクトルで記載します。

$$X_j = \begin{pmatrix} x_{1j} \\ x_{2j} \\ \vdots \\ x_{nj} \end{pmatrix}$$

葉R_3の集合には3人のレコードが含まれるので、予測値は3人の興味（interest）のスコアの平均値になります。

■図2.7　回帰木のイメージ（論文［4］の図の一部を修正）

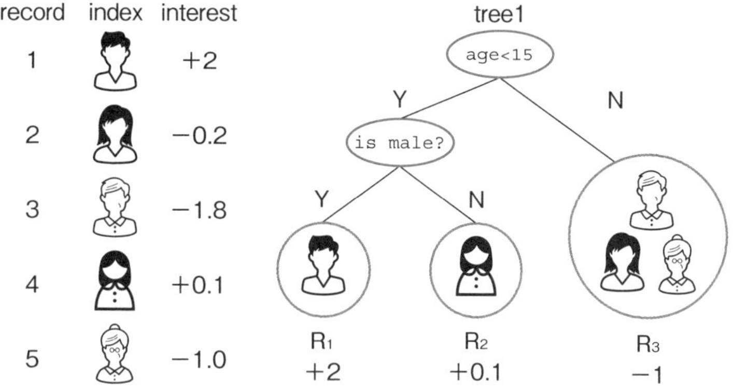

回帰木の学習は、予測値$\hat{y}_{R_j}$と正解値y_iを用いて目的関数SSE（Sum of Squared Error）で誤差を計算します。目的関数SSEが最小化する予測値でレコードの2分割を繰り返し、木を作成します。SSEの式は次項で紹介します。

●予測

予測したい特徴量$\mathbf{x}_i$を回帰木に入力します。このとき、レコードのインデックスiは学習で作成した特徴量の条件分岐に従って、葉のインデックスjに変換され、学習時の予測値$\hat{y}_{R_j}$を出力します。

$$\hat{y}_{R_j} = \frac{1}{N_{R_j}} \sum_{i \in R_j} y_i$$

線形回帰は予測値を1つの数式で表現するため予測値は「連続値」となり、特徴量の値が異なると、予測値も異なります。その一方、回帰木の予測値は「不連続」で、特徴量の値が異なっていても、同じ葉の集合だと、予測値は同じです。そのため、図2.7のように、学習データのレコード件数が少ないと条件分岐が単純になり、回帰木は過学習しやすい傾向があります。

先ほどの例を使って、年齢10歳と14歳の男の子の特徴量から、コンピュータゲームXの興味を予測します。このとき、予測用の2つの特徴量は回帰木の分岐に従い、左の葉R_1に分類され、予測値はともに$\hat{y}_{R1} = +2$となります。

 回帰木のアルゴリズム（学習）

アルゴリズムの全体像に続いて学習アルゴリズムを詳細化します。回帰木の学習はレコードを2分割する条件分岐を作成します。条件分岐は学習データ（$\mathbf{X}, Y$）のレコードを特徴量の数値で左葉と右葉の集合に2分割して、その処理を繰り返します。そのため、回帰木の学習はレコードの分割に使用する特徴量の閾値（分割点）の計算と等価になります。回帰木の学習は、m個の特徴量$\mathbf{X} = (X_1, X_2, \cdots, X_m)$から順番に特徴量$X_j$を取り出して、以下の3ステップを実行します。$m$個の特徴量に対して誤差を計算し、誤差が最小化した特徴量と閾値（分割点）の組み合わせでレコードを2分割します。

$$\mathbf{X} = \begin{pmatrix} x_{11} & x_{12} & \cdots & x_{1m} \\ x_{21} & x_{22} & \cdots & x_{2m} \\ \vdots & \vdots & \ddots & \vdots \\ x_{n1} & x_{n2} & \cdots & x_{nm} \end{pmatrix} \quad X_j = \begin{pmatrix} x_{1j} \\ x_{2j} \\ \vdots \\ x_{nj} \end{pmatrix} \quad Y = \begin{pmatrix} y_1 \\ y_2 \\ \vdots \\ y_n \end{pmatrix}$$

- **手順1　特徴量のソート**

特徴量X_jの数値をキーに（特徴量X_j、目的変数Y）をソートします。

- **手順2　分割点の誤差計算**

ソート後の（特徴量X_j、目的変数Y）のレコードを2分割するよう特徴量の閾値、つまり分割点をスライドしながら、分割点の誤差を総当たりに計算します。

- **手順3　分割点の評価**

選択された特徴量に対するすべての分割点の誤差を評価し、誤差が最小化する分割点が2分割の候補になります。

誤差の計算方法はいくつかありますが、本書は基本となる誤差平方和（Sum of Squared Error：SSE）を使用します。1回の分割で学習データのレコードは、左葉と右葉の集合のどちらかに含まれるので、葉のラベル R_1 と R_2 とします。目的関数SSEは左葉の誤差と右葉の誤差を合計した式になります。

$$\mathrm{SSE} = \sum_{i \in R_1} (y_i - \hat{y}_{R_1})^2 + \sum_{i \in R_2} (y_i - \hat{y}_{R_2})^2$$

左右の葉の予測値は、葉に含まれる学習データの目的変数の平均です。

$$\hat{y}_{R_1} = \frac{1}{N_{R_1}} \sum_{i \in R_1} y_i \qquad \hat{y}_{R_2} = \frac{1}{N_{R_2}} \sum_{i \in R_2} y_i$$

SSEは特徴量の分割点ごとに異なるので、ステップ2でソート済みの特徴量の値に対して総当たりでSSEを計算して、ステップ3で最小化したSSEの分割点でレコードを2分割します。

■図2.8　SSEと分割点のイメージ

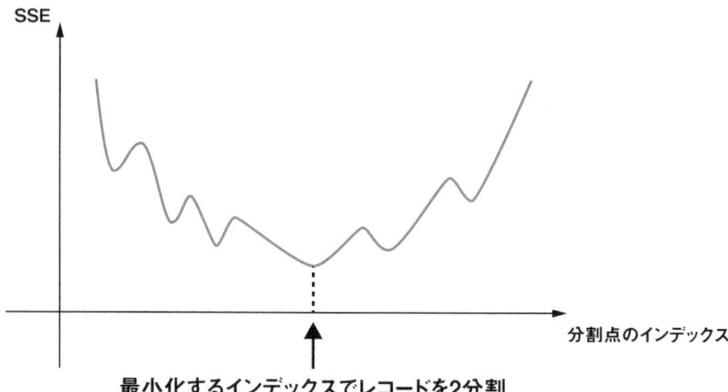

特徴量の分割点が決まったら、MSEは葉の誤差をレコード数で割って計算します。

$$\mathrm{MSE}(R_1) = \frac{1}{N_{R_1}} \sum_{i \in R_1} (y_i - \hat{y}_{R_1})^2 \quad \mathrm{MSE}(R_2) = \frac{1}{N_{R_2}} \sum_{i \in R_2} (y_i - \hat{y}_{R_2})^2$$

 深さ1の回帰木の可視化

回帰木の最初の実装は、線形回帰の予測値との違いを視覚的に理解するため、レコード100件の特徴量RM（平均部屋数）と目的変数MEDV（住宅価格）を使用し、データと予測値を同時に可視化します。

実装で使用するライブラリをインポートします。

▼ライブラリのインポート

```
%matplotlib inline
import pandas as pd
import numpy as np
import matplotlib.pyplot as plt
import graphviz
from sklearn.metrics import mean_squared_error
```

csvファイルを読み込み、pandasのデータフレームに格納します。

▼データセットの読み込み

```
df = pd.read_csv('https://archive.ics.uci.edu/ml/machine-learning-
databases/housing/housing.data', header=None, sep='\s+')
df.columns=['CRIM', 'ZN', 'INDUS', 'CHAS', 'NOX', 'RM', 'AGE',
'DIS', 'RAD', 'TAX', 'PTRATIO', 'B', 'LSTAT', 'MEDV']
```

前節の単回帰の実装と同様に、特徴量はRM（平均部屋数）を使用します。学習データのレコード件数を100件に絞ります。

▼特徴量と目的変数の設定

```
X_train = df.loc[:99, ['RM']] # 特徴量に100件のRM（平均部屋数）を設定
y_train = df.loc[:99, 'MEDV'] # 正解値に100件のMEDV（住宅価格）を設定
print('X_train:', X_train[:3])
print('y_train:', y_train[:3])
```

▼実行結果

```
X_train:        RM
0   6.575
1   6.421
2   7.185
y_train: 0    24.0
1      21.6
2      34.7
Name: MEDV, dtype: float6
```

scikit-learnの回帰木DecisionTreeRegressorをインポートし、DecisionTreeRegressor()で回帰木のインスタンスを作成します。このとき、ハイパーパラメータの指定が必要になります。深さmax_depthは1、目的関数criterionはsquared_error、葉のレコード数min_samples_leafは1を指定します。最後に、学習データを引数にfitメソッドで学習を実行し、get_paramsメソッドでハイパーパラメータを出力します。

図2.9 DecisionTreeRegressorのハイパーパラメータ

ハイパーパラメータ	初期値	説明
criterion	squared_error	分割点を計算するときの誤差を指定する。二乗誤差が基本
max_depth	None	決定木の深さの最大値
min_samples_leaf	1	葉の作成に必要な最小レコード数
ccp_alpha	0	葉数に対する正則化の強さ

▼モデルの学習

```
from sklearn.tree import DecisionTreeRegressor
model = DecisionTreeRegressor(criterion='squared_error', max_
depth=1, min_samples_leaf=1, random_state=0) # 回帰木モデル
model.fit(X_train, y_train)
model.get_params()
```

▼実行結果

```
{'ccp_alpha': 0.0,
 'criterion': 'squared_error',
 'max_depth': 1,
 'max_features': None,
 'max_leaf_nodes': None,
 'min_impurity_decrease': 0.0,
 'min_samples_leaf': 1,
 'min_samples_split': 2,
 'min_weight_fraction_leaf': 0.0,
 'random_state': 0,
 'splitter': 'best'}
```

2.2節と同様、学習データ100件の特徴量をモデルに入力して予測値を出力すると、結果は20.724と33.933の2値だと確認できます。

▼予測値

```
model.predict(X_train)
```

▼実行結果

```
array([20.72386364, 20.72386364, 33.93333333, 33.93333333,
33.93333333,
       20.72386364, 20.72386364, 20.72386364, 20.72386364,
20.72386364,
       20.72386364, 20.72386364, 20.72386364, 20.72386364,
20.72386364,
省略
```

回帰木を可視化します。可視化はライブラリgraphvizを使用します。レコードを左右に分割する特徴量RMの閾値（分割点）は6.793です。samplesに注目すると、分割前のレコード数は100個で、分割後の左葉は88個、右葉は12個になります。valueは予測値で、RMの数値が分割点以下のときは左葉のvalueを出力して、分割点より大きいときは右葉のvalueを出力します。

▼木の可視化

```
from sklearn import tree
dot_data = tree.export_graphviz(model, out_file=None,
rounded=True, feature_names=['RM'], filled=True)
graphviz.Source(dot_data, format='png')
```

▼実行結果

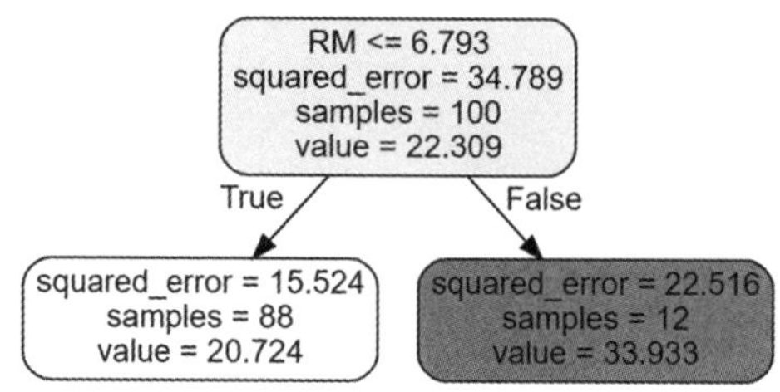

データと予測値を同時に可視化します。予測値は「木の可視化」と同様に、特徴量RMの閾値6.793を境に変わり、値はvalueの2値と一致します。2.2節の単回帰を可視化したとき、予測値は1次関数の「連続値」でした。一方、回帰木の予測値は葉の単位で計算し、深さ1だと予測値は左葉と右葉の2値となり、予測値は「非連続」になります。

▼データと予測値の可視化

```
plt.figure(figsize=(8, 4)) #プロットのサイズ指定
X = X_train.values.flatten() # numpy配列に変換し、1次元配列に変換
y = y_train.values # numpy配列に変換
# Xの最小値から最大値まで0.01刻みのX_pltを作成し、2次元配列に変換
X_plt = np.arange(X.min(), X.max(), 0.01)[:, np.newaxis]
y_pred = model.predict(X_plt) # 住宅価格を予測
# 学習データ（平均部屋数と住宅価格）の散布図と予測値のプロット
plt.scatter(X, y, color='blue', label='data')
plt.plot(X_plt, y_pred, color='red', label='DecisionTreeRegressor')
plt.ylabel('Price in $1000s [MEDV]')
plt.xlabel('average number of rooms [RM]')
```

```
plt.title('Boston house-prices')
plt.legend(loc='upper right')
plt.show()
```


▼実行結果

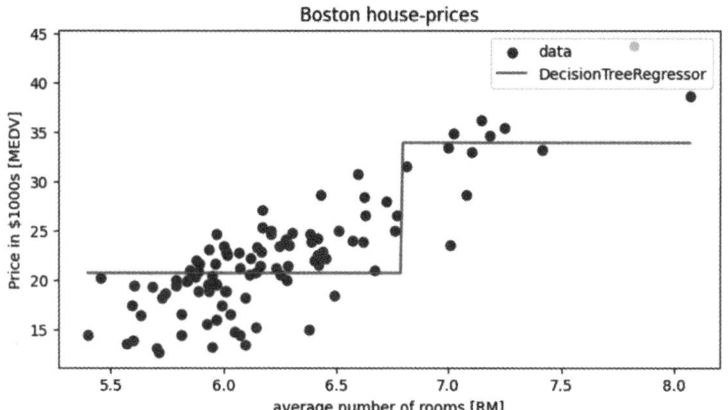

深さ1の回帰木の予測値の検証

直前の実装はライブラリscikit-learnを使って実装しました。続いて、scikit-learnを使わずに実装して特徴量RMの分割点6.793と2値の予測値を検証します。

回帰木を作成するときは分割する特徴量の数値でソートして、ソート済みのレコードを2分割するよう分割点をスライドしながら誤差を計算します。そのため、最初に特徴量RMをソートして、データをNumPy化します。X_trainは昇順になっています。y_trainはX_trainの順番でソートして、NumPy ndarray化します。

▼データのソート

```
X_train = X_train.sort_values('RM') # 特徴量RMの分割点計算前にソート
y_train = y_train[X_train.index] # 正解もソート

X_train = X_train.values.flatten() # numpy化して2次元配列→1次元配列
y_train = y_train.values # numpy化

print(X_train[:10])
print(y_train[:10])
```

▼実行結果

```
[5.399 5.456 5.57  5.594 5.599 5.602 5.631 5.682 5.701 5.713]
[14.4 20.2 13.6 17.4 13.9 19.4 16.5 19.3 13.1 12.7]
```

100件のレコードがあるので、分割点のインデックスを左から右にずらしながら、SSEを計算して、SSEが最小化するインデックスを探します。SSEの可視化の結果、インデックス88の分割点でSSEが最小化します。このときの特徴量RMの閾値は6.793になります。予測値は「y_pred_left」の20.724、「y_pred_right」の33.933の2値になります。以上、回帰木をスクラッチで実装しましたが、閾値と予測値はscikit-learnの実装と同じ結果を再現できました。

▼分割点の計算

```
index =[]
loss =[]
# 分割点ごとの予測値,SSE,MSEを計算
for i in range(1, len(X_train)):
    X_left = np.array(X_train[:i])
    X_right = np.array(X_train[i:])
    y_left = np.array(y_train[:i])
    y_right = np.array(y_train[i:])
    # 分割点のインデックス
    print('*****')
    print('index', i)
    index.append(i)
    # 左右の分割
    print('X_left:', X_left)
    print('X_right:', X_right)
    print('')
    # 予測値の計算
    print('y_pred_left:', np.mean(y_left))
    print('y_pred_right:', np.mean(y_right))
    print('')
    # SSEの計算
    y_error_left = y_left - np.mean(y_left)
```

```
    y_error_right = y_right - np.mean(y_right)
    SSE = np.sum(y_error_left * y_error_left) + np.sum(y_error_
right * y_error_right)
    print('SSE:', SSE)
    loss.append(SSE)
    # MSEの計算
    MSE_left = 1/len(y_left) * np.sum(y_error_left * y_error_left)
    MSE_right = 1/len(y_right) * np.sum(y_error_right * y_error_
right)
    print('MSE_left:', MSE_left)
    print('MSE_right:', MSE_right)
    print('')
```


▼実行結果

```
省略
*****
index 88
X_left: [5.399 5.456 5.57  5.594 5.599 5.602 5.631 5.682 5.701
5.713 5.727 5.741
 5.786 5.787 5.813 5.813 5.834 5.841 5.85  5.874 5.878 5.885 5.888
5.889
 5.924 5.927 5.933 5.935 5.949 5.95  5.961 5.963 5.965 5.966 5.966
5.99
 5.998 6.004 6.009 6.012 6.015 6.03  6.047 6.065 6.069 6.072 6.096
6.096
 6.115 6.121 6.14  6.142 6.145 6.163 6.167 6.169 6.172 6.211 6.211
6.232
 6.245 6.249 6.273 6.279 6.286 6.29  6.302 6.377 6.383 6.389 6.405
6.417
 6.417 6.421 6.43  6.442 6.456 6.495 6.511 6.575 6.595 6.619 6.625
6.63
 6.674 6.727 6.762 6.77 ]
X_right: [6.816 6.998 7.007 7.024 7.079 7.104 7.147 7.185 7.249
7.416 7.82  8.069]
```

```
y_pred_left: 20.723863636363635
y_pred_right: 33.93333333333333

SSE: 1636.3265530303029
MSE_left: 15.524316890495868
MSE_right: 22.515555555555555

*****
index 89
省略
```

分割点のインデックスとSSEを可視化します。インデックス88でSSEは最小化することが確認できます。

▼分割点とSSEの可視化

```
X_plt = np.array(index)[:, np.newaxis] # 1次元配列→2次元配列
plt.figure(figsize=(10, 4)) #プロットのサイズ指定
plt.plot(X_plt,loss)
plt.xlabel('index')
plt.ylabel('SSE')
plt.title('Split Point index of feature RM')
plt.grid()
plt.show()
```

▼実行結果

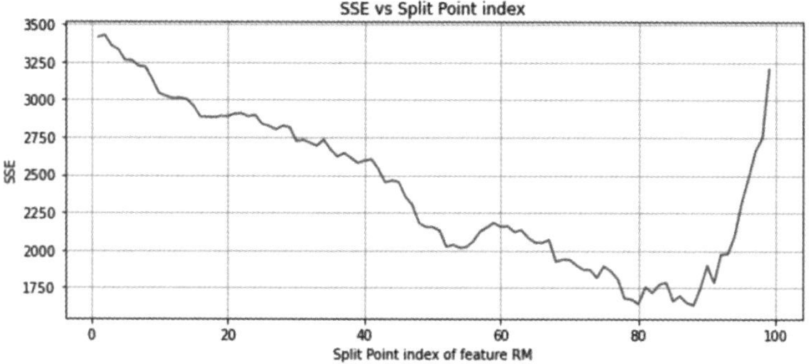

 回帰木の深さと予測値

先ほどは回帰木の深さを1に指定して、レコードを1回だけ2分割し、左葉と右葉の2値を出力する予測モデルを実装しました。実務では学習データに合わせて、回帰木の深さを深くし、指定した深さに到達するまでレコードの2分割を繰り返します。

木の深さがdだと、最大の葉数Tは$T = 2^d$となり、深さdが大きい値ほど、葉の数つまり予測値が増えて、表現力が高いモデルを作成できます。例えば、深さ5の回帰木だと葉数が32個になり、最大32個の予測値を有する木を作成します。

回帰木の葉R_jの予測値$\hat{y}_{R_j}$は葉に含まれる学習データの目的変数の平均値で計算し、目的関数SSEは予測値$\hat{y}_{R_j}$と正解値y_iの誤差を計算します。このとき、葉のインデックスはj $(1 \leq j \leq T)$になります。

$$\hat{y}_{R_j} = \frac{1}{N_{R_j}} \sum_{i \in R_j} y_i$$

$$\mathrm{SSE} = \sum_{j=1}^{T} \sum_{i \in R_j} (y_i - \hat{y}_{R_j})^2$$

 深さ2の回帰木の可視化

先ほどは100件の学習データを使って、深さ1で2値の予測値を可視化しました。次に深さ2の回帰木を使用して、4値の予測値を可視化します。

▼ライブラリのインポート

```
%matplotlib inline
import pandas as pd
import numpy as np
import matplotlib.pyplot as plt
import graphviz
from sklearn.metrics import mean_squared_error
```

▼データセットの読み込み

```
df = pd.read_csv('https://archive.ics.uci.edu/ml/machine-learning-
```

```
databases/housing/housing.data', header=None, sep='\s+')
df.columns=['CRIM', 'ZN', 'INDUS', 'CHAS', 'NOX', 'RM', 'AGE',
'DIS', 'RAD', 'TAX', 'PTRATIO', 'B', 'LSTAT', 'MEDV']
```

▼特徴量と目的関数の設定

```
X_train = df.loc[:99, ['RM']] # 特徴量に100件のRM(平均部屋数)を設定
y_train = df.loc[:99, 'MEDV'] # 正解値に100件のMEDV(住宅価格)を設定
```

回帰木のハイパーパラメータの中で、木の形を決める基本的なパラメータは木の深さを指定するmax_depthと葉の中のレコード数を指定するmin_samples_leafになります。max_depthの初期値はNoneで、指定がないと葉の中のレコード数がmin_samples_leafを満たすまで分割を繰り返します。min_samples_leafの初期値は1で、葉の中のレコード数を増やすと過学習を防ぐ効果があります。また、正則化の強さを指定するccp_alphaは0とします。

図2.10 DecisionTreeRegressorのハイパーパラメータ

ハイパーパラメータ	初期値	説明
criterion	squared_error	分割点を計算するときの誤差を指定する。二乗誤差が基本
max_depth	None	決定木の深さの最大値
min_samples_leaf	1	葉の作成に必要な最小レコード数
ccp_alpha	0	葉数に対する正則化の強さ

▼モデルの学習

```
from sklearn.tree import DecisionTreeRegressor

model = DecisionTreeRegressor(criterion='squared_error', max_
depth=2, min_samples_leaf=1, ccp_alpha=0, random_state=0) # 深さ2
の回帰木モデル
model.fit(X_train, y_train)
model.get_params()
```

▼実行結果

```
{'ccp_alpha': 0,
 'criterion': 'squared_error',
 'max_depth': 2,
 'max_features': None,
 'max_leaf_nodes': None,
 'min_impurity_decrease': 0.0,
 'min_samples_leaf': 1,
 'min_samples_split': 2,
 'min_weight_fraction_leaf': 0.0,
 'random_state': 0,
 'splitter': 'best'}
```

予測値は4つの値になりました。

▼予測値

```
model.predict(X_train)
```

▼実行結果

```
array([23.72777778, 23.72777778, 32.47      , 32.47      , 32.47
,
       23.72777778, 18.64423077, 23.72777778, 18.64423077,
18.64423077,
中略
23.72777778, 23.72777778, 41.25      , 41.25      , 32.47      ])
```

木を可視化すると、回帰木の深さが2になり、葉の数が4つに増えています。予測値は木の最下部の4つの葉のvalueになります。

▼木の可視化

```
from sklearn import tree
dot_data = tree.export_graphviz(model, out_file=None,
```

```
rounded=True, feature_names=['RM'], filled=True)
graphviz.Source(dot_data, format='png')
```

▼実行結果

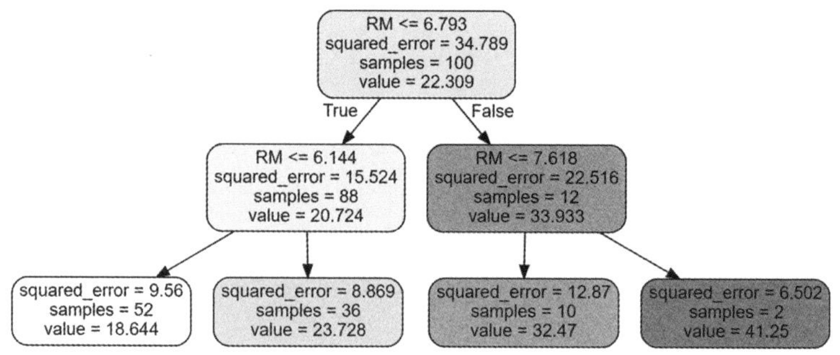

データと予測値を同時に表示すると、4値の予測値はデータの特徴をよくモデル化できています。予測値は可視化した木の中のvalueに対応してます。

▼データと予測値の可視化

```
plt.figure(figsize=(8, 4)) #プロットのサイズ指定
X = X_train.values.flatten() # numpy配列に変換し、1次元配列に変換
y = y_train.values # numpy配列に変換
# Xの最小値から最大値まで0.01刻みのX_pltを作成し、2次元配列に変換
X_plt = np.arange(X.min(), X.max(), 0.01)[:, np.newaxis]
y_pred = model.predict(X_plt) # 住宅価格を予測
# 学習データ(平均部屋数と住宅価格)の散布図と予測値のプロット
plt.scatter(X, y, color='blue', label='data')
plt.plot(X_plt, y_pred, color='red',
label='DecisionTreeRegressor')
plt.ylabel('Price in $1000s [MEDV]')
plt.xlabel('average number of rooms [RM]')
plt.title('Boston house-prices')
plt.legend(loc='upper right')
plt.show()
```

▼実行結果

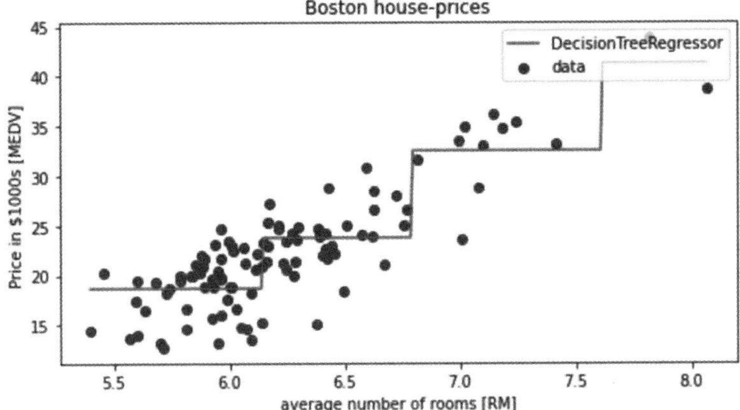

回帰木の正則化

回帰木は深くすると学習データに過学習しやすい特性があります。葉数と深さの関係は$T=2^d$なので、深さdの値がデータのレコード件数に対して大き過ぎると、葉の分割を繰り返して、葉数Tが学習データのレコード数nに近づきます。極端な例だと、レコード数：葉数＝1：1の$n=T$の条件を満たすまで分割を繰り返します。このとき、1つの葉の中には1レコードが含まれます。この状態はモデルが学習データに過剰に適合し、テストデータなど学習に使用してないデータだと予測精度が低い**過学習**した状態になっています。

そこで、過学習を防ぐ方法に**正則化**があります。正則化はSSEの後ろに項を追加します。正則化の強さはαで調整し、葉数Tに応じて発生します。つまり、回帰木を深くして、葉が増えると正則化の強さに応じてSSEが大きくなり、葉数Tが増えないようレコードの分割を抑制する仕組みです。

$$\mathrm{SSE} = \sum_{j=1}^{T} \sum_{i \in R_j} (y_i - \hat{y}_{R_j})^2 + \alpha T$$

 回帰木の学習→予測→評価

回帰木の最後に、重回帰の実装と同様に特徴量Xに目的変数MEDVを除く13個の特徴量を設定して、全件レコードの回帰木を実装します。その後、テストデータを使って、評価指標RMSEで精度を確認します。

▼ライブラリのインポート

```
%matplotlib inline
import pandas as pd
import numpy as np
import matplotlib.pyplot as plt
import graphviz
from sklearn.model_selection import train_test_split
from sklearn.metrics import mean_squared_error
```

▼データセットの読み込み

```
df = pd.read_csv('https://archive.ics.uci.edu/ml/machine-learning-
databases/housing/housing.data', header=None, sep='\s+')
df.columns=['CRIM', 'ZN', 'INDUS', 'CHAS', 'NOX', 'RM', 'AGE',
'DIS', 'RAD', 'TAX', 'PTRATIO', 'B', 'LSTAT', 'MEDV']
```

▼特徴量と目的変数の設定

```
X = df.drop(['MEDV'], axis=1)
y = df['MEDV']
X.head()
```

▼実行結果

	CRIM	ZN	INDUS	CHAS	NOX	RM	AGE	DIS	RAD	TAX	PTRATIO	B	LSTAT
0	0.00632	18.0	2.31	0	0.538	6.575	65.2	4.0900	1	296.0	15.3	396.90	4.98
1	0.02731	0.0	7.07	0	0.469	6.421	78.9	4.9671	2	242.0	17.8	396.90	9.14
2	0.02729	0.0	7.07	0	0.469	7.185	61.1	4.9671	2	242.0	17.8	392.83	4.03
3	0.03237	0.0	2.18	0	0.458	6.998	45.8	6.0622	3	222.0	18.7	394.63	2.94
4	0.06905	0.0	2.18	0	0.458	7.147	54.2	6.0622	3	222.0	18.7	396.90	5.33

ホールドアウト法を使って、特徴量と目的変数を学習用と評価用に分けます。分割比率は8：2とします。乱数のseed番号は0を指定して前節と同じになるよう学習データとテストデータに分割します。分割の結果、特徴量は13個あることがわかります。

▼学習データとテストデータに分割

```
X_train, X_test, y_train, y_test = train_test_split(X, y, test_
size=0.2, shuffle=True, random_state=0)
print('X_trainの形状：', X_train.shape, ' y_trainの形状：', y_train.
shape, ' X_testの形状：', X_test.shape, ' y_testの形状：', y_test.
shape)
```

▼実行結果

```
X_trainの形状： (404, 13)  y_trainの形状： (404,)  X_testの形状： (102,
13)  y_testの形状： (102,)
```

深さmax_depth=4を指定してます。過学習を防ぐため、min_samples_leaf=10を指定して葉のレコード数を10個以上とし、正則化の強さccp_alpha=5を指定して葉が増えないよう制約を課します。

図2.11 DecisionTreeRegressorのハイパーパラメータ

ハイパーパラメータ	初期値	説明
criterion	squared_error	分割点を計算するときの誤差を指定する。二乗誤差が基本
max_depth	None	決定木の深さの最大値
min_samples_leaf	1	葉の作成に必要な最小レコード数
ccp_alpha	0	葉数に対する正則化の強さ

▼モデルの学習

```
from sklearn.tree import DecisionTreeRegressor
model = DecisionTreeRegressor(criterion='squared_error', max_
```

```
depth=4, min_samples_leaf=10, ccp_alpha=5, random_state=0) # 深さ4
の回帰木モデル
model.fit(X_train, y_train)
model.get_params()
```

▼実行結果

```
{'ccp_alpha': 5,
 'criterion': 'squared_error',
 'max_depth': 4,
 'max_features': None,
 'max_leaf_nodes': None,
 'min_impurity_decrease': 0.0,
 'min_samples_leaf': 10,
 'min_samples_split': 2,
 'min_weight_fraction_leaf': 0.0,
 'random_state': 0,
 'splitter': 'best'}
```

テストデータの特徴量X_testをモデルに入力し、predictメソッドで予測値y_test_predを出力します。X_testは住宅価格の予測に使用する13列の特徴量が格納してあります。特徴量の数値は標準化が不要なため、データセットの数値になります。

テストデータの誤差を確認します。このモデルの場合は線形回帰のRMSE：5.78なので、わずかに精度が悪化しています。ただし、回帰木の精度はハイパーパラメータの設定により変わります。ハイパーパラメータの最適化は検証データを使用する必要があり、3.4節で紹介します。

▼テストデータの予測と評価

```
y_test_pred = model.predict(X_test)
print('RMSE test: %.2f' % (mean_squared_error(y_test, y_test_pred)
** 0.5))
```

▼実行結果

```
RMSE test: 5.95
```

予測値を表示すると、4つの値になります。

▼予測値

```
model.predict(X_test)
```

▼実行結果

```
array([28.55043478, 21.60075758, 21.60075758, 14.45338346,
21.60075758,
       21.60075758, 21.60075758, 21.60075758, 21.60075758,
21.60075758,
       14.45338346, 14.45338346, 14.45338346, 14.45338346,
44.92916667,
省略
```

木を可視化すると、深さ1は特徴量LSTATで分割し、深さ2の左葉は特徴量RM、右葉はLSTATで分割し、4つの葉を確認できます。正則化のおかげで、深さが4の指定でありながら、葉の作成を4つに抑えることができています。

▼木の可視化

```
from sklearn import tree
dot_data = tree.export_graphviz(model, out_file=None,
rounded=True, feature_names=X.columns, filled=True)
graphviz.Source(dot_data, format='png')
```

▼実行結果

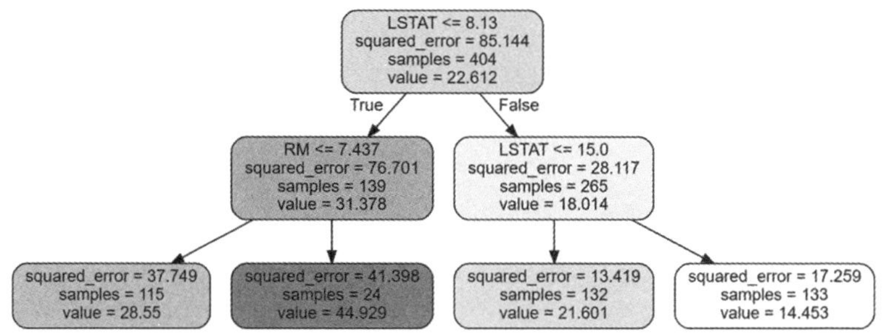

決定木は学習のときに計算した特徴量の重要度を持っています。特徴量の重要度を降順にソートして可視化すると、条件分岐に使用した特徴量LSTATとRMが確認できます。条件分岐に使用していない特徴量の重要度は0です。

▼特徴量の重要度の可視化

```
importances = model.feature_importances_ # 特徴量の重要度
indices = np.argsort(importances)[::-1] # 特徴量の重要度を降順にソート
plt.figure(figsize=(8, 4)) #プロットのサイズ指定
plt.title('Feature Importance') # プロットのタイトルを作成
plt.bar(range(len(indices)), importances[indices]) # 棒グラフを追加
plt.xticks(range(len(indices)), X.columns[indices], rotation=90) # 
X軸に特徴量の名前を追加
plt.show() # プロットを表示
```

▼実行結果

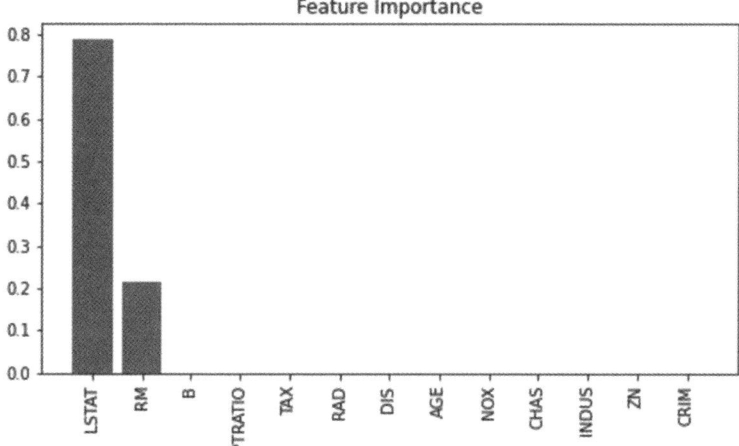

ワンポイント

決定木の可視化ツール(graphviz)

木の可視化(graphviz)は、決定木の条件分岐と予測値の関係を直感的に理解でき、予測値を解釈する際に大変便利です。valueは葉の予測値を表し、valueの値が小さいと薄い色、大きいと濃い色で葉の色が表示されます。

2.4

LightGBM回帰

本節では複数の回帰木の予測値を加算する勾配ブースティング回帰の予測方法を学びます。ハンズオンはLightGBMの予測値の可視化を通じて、前節の回帰木との予測値の計算方法の違いを確認します。続いて、学習データとテストデータを使い、学習→予測→評価の一連の流れを実装し、精度を確認します。最後に、SHAPを使ってレコードごとの予測値を特徴量で分解して、予測値への特徴量の貢献度を可視化します。

 勾配ブースティング回帰のアルゴリズム

回帰木はモデルが単純なため条件分岐を直観的に理解でき、解釈性に強みがある一方、学習データに過学習しやすい弱みがあります。本節で紹介する**勾配ブースティング**回帰は回帰木を直列に連結したアルゴリズムで、回帰木よりもモデルが複雑なため精度が高い予測モデルを実装できます。

予測モデル

最初は、2.3節の回帰木で紹介したコンピュータゲームXのスコアを例に、勾配ブースティングを直観的に理解したいと思います。回帰木では5人のレコードを使って、コンピュータゲームXの興味に関するスコアを予測する回帰木tree1を例示しました。

■図2.12　回帰木のイメージ [4]

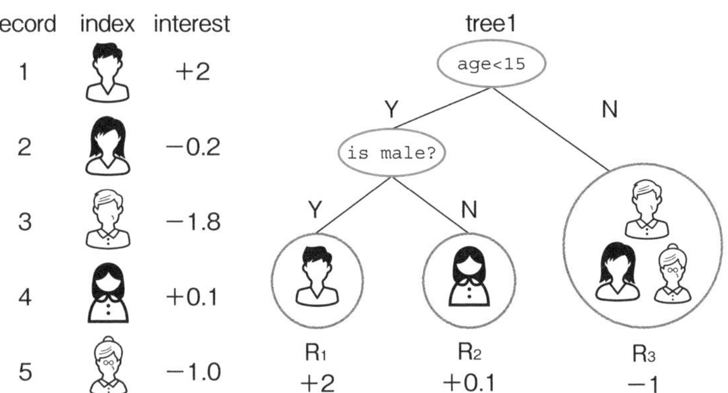

勾配ブースティングはtree1とtree2の両方の回帰木のスコアを加算して、1つのスコアを予測します。例えば、インデックス1の男子の場合、tree1 + tree2の加算スコアはtree1の単体スコアより増加するので、興味がより高い予測を出力できます。一方、インデックス3のスコアはtree1とtree2を加算することで、tree1単体よりもスコアが減少し、興味が低いという予測の確信度を高めることができます。

図2.13 勾配ブースティングのイメージ [5]

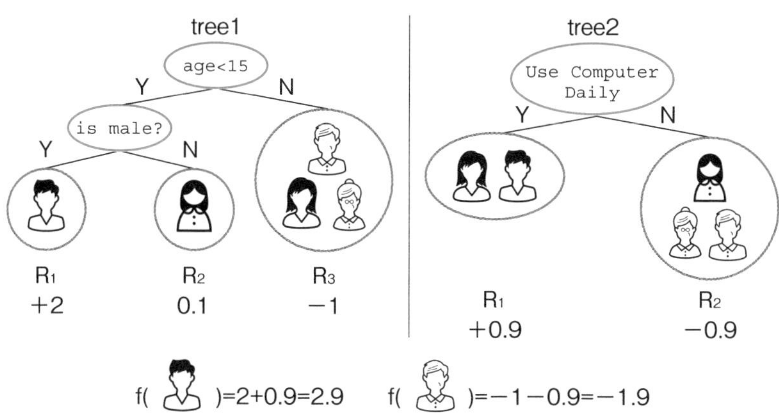

上の例は2本の回帰木を使った単純な例ですが、勾配ブースティングは一般的にK本の回帰木を使って予測します。予測したい特徴量のレコードはインデックスk ($1 \leq k \leq K$) の回帰木のどこかの葉に含まれます。特徴量$\mathbf{x}$が含まれる回帰木の葉の予測値は木ごとに異なるので、インデックスkを使って重み$w_k(\mathbf{x})$と記載します。ブースティングする回帰木の数がK本だと、予測値$\hat{y}$は初期値$\hat{y}^{(0)}$にK本ぶんの重みを加算した式になります。

ワンポイント

葉の重み$w_k(\mathbf{x})$

葉の重みは木のインデックスkと葉のインデックスjごとに異なるため、インデックス (j, k) を組合せた重み$w_{jk}(\mathbf{x})$が正確な記載です。学習がテーマの5章は重み$w_{jk}(\mathbf{x})$と記載しますが、予測がテーマの本節ではインデックスjを省略して、重み$w_k(\mathbf{x})$と記載しています。

$$\hat{y} = \hat{y}^{(0)} + w_1(\mathbf{x}) + w_2(\mathbf{x}) + \cdots + w_K(\mathbf{x}) = \hat{y}^{(0)} + \sum_{k=1}^{K} w_k(\mathbf{x})$$

重み$w_k(\mathbf{x})$は正解値yと1回前の予測値$\hat{y}^{(k-1)}(\mathbf{x})$の残差を基に計算します。本節は重みは最適化されている前提で予測モデルの理解を目指します。重みを最適化する学習のプロセスは5.2節をご確認ください。

図2.14　勾配ブースティング回帰の予測

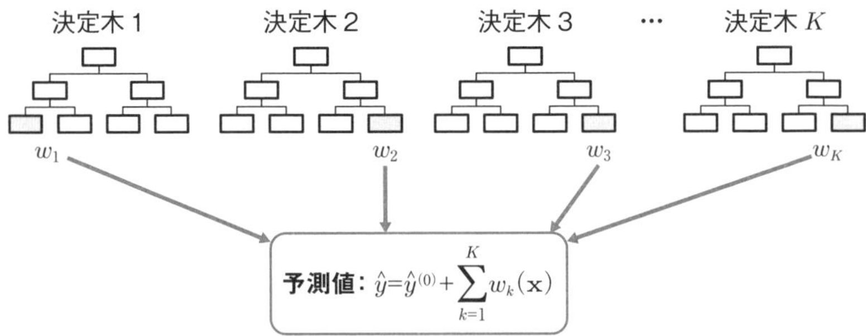

深さ1のLightGBM回帰の可視化

前節で実装した回帰木の予測値と比較できるよう学習データのレコード件数を100件、特徴量をRMに絞り、LightGBM回帰の予測値を可視化します。

ハイパーパラメータも回帰木と近づけるため、深さは1を指定して、ブースティング回数は1回にします。

1回ブースティングする場合、$K = 1$となり、予測値は次式になります。学習率ηは重みをどの程度、予測値に反映させるか調整するハイパーパラメータです。

$$\hat{y} = \hat{y}^{(0)} + \eta w_1(\mathbf{x})$$

ライブラリをimportして、データフレームにデータセットを格納後に回帰木と同じ条件で特徴量と目的変数を設定します。

▼ライブラリのインポート

```
%matplotlib inline
import pandas as pd
```

```
import numpy as np
import matplotlib.pyplot as plt
from sklearn.metrics import mean_squared_error
```


▼データセットの読み込み

```
df = pd.read_csv('https://archive.ics.uci.edu/ml/machine-learning-
databases/housing/housing.data', header=None, sep='\s+')
df.columns=['CRIM', 'ZN', 'INDUS', 'CHAS', 'NOX', 'RM', 'AGE',
'DIS', 'RAD', 'TAX', 'PTRATIO', 'B', 'LSTAT', 'MEDV']
```

▼特徴量と目的変数の設定

```
X_train = df.loc[:99, ['RM']] # 特徴量に100件のRM(平均部屋数)を設定
y_train = df.loc[:99, 'MEDV'] # 正解値に100件のMEDV(住宅価格)を設定
print('X_train:', X_train[:3])
print('y_train:', y_train[:3])
```

▼実行結果

```
X_train:       RM
0  6.575
1  6.421
2  7.185
y_train: 0    24.0
1    21.6
2    34.7
Name: MEDV, dtype: float64
```

ブースティングは1回だけ実行するので、学習率は0.8と大きな値を設定します。ハイパーパラメータは回帰木と同じ条件にするため、深さは1とします。重みの計算に使用する損失関数objectiveにmseを指定して、評価指標metricもmseを使用します。葉の最小のレコード数を指定するmin_data_in_leafには1を指定します。また、LightGBMは分割点の計算を高速化するため、特徴量の値をヒストグラムで離散化します。今回は回帰木と比較するため、ヒストグラムが無効になるようbinの中の

最小のレコード数を指定するmin_data_in_binに1を指定します。最後に、ヒストグラムのbin数をmax_binで指定できるので、学習データのレコード数と同じ100を設定します。

図2.15 LightGBMのハイパーパラメータ

ハイパーパラメータ	初期値	説明
objective	regression	1次微分と2次微分を計算する損失関数を指定する。損失関数で回帰と分類を変更する。
metric	objectiveに依存	objectiveと異なる評価指標を使用するときに指定する。
learning_rate	0.1	1回のブースティングで加算する重みの比率
num_leaves	31	決定木の葉数の最大値
max_depth	−1（無限大）	決定木の深さの最大値
min_data_in_leaf	20	葉の作成に必要な最小のレコード数
max_bin	255	ヒストグラムのbinの件数の最大値
min_data_in_bin	3	ヒストグラムの1つのbinに含まれる最小のレコード数

paramsにハイパーパラメータを指定します。

▼ハイパーパラメータの設定

```
import lightgbm as lgb

lgb_train = lgb.Dataset(X_train, y_train)

params = {
    'objective': 'mse',
    'metric': 'mse',
    'learning_rate': 0.8,
    'max_depth': 1,
    'min_data_in_leaf': 1,
    'min_data_in_bin': 1,
    'max_bin': 100,
```

```
    'seed': 0,
    'verbose': -1,
}
```


LightGBMはtrainメソッドで学習を実行します。第1引数にハイパーパラメータparams、第2引数に学習データlgb_train、第3引数num_boost_roundにブースティング回数を指定します。第4引数valid_setsに誤差の計算に使用する学習データlgb_trainを指定し、第5引数valid_namesにログの表示ラベル「train」を指定します。

学習の結果、ブースティング回数ごとの誤差がログに表示されます。誤差はハイパーパラメータmetricで設定したmse（平均二乗誤差）で計算します。

▼モデルの学習

```
model = lgb.train(params,
                  lgb_train,
                  num_boost_round=1,
                  valid_sets=[lgb_train],
                  valid_names=['train'])
```

▼実行結果

```
[1]	train's l2: 17.1003
```

学習データの予測値と正解値の誤差を計算すると、ログの誤差と一致しています。ログの表示「l2」はMSEと同じ意味だと確認できます。

▼学習データの予測と評価

```
y_train_pred = model.predict(X_train)
print('MSE train: %.2f' % (mean_squared_error(y_train, y_train_pred)))
```

▼実行結果

```
MSE train: 17.10
```

予測値は木の深さが1なので、回帰木と同様に2値になります。ただし、予測値は回帰木と異なります。

▼予測値

```
model.predict(X_train)
```

▼実行結果

```
array([21.040891  , 21.040891  , 31.60846732, 31.60846732,
31.60846732,
       21.040891  , 21.040891  , 21.040891  , 21.040891  ,
21.040891  ,
省略
```

ブースティングした木の数num_boost_roundは1なので、tree_indexは0のみ指定可能です。深さが1なので、葉は2つでleaf_indexは0と1になります。LightGBMのハイパーパラメータは回帰木と同じになるよう指定したので、特徴量の分割点は回帰木の予測モデルと同じ閾値6.793になります。一方、予測値leaf_valueは回帰木と勾配ブースティングで計算方法が異なるため、回帰木の予測値と一致しません。回帰木は1本の木の葉が予測値ですが、勾配ブースティングは初期値にブースティングした木の本数ぶんの重みを加算した予測値になります。次の実装は、予測値21.041をどのように計算したのかを検証します。

▼木の可視化

```
lgb.plot_tree(model, tree_index=0, figsize=(10, 10))
```

▼実行結果

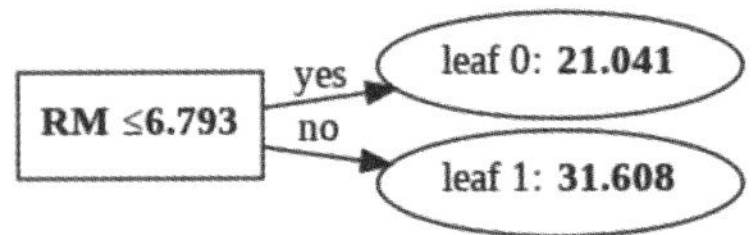

データと予測値を同時に可視化すると予測値は2値で、回帰木と近い予測値になっていることを確認できます。

▼データと予測値の可視化

```
plt.figure(figsize=(8, 4)) #プロットのサイズ指定
X = X_train.values.flatten() # numpy配列に変換し、1次元配列に変換
y = y_train.values # numpy配列に変換

# Xの最小値から最大値まで0.01刻みのX_pltを作成し、2次元配列に変換
X_plt = np.arange(X.min(), X.max(), 0.01)[:, np.newaxis]
y_pred = model.predict(X_plt) # 住宅価格を予測

# 学習データ(平均部屋数と住宅価格)の散布図と予測値のプロット
plt.scatter(X, y, color='blue', label='data')
plt.plot(X_plt, y_pred, color='red', label='LightGBM')
plt.ylabel('Price in $1000s [MEDV]')
plt.xlabel('average number of rooms [RM]')
plt.title('Boston house-prices')
plt.legend(loc='upper right')
plt.show()
```

▼実行結果

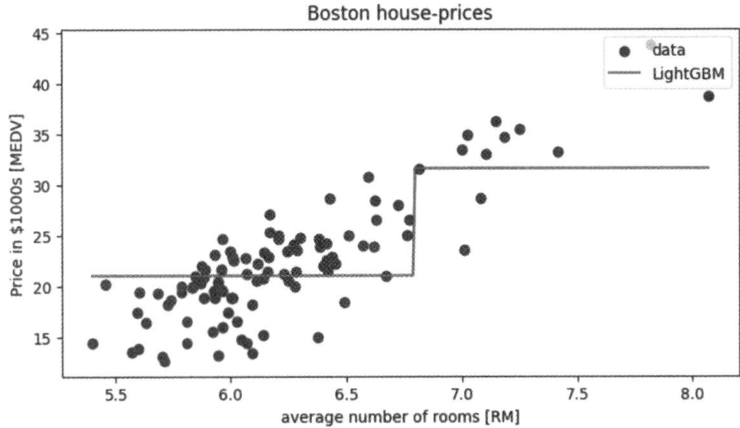

 深さ1のLightGBM回帰の予測値の検証

先ほどの実装で得られた予測値21.041を検証します。1回ブースティングする場合の予測値は次式でした。

$$\hat{y} = \hat{y}^{(0)} + \eta w_1(\mathbf{x})$$

最初に全レコードの学習データの正解値の平均を計算します。これが勾配ブースティングの初期値$\hat{y}^{(0)}$になります。

▼初期値

```
print('samples:', len(y)) # レコード数
pred0 = sum(y)/len(y) # 予測値（平均）
print('pred0:', pred0)
```

▼実行結果

```
samples: 100
pred0: 22.309000000000001
```

深さ1の回帰木なので、レコード100件は左右に2分割します。特徴量RMの数値が分割点6.793以下のレコードは左葉の集合になります。

▼左葉のレコード

```
threshold = 6.793 # 左右に分割する分割点
X_left = X[X<=threshold] # 左葉の特徴量
y_left = y[X<=threshold] # 左葉の正解値
print('X_left:', X_left)
print('y_left:', y_left)
```

▼実行結果

```
X_left: [6.575 6.421 6.43  6.012 6.172 5.631 6.004 6.377 6.009
5.889 5.949 6.096
 5.834 5.935 5.99  5.456 5.727 5.57  5.965 6.142 5.813 5.924 5.599
5.813
 6.047 6.495 6.674 5.713 6.072 5.95  5.701 6.096 5.933 5.841 5.85
```

```
5.966
 6.595 6.77  6.169 6.211 6.069 5.682 5.786 6.03  5.399 5.602 5.963
6.115
 6.511 5.998 5.888 6.383 6.145 5.927 5.741 5.966 6.456 6.762 6.29
5.787
 5.878 5.594 5.885 6.417 5.961 6.065 6.245 6.273 6.286 6.279 6.14
6.232
 5.874 6.727 6.619 6.302 6.167 6.389 6.63  6.015 6.121 6.417 6.405
6.442
 6.211 6.249 6.625 6.163]
y_left: [24.  21.6 28.7 22.9 27.1 16.5 18.9 15.  18.9 21.7 20.4
18.2 19.9 23.1
 17.5 20.2 18.2 13.6 19.6 15.2 14.5 15.6 13.9 16.6 14.8 18.4 21.
12.7
 14.5 13.2 13.1 13.5 18.9 20.  21.  24.7 30.8 26.6 25.3 24.7 21.2
19.3
 20.  16.6 14.4 19.4 19.7 20.5 25.  23.4 18.9 24.7 23.3 19.6 18.7
16.
 22.2 25.  23.5 19.4 22.  17.4 20.9 24.2 21.7 22.8 23.4 24.1 21.4
20.
 20.8 21.2 20.3 28.  23.9 24.8 22.9 23.9 26.6 22.5 22.2 22.6 22.
22.9
 25.  20.6 28.4 21.4]
```

残差は目的変数の正解値と初期値の差分になります。葉の重みはobjectiveにmseを指定したため、「残差の平均値」になります。LightGBMで実装した左葉の予測値21.041は初期値pred0に学習率80%ぶんのweight_leftを加算した値と一致します。なお、重みが「残差の平均値」になる理由は5.2節と5.3節で記載しています。

▼左葉の予測値

```
print('samples_left:', len(y_left)) # 左葉のレコード数
residual_left = y_left - pred0 # 残差
weight_left = sum(residual_left)/len(y_left) # 重み
print('weight_left:', weight_left)
y_pred_left = pred0 + 0.8 * weight_left # 左葉の予測値
```

```
print('y_pred_left:', y_pred_left)
```

▼実行結果

```
samples_left: 88
weight_left: -1.5851363636363767
y_pred_left: 21.040890909090912
```

以上の検証で、勾配ブースティング回帰の予測値の計算イメージがつかめたと思います。

LightGBM回帰の学習→予測→評価

最後の実装は2.2節の線形回帰、2.3節の回帰木と同様、データセットを学習データとテストデータに分割し、テストデータで精度を確認します。

▼ライブラリのインポート

```
%matplotlib inline
import pandas as pd
import numpy as np
import matplotlib.pyplot as plt
from sklearn.model_selection import train_test_split
from sklearn.metrics import mean_squared_error
```

▼データセットの読み込み

```
df = pd.read_csv('https://archive.ics.uci.edu/ml/machine-learning-
databases/housing/housing.data', header=None, sep='\s+')
df.columns=['CRIM', 'ZN', 'INDUS', 'CHAS', 'NOX', 'RM', 'AGE',
'DIS', 'RAD', 'TAX', 'PTRATIO', 'B', 'LSTAT', 'MEDV']
```

▼特徴量と目的変数の設定

```
X = df.drop(['MEDV'], axis=1)
y = df['MEDV']
```

前節と同様、特徴量と目的変数を学習用と評価用に分けます。特徴量は13個あることがわかります。

▼学習データとテストデータに分割

```
X_train, X_test, y_train, y_test = train_test_split(X, y, test_
size=0.2, shuffle=True, random_state=0)
print('X_trainの形状：', X_train.shape, ' y_trainの形状：', y_train.
shape, ' X_testの形状：', X_test.shape, ' y_testの形状：', y_test.
shape)
```

▼実行結果

```
X_trainの形状： (404, 13)  y_trainの形状： (404,)  X_testの形状： (102,
13)  y_testの形状： (102,)
```

図2.16 LightGBMのハイパーパラメータ

ハイパーパラメータ	初期値	説明
objective	regression	1次微分と2次微分を計算する損失関数を指定する。損失関数で回帰と分類を変更する。
metric	objectiveに依存	objectiveと異なる評価指標を使用するときに指定する。
learning_rate	0.1	1回のブースティングで加算する重みの比率
num_leaves	31	決定木の葉数の最大値
max_depth	−1（無限大）	決定木の深さの最大値
min_data_in_leaf	20	葉の作成に必要な最小のレコード数
max_bin	255	ヒストグラムのbinの件数の最大値
min_data_in_bin	3	ヒストグラムの1つのbinに含まれる最小のレコード数

ハイパーパラメータは木の深さmax_depthの代わりに葉の数num_leavesを使用し、設定値は5とします。その他は初期値を使用します。

▼ハイパーパラメータの設定

```
import lightgbm as lgb

lgb_train = lgb.Dataset(X_train, y_train)

params = {'objective': 'mse',
          'num_leaves': 5,
          'seed': 0,
          'verbose': -1,
}
```

LightGBMはtrainメソッドで学習を実行します。引数の指定は前の実装と同じですが、ブースティング回数に50を指定するので、callbacksでログの表示間隔10を指定します。

▼モデルの学習

```
model = lgb.train(params,
                  lgb_train,
                  num_boost_round=50,
                  valid_sets=[lgb_train],
                  valid_names=['train'],
                  callbacks=[lgb.log_evaluation(10)])
```

▼実行結果

```
[10]    train's l2: 23.2264
[20]    train's l2: 11.4353
[30]    train's l2: 8.26905
[40]    train's l2: 6.83309
[50]    train's l2: 5.88687
```

テストデータでモデルを評価します。ハイパーパラメータはnum_leaves = 5以外は初期値でモデルを作成した結果、線形回帰や回帰木に比べて、誤差が減少しました。

▼テストデータの予測と評価

```
y_test_pred = model.predict(X_test)
print('RMSE test: %.2f' % (mean_squared_error(y_test, y_test_pred)
** 0.5))
```

▼実行結果

```
RMSE test: 4.97
```

回帰木の重要度と同様、特徴量LSTATとRMが高いですが、ブースティングしているため、他の特徴量もモデルに貢献しています。なお、引数はgainを指定します。gainはレコードの分割時に誤差が大きく減少する基準で重要度を表示します。

▼特徴量の重要度の可視化

```
importances = model.feature_importance(importance_type='gain') #
特徴量の重要度
indices = np.argsort(importances)[::-1] # 特徴量の重要度を降順にソート

plt.figure(figsize=(8, 4)) #プロットのサイズ指定
plt.title('Feature Importance') # プロットのタイトルを作成
plt.bar(range(len(indices)), importances[indices]) # 棒グラフを追加
plt.xticks(range(len(indices)), X.columns[indices], rotation=90) #
X軸に特徴量の名前を追加
plt.show() # プロットを表示
```

▼実行結果

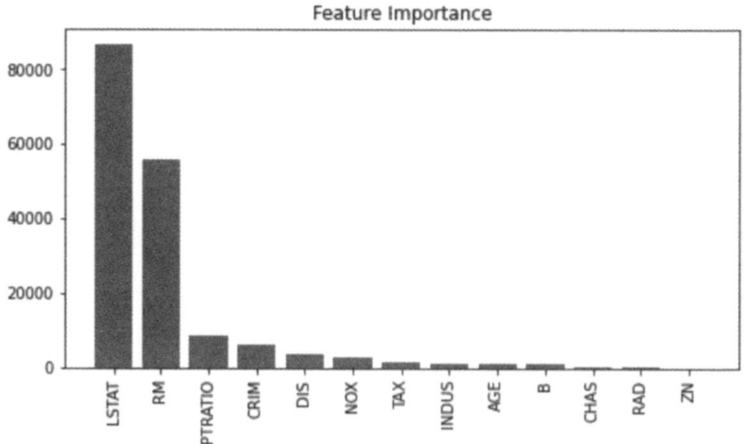

最初の木を表示します。葉の数はハイパーパラメータで指定したとおり5です。分割に使用した特徴量はLSTATとRMで重要度が高い特徴量が使われています。

▼1本目の木の可視化

```
lgb.plot_tree(model, tree_index=0, figsize=(20, 20))
```

▼実行結果

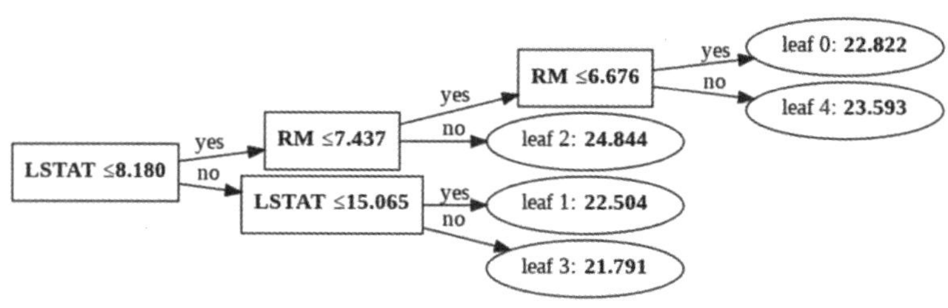

最後の木を表示したいので、tree_indexに−1を指定します。1本目の木では見られなかった特徴量DIS、INDUS、B、TAXで条件分岐しています。勾配ブースティングは回帰木と異なり、ブースティングを繰り返すことで、重要度が低い特徴量も使用することがわかります。

▼50本目の木の可視化

```
lgb.plot_tree(model, tree_index=-1, figsize=(20, 20))
```

▼実行結果

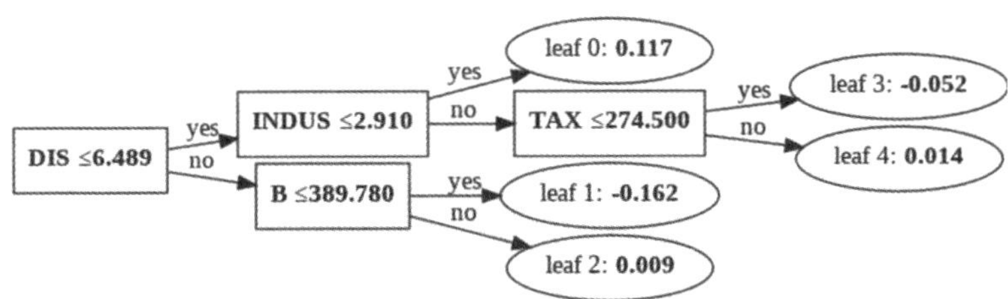

ワンポイント

勾配ブースティングの初期値

損失関数にMSE（二乗誤差）を使用する場合、scikit-learnのGradientBoostingRegressorとLightGBMの初期値$\hat{y}^{(0)}$は学習データの目的変数の平均値になります。目的関数にMAE（絶対誤差）を使用する場合、初期値は学習データの中央値になります。なお、XGBoostの初期値は0.5（ハイパーパラメータで変更可能）になります。

SHAP概要

線形回帰や決定木は、予測に至るプロセスが人間に理解しやすく、「解釈性」が高いアルゴリズムです。一方、複数の決定木を弱学習器に使うアンサンブル学習や大量のパラメータを有するニューラルネットワークはモデルの中身がブラックボックスで解釈性が低いアルゴリズムに該当します。**説明可能なAI**（eXpainable AI：**XAI**）は解釈性が低いアルゴリズムに対して、どの特徴量がどの程度の強さで予測値に貢献したのか根拠を与えます。この根拠のことを以降「説明性」と呼びます。

本書は説明可能なAIの中で普及しているSHAPを使用します。

SHAP（SHapley Additive exPlanations）[12]はレコード1件ごとの予測値と平均的な予測値の差分を計算し、差分を特徴量ごとに分解することで、どの特徴量が予測値に貢献するか教えてくれます。

インデックスiの1レコードの特徴量ベクトル$\mathbf{x}_i = (x_{i1}, x_{i2}, \cdots, x_{im})$の予測値は$\hat{f}(\mathbf{x}_i)$とします。

特徴量$\mathbf{X}$をモデルに入力したとき、予測値の期待値は$\mathbb{E}[\hat{f}(\mathbf{X})]$となり、期待値は特徴量$\mathbf{X}$を入力したときの平均的な予測値を表します。

$$\mathbf{X} = \begin{pmatrix} x_{11} & x_{12} & \dots & x_{1m} \\ x_{21} & x_{22} & \dots & x_{2m} \\ \vdots & \vdots & \ddots & \vdots \\ x_{n1} & x_{n2} & \dots & x_{nm} \end{pmatrix}$$

インデックスiの予測値$\hat{f}(\mathbf{x}_i)$と平均的な予測値$\mathbb{E}[\hat{f}(\mathbf{X})]$の差分は特徴量のインデックス$j$で分解できます。

$$\hat{f}(\mathbf{x}_i) - \mathbb{E}[\hat{f}(\mathbf{X})] = \sum_{j=1}^{m} \phi_{ij}$$

ワンポイント

解釈性と説明性の定義

解釈性（interpretability）とは、アルゴリズムが予測結果に至る過程がどれだけわかりやすいかということ。

説明性（explainability）とは、アルゴリズムの予測結果に対して根拠を探求すること。

予測の期待値$\mathbb{E}[\hat{f}(\mathbf{X})]$はベースラインの意味で、$\phi_0 = \mathbb{E}[\hat{f}(\mathbf{X})]$とします。SHAP値$\phi_{ij}$はレコード1件ごとの特徴量$x_{ij}$の予測値への貢献度を表し、SHAP値$\phi_{ij}$を可視化することで、レコード1件ごとの予測値を説明できます。

$$\hat{f}(\mathbf{x}_i) = \phi_0 + \sum_{j=1}^{m} \phi_{ij}$$

また、特徴量$\mathbf{X}$を入力して得たSHAP値を全件レコードで平均し、特徴量ごとの平均的な貢献度を計算できます。このとき、SHAP値がプラスとマイナスの値で相殺しないよう絶対値で平均化します。レコードごとのSHAP値はミクロな貢献度を提供しますが、平均値のSHAP値はマクロな貢献度を提供し、特徴量の重要度と解釈できます。

$$\frac{1}{n}\sum_{i=1}^{n} |\phi_{ij}|$$

SHAPによる予測値の説明

先ほど計算したテストデータの予測値に対して、予測値への特徴量の貢献度を可視化し、SHAPの「説明性」を確認します。ハンズオンはライブラリshap [13] を使って実装します。shapはColaboratoryの環境に未登録なのでインストールします。

▼ライブラリshapのインストール

```
! pip install shap
```

▼実行結果

```
Looking in indexes: https://pypi.org/simple, https://us-python.
pkg.dev/colab-wheels/public/simple/
Collecting shap
  Downloading shap-0.41.0-cp310-cp310-manylinux_2_12_x86_64.
manylinux2010_x86_64.whl (572 kB)
     ────────────────────────────────────────────────────────
─ 572.6/572.6 kB 5.9 MB/s eta 0:00:00
省略
```

引数modelにLightGBMの学習済みモデル、引数feature_pertubationに「tree_path_dependent」を指定して、explainerを作成します。

▼explainerの作成

```
import shap
explainer = shap.TreeExplainer(
    model = model,
    feature_pertubation = 'tree_path_dependent')
```

作成したexplainerにテストデータの特徴量X_testを入力して、SHAP値を計算します。

▼SHAP値の計算

```
shap_values = explainer(X_test)
```

expected_valueでテストデータ全件レコードに対する予測値の期待値を表示します。

▼全件レコードの期待値

```
explainer.expected_value
```

▼実行結果

```
22.611881236511852
```

予測モデルが予測した住宅価格を表示します。11件目の価格9.618が期待値より低く、15件目の価格48.256が期待値より高いです。SHAPを使って、この2件のレコードの「説明性」を確認します。

▼予測値のリスト

```
y_test_pred
```

▼実行結果

```
array([24.33826347, 25.55850304, 22.88538477, 11.58613597,
22.02411837,
       20.72080442, 21.86359234, 21.10557067, 21.40360298,
19.23261144,
        9.61777349, 13.6106635 , 14.32141005,  9.76631897,
48.25601687,
省略
```

ワンポイント

SHAP値の引数feature_pertubationの指定

explainerの引数feature_pertubationには「tree_path_dependent」と「interventional」の2つの指定方法があります。feature_pertubationの指定により、SHAP値の計算時の条件付き確率の使用有無が異なります。

論文[14]によると「interventional」を使用し、条件付き確率を使用しない方がよいと説明してあり、ライブラリshapの引数feature_perturbationの初期値は「interventional」です。ただし、この指定はライブラリlightgbmでカテゴリ変数にpandas category型を指定したモデルを引数modelに指定したときエラーになります。shapのIssue[15]を参照してください。

住宅価格データセットは数値のデータセットのため、どちらの指定でもexplainerを作成できます。ただし、カテゴリ変数を持つ3.3節と4.3節のSHAP実装は「tree_path_dependent」のみ指定可能です。なお、「interventional」を指定する場合、引数dataに予測に使用した特徴量を指定してexplainerを作成します。

▼explainerの作成(interventional)

```
import shap
explainer = shap.TreeExplainer(
    model = model,
    data = X_test,
    feature_pertubation = 'interventional')
```

最初に、期待値よりも価格が高い15件目（インデックス14）のshap_valueを表示します。貢献度であるvalues、期待値であるbase_values、特徴量であるdataの3つのデータがあります。

▼15件目のSHAP値

```
shap_values[14]
```

▼実行結果

```
.values =
array([ 0.42917263,  0.        , -0.07889398,  0.2719192 ,
0.46275832,
       10.15551491,  0.38500326,  0.64666231,  0.11689572,
-0.09221592,
        2.02745917,  0.20267821, 11.1171818 ])

.base_values =
22.611881236511852

.data =
array([  1.83377,    0.     ,  19.58    ,   1.     ,   0.605   ,
7.802   ,
        98.2    ,   2.0407 ,   5.     , 403.     ,  14.7     ,
389.61   ,
         1.92   ])
```

valuesメソッドを使うと3つのデータから貢献度だけを表示します。

▼15件目の貢献度

```
shap_values.values[14]
```

▼実行結果

```
array([ 0.42917263,  0.        , -0.07889398,  0.2719192 ,
0.46275832,
```

```
       10.15551491,  0.38500326,  0.64666231,  0.11689572,
-0.09221592,
        2.02745917,  0.20267821, 11.1171818 ])
```


期待値と15件目の貢献度を合計します。

▼期待値＋15件目の貢献度合計

```
shap_values[14].base_values + shap_values.values[14].sum()
```

▼実行結果

```
48.25601687152404
```

SHAP値の貢献度と期待値の合計値はモデルの予測値と一致します。つまり、SHAP値を使うことで、予測値を特徴量の貢献度と期待値に分割できることがわかりました。

▼15件目の予測値

```
y_test_pred[14]
```

▼実行結果

```
48.25601687152407
```

SHAP値によってどの特徴量の貢献が大きかったのか、plots.waterfallメソッドで可視化できます。予測価格が高かった15件目のSHAP値を可視化します。

図は下からたどっていくとわかりやすいでしょう。図の下側に期待値22.612が表示されています。図中に表示されていないその他の特徴量の貢献は、合わせて－0.05とややマイナスになっており、絶対値としては大きくありません。特徴量は貢献度の絶対値の順に並んでおり、LSTAT（低所得者の割合）とRM（平均部屋数）の貢献度が高くなっています。すべての貢献度を加算したものが15件目の予測値48.256になり、図中では右上に表示されています。RMの特徴量の値は7.802となっており、線形回帰と異なり、特徴量の値が標準化していないため、解釈しやすくなっています。

▼15件目のSHAP値の可視化

```
shap.plots.waterfall(shap_values[14])
```

▼実行結果

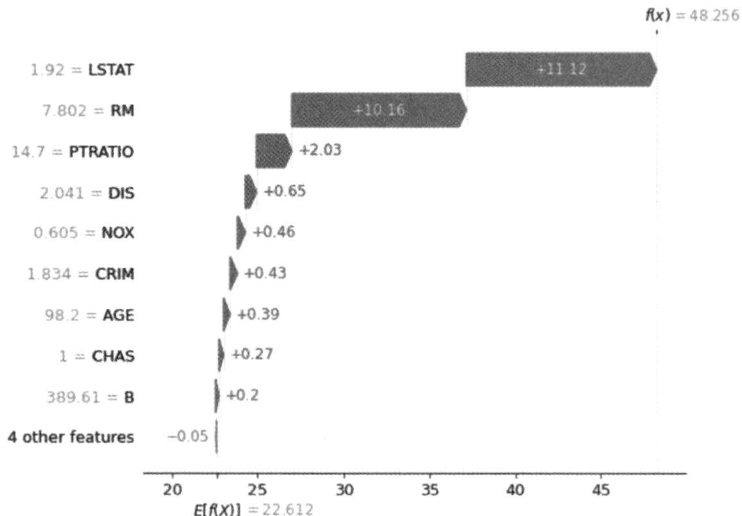

次に、期待値より価格が低い11件目のSHAP値を可視化します。

期待値は、モデルと予測時の全件レコードの特徴量によって決定するため、22.612と15件目から変わっていません。その他の特徴量の貢献は+0.08とややプラスになっています。それ以外の特徴量の貢献はすべてマイナスになっており、特にLSTATとNOXが大きくマイナスになっています。15件目と比べるとLSTAT（低所得者の割合）の特徴量の値が20.62と大きく、RM（平均部屋数）の値が5.957と小さくなっています。

▼11件目のSHAP値の可視化

```
shap.plots.waterfall(shap_values[10])
```

▼実行結果

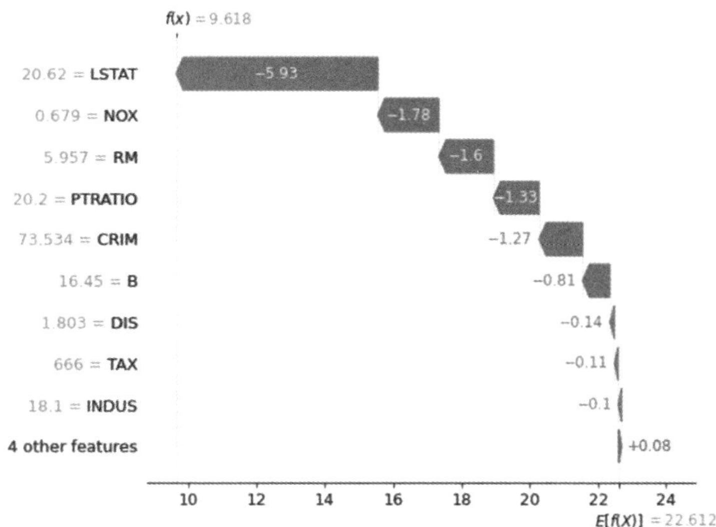

いままではレコード1件ごとのミクロな情報に注目してきましたが、SHAP概要の最後で述べたとおり、SHAP値を全件レコードで平均し、平均的な貢献度を特徴量の重要度と解釈できます。この重要度はテストデータ、つまり予測時のSHAP値を集計した結果であり、学習時の特徴量の重要度とは計算方法が異なる点に注意してください。学習時の重要度と比較すると、特徴量の上位3件まで一致しています。

▼特徴量重要度の可視化

```
shap.plots.bar(shap_values=shap_values)
```

▼実行結果

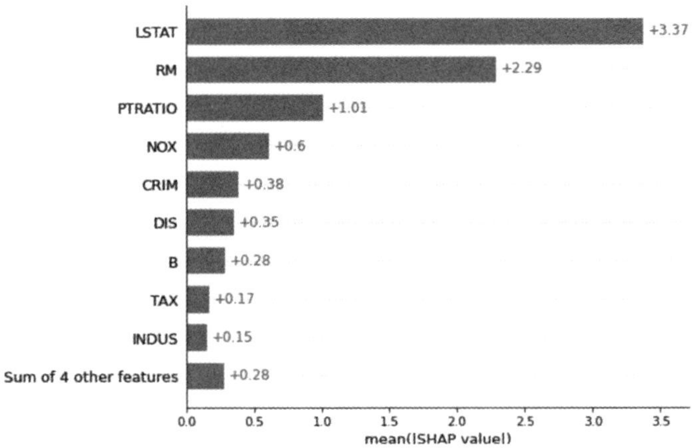

本章のまとめ

- 探索的データ解析（EDA）はデータ可視化を通じて、外れ値、データの分布、2変数の関係などのデータの特性を理解する手法です。
- 評価指標RMSEは大きな誤差へのあてはまりを重視して、MAEは小さな誤差と大きな誤差は同じ基準で評価します。
- 線形回帰の予測値は特徴量との線形性を仮定し、予測値は特徴量と回帰係数の積和に分解できます。
- 複数の特徴量で予測モデルを作成するときは、特徴量を標準化して回帰係数を計算します。
- 回帰係数は1標準偏差変化したときの予測値の貢献度と解釈できます。
- 回帰木の予測値は葉に含まれる学習データの目的変数の平均値になり、非連続な値になります。
- 木の条件分岐は目的関数SSEが最小化する特徴量の閾値（分割点）でレコードを2分割します。
- 回帰木の予測は特徴量を入力して、レコードのインデックスを葉のインデックスに変換して、学習のときの葉の平均値を出力します。
- 勾配ブースティングの予測は初期値に葉の重みを加算して計算します。
- 葉の重みは正解値と1つ手前の予測値との残差のレコード数の平均値で計算します。
- LightGBMは解釈性が低いアルゴリズムですが、SHAPを使うことで1レコードごとの予測値に対する特徴量の貢献度を可視化します。

第3章

分類の予測モデル

3.1

データ理解

3章は国勢調査のデータセットを使って、二値分類の年収予測モデルを実装します。本節ではデータセットの理解を深めて、次節以降で使用する共通の前処理を実装します。また、二値分類の評価に使用する混同行列と評価指標を整理します。

 国勢調査データセット

3章で使用する国勢調査のデータセットを紹介します。データセットは1994年の米国の国勢調査のデータベースから抽出し、14個の特徴量と1個の目的変数があります。目的変数はincomeの列で、収入が「5万ドル以下」と「5万ドル超え」の二値になります。この二値が正解ラベルになります。

■図3.1　国勢調査のデータセット

列名	説明
age	年齢
Workclass	雇用形態
fnlwgt	final weight
education	学歴
education-num	教育年数
marital-status	配偶者の有無
occupation	職業
relationship	世帯内の関係
race	人種
gender	性別
capital-gain	キャピタルゲイン
capital-loss	キャピタルロス
hours-per-week	1週間の労働時間
native-country	母国
Income	収入（<=50Kは5万ドル以下、>50Kは5万ドル超え）

pandasでcsvファイルを取り込み、データの概要を理解します。

▼ライブラリのインポート

```
%matplotlib inline
import pandas as pd
import numpy as np
import matplotlib.pyplot as plt
import seaborn as sns
from sklearn.model_selection import train_test_split
from sklearn.metrics import accuracy_score
from sklearn.metrics import precision_score
from sklearn.metrics import recall_score
from sklearn.metrics import f1_score
from sklearn.metrics import confusion_matrix
```


データセットはUCIからダウンロードして、ファイルをpandasで読み込みます。ファイルは列名称がないので、列名のヘッダ行を追加します。

▼データセットの読み込み

```
df = pd.read_csv('https://archive.ics.uci.edu/ml/machine-learning-
databases/adult/adult.data', header=None)
df.columns =['age', 'workclass', 'fnlwgt', 'education', 'education-
num', 'marital-status', 'occupation', 'relationship', 'race',
'gender', 'capital-gain', 'capital-loss', 'hours-per-week',
'native-country', 'income']
df.head()
```

▼実行結果

	age	workclass	fnlwgt	education	education-num	marital-status	occupation	relationship	race	gender	capital-gain	capital-loss	hours-per-week	native-country	income
0	39	State-gov	77516	Bachelors	13	Never-married	Adm-clerical	Not-in-family	White	Male	2174	0	40	United-States	<=50K
1	50	Self-emp-not-inc	83311	Bachelors	13	Married-civ-spouse	Exec-managerial	Husband	White	Male	0	0	13	United-States	<=50K
2	38	Private	215646	HS-grad	9	Divorced	Handlers-cleaners	Not-in-family	White	Male	0	0	40	United-States	<=50K
3	53	Private	234721	11th	7	Married-civ-spouse	Handlers-cleaners	Husband	Black	Male	0	0	40	United-States	<=50K
4	28	Private	338409	Bachelors	13	Married-civ-spouse	Prof-specialty	Wife	Black	Female	0	0	40	Cuba	<=50K

行数と列数を確認します。

▼データ形状

```
df.shape
```

▼実行結果

```
(32561, 15)
```

欠損値はありません。

▼欠損値の有無

```
df.isnull().sum()
```

▼実行結果

```
age               0
workclass         0
fnlwgt            0
education         0
education-num     0
marital-status    0
occupation        0
relationship      0
race              0
gender            0
```

```
capital-gain      0
capital-loss      0
hours-per-week    0
native-country    0
income            0
dtype: int64
```


データ型を確認すると、2章の住宅価格データセットとは異なり、数値と文字列の2つの型が混在しています。文字列は予測モデルに入力できないので、前処理で数値型に変換します。ただし、数値型への変換方法はアルゴリズムによって異なるため、次節以降のモデル作成時に実装します。

▼データ型

```
df.info()
```

▼実行結果

```
<class 'pandas.core.frame.DataFrame'>
RangeIndex: 32561 entries, 0 to 32560
Data columns (total 15 columns):
 #   Column          Non-Null Count  Dtype
---  ------          --------------  -----
 0   age             32561 non-null  int64
 1   workclass       32561 non-null  object
 2   fnlwgt          32561 non-null  int64
 3   education       32561 non-null  object
 4   education-num   32561 non-null  int64
 5   marital-status  32561 non-null  object
 6   occupation      32561 non-null  object
 7   relationship    32561 non-null  object
 8   race            32561 non-null  object
 9   gender          32561 non-null  object
 10  capital-gain    32561 non-null  int64
 11  capital-loss    32561 non-null  int64
 12  hours-per-week  32561 non-null  int64
 13  native-country  32561 non-null  object
```

```
 14  income           32561 non-null   object
dtypes: int64(6), object(9)
memory usage: 3.7+ MB
```

数値変数EDA

数値の統計情報を確認します。特徴量fnlwgt、capital-gain、capital-lossの標準偏差(std)が平均(mean)よりも大きな値になっています。

▼数値の統計情報

```
df.describe().T
```

▼実行結果

	count	mean	std	min	25%	50%	75%	max
age	32561.0	38.581647	13.640433	17.0	28.0	37.0	48.0	90.0
fnlwgt	32561.0	189778.366512	105549.977697	12285.0	117827.0	178356.0	237051.0	1484705.0
education-num	32561.0	10.080679	2.572720	1.0	9.0	10.0	12.0	16.0
capital-gain	32561.0	1077.648844	7385.292085	0.0	0.0	0.0	0.0	99999.0
capital-loss	32561.0	87.303830	402.960219	0.0	0.0	0.0	0.0	4356.0
hours-per-week	32561.0	40.437456	12.347429	1.0	40.0	40.0	45.0	99.0

続いて、ヒストグラムを作成します。統計情報で確認したfnlwgt、capital-gain、capital-lossは外れ値があります。一方、age、education-num、hours-per-weekは外れ値がなさそうです。

▼数値のヒストグラム

```
plt.rcParams['figure.figsize'] = (10, 6)
df.hist(bins=20))
plt.tight_layout()
plt.show()
```

▼実行結果

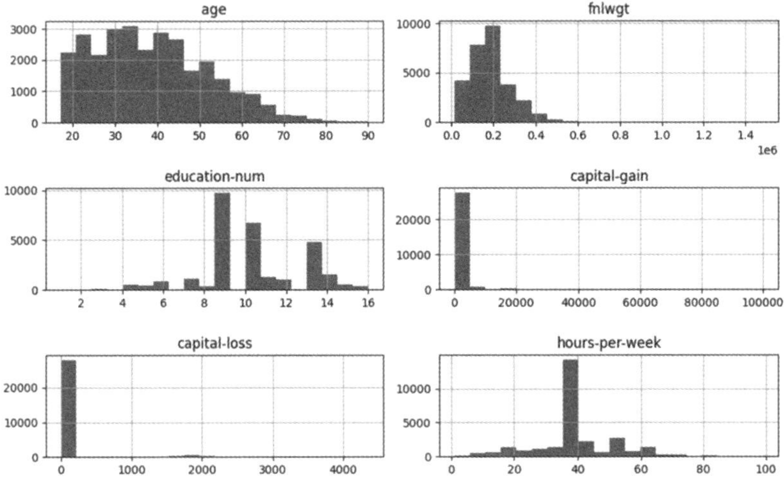

カテゴリ変数EDA

次は文字列に相当する**カテゴリ変数**の統計情報を確認します。文字列は9個あり、「unique」を見ると特徴量ごとのカテゴリ数、「freq」を見ると最頻値を確認できます。native-countryは42のカテゴリ数を持ち、件数トップのUnited-Statesが全体のほとんどの件数を占めています。また、eductationやoccupationのカテゴリ数も多く、カテゴリ変数を絞ったり、統合するなどのカテゴリの見直しの余地があります。

▼カテゴリ変数の統計情報

```
df.describe(exclude='number').T
```

▼実行結果

	count	unique	top	freq
workclass	32561	9	Private	22696
education	32561	16	HS-grad	10501
marital-status	32561	7	Married-civ-spouse	14976
occupation	32561	15	Prof-specialty	4140
relationship	32561	6	Husband	13193
race	32561	5	White	27816
gender	32561	2	Male	21790
native-country	32561	42	United-States	29170
income	32561	2	<=50K	24720

カテゴリ変数のunique数に続いて、値を確認します。リスト表示すると文字列の前に半角スペースがあります。半角スペースは、この後の前処理で削除します。

▼カテゴリ変数のリスト表示

```
cat_cols = ['workclass', 'education', 'marital-status', 'occupation',
'relationship', 'race', 'gender', 'native-country', 'income']
for col in cat_cols:
    print('%s: %s' % (col, list(df[col].unique())))
```

▼実行結果

```
workclass: [' State-gov', ' Self-emp-not-inc', ' Private', '
Federal-gov', ' Local-gov', ' ?', ' Self-emp-inc', ' Without-pay',
' Never-worked']
education: [' Bachelors', ' HS-grad', ' 11th', ' Masters', ' 9th',
' Some-college', ' Assoc-acdm', ' Assoc-voc', ' 7th-8th', '
Doctorate', ' Prof-school', ' 5th-6th', ' 10th', ' 1st-4th', '
Preschool', ' 12th']
省略
income: [' <=50K', ' >50K']
```

カテゴリ変数を棒グラフで表示します。紙面の都合でnative-countryとincomeのみ実行結果を載せます。

▼カテゴリ変数の棒グラフ

```
cat_cols = ['workclass', 'education', 'marital-status', 'occupation',
'relationship', 'race', 'gender', 'native-country', 'income']
plt.rcParams['figure.figsize'] = (20, 20)

for i, name in enumerate(cat_cols):
  ax = plt.subplot(5, 2, i+1)
  df[name].value_counts().plot(kind='bar', ax=ax)

plt.tight_layout()
plt.show()
```

特徴量native-countryの実行結果を見ると、United-Statesがほとんどです。

▼実行結果

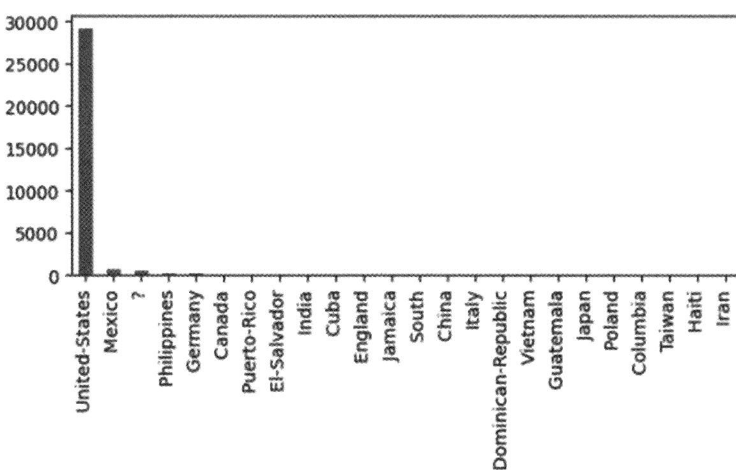

目的関数incomeの実行結果を確認すると、「5万ドル以下」のレコード件数が「5万ドル超え」の件数より多く、ラベルのレコード件数が不均衡です。

▼実行結果

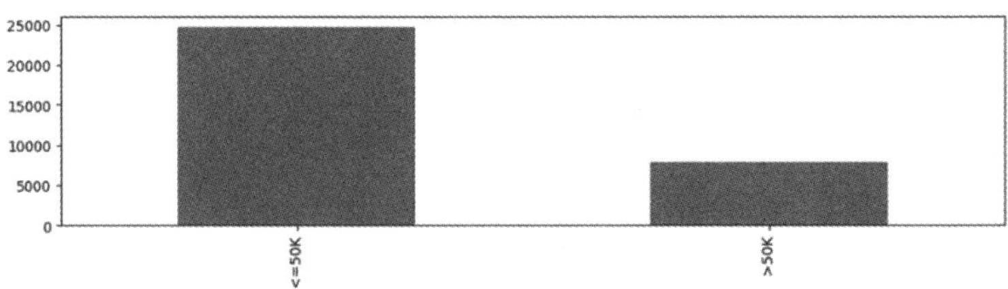

前処理

EDAの結果を踏まえて、次節以降の予測モデルに使用する共通の前処理を実装します。まずはカテゴリ変数の半角スペースを取り除きます。

▼半角スペースの削除

```
cat_cols = ['workclass', 'education', 'marital-status', 'occupation',
'relationship', 'race', 'gender', 'native-country', 'income']

for s in cat_cols:
  df[s] =df[s].str.replace(' ', '')
```

再度、カテゴリ変数を表示して、半角スペース削除を確認します。

▼カテゴリ変数のリスト表示

```
for col in cat_cols:
    print('%s: %s' % (col, list(df[col].unique())))
```

▼実行結果

```
workclass: ['State-gov', 'Self-emp-not-inc', 'Private', 'Federal-
gov', 'Local-gov', '?', 'Self-emp-inc', 'Without-pay', 'Never-
worked']
省略
income: ['<=50K', '>50K']
```

続いて、特徴量native-countryがUnited-Statesの条件でデータセットのレコードを絞ります。次節以降は母国がアメリカの年収予測モデルを実装します。

特徴量native-countryの値がUnited-Statesのレコードをdfに格納し、特徴量native-countryを削除します。レコードを絞ったので、インデックスを連番で振り直します。結果、レコードの件数が32,561件から29,170件に減り、「特徴量+目的変数」の列数が15個から14個になります。

▼レコードの絞り込み

```
df = df[df['native-country'].isin(['United-States'])]
df = df.drop(['native-country'], axis=1)
df.reset_index(inplace=True, drop=True)
df.shape
```

▼実行結果

```
(29170, 14)
```

最後に、レコードを削除したので目的変数incomeの内訳を改めて確認します。件数に偏りがあり、ラベル0とラベル1の比率は約3：1です。

▼前処理後のincome件数内訳

```
df['income'].value_counts()
```

▼実行結果

```
<=50K     24720
>50K       7841
Name: income, dtype: int64
```

次に、件数を可視化します。

▼前処理後のincome件数可視化

```
plt.figure(figsize=(6, 3))
sns.countplot(x='income', data=df)
```

▼実行結果

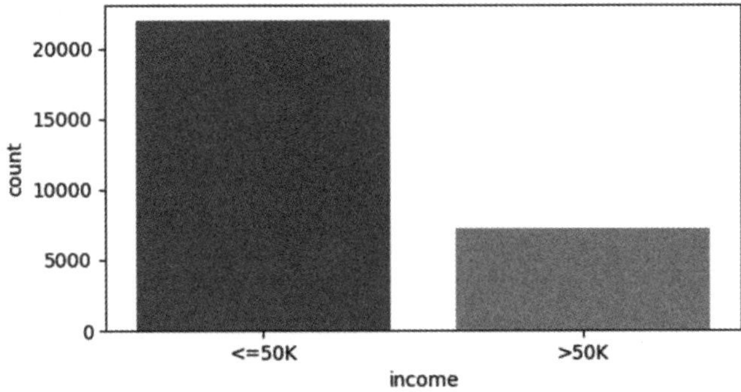

最後に、incomeの文字列を**正解ラベル**の数値に変換します。「5万ドル超え」の「>50K」をラベル1、「5万ドル以下」の「<=50K」をラベル0とします。次節以降の予測モデルは確率を出力しますが、確率はラベル1（5万ドル超え）の確率になります。

▼正解ラベルの作成

```
df['income'] = df['income'].replace('<=50K', 0)
df['income'] = df['income'].replace('>50K', 1)
```

最終的に以下のデータセットでモデルを作成します。

▼データセットの確認

```
print(df.shape)
df.head()
```

▼実行結果

```
(29170, 14)
```

▼実行結果

	age	workclass	fnlwgt	education	education-num	marital-status	occupation	relationship	race	gender	capital-gain	capital-loss	hours-per-week	income
0	39	State-gov	77516	Bachelors	13	Never-married	Adm-clerical	Not-in-family	White	Male	2174	0	40	0
1	50	Self-emp-not-inc	83311	Bachelors	13	Married-civ-spouse	Exec-managerial	Husband	White	Male	0	0	13	0
2	38	Private	215646	HS-grad	9	Divorced	Handlers-cleaners	Not-in-family	White	Male	0	0	40	0
3	53	Private	234721	11th	7	Married-civ-spouse	Handlers-cleaners	Husband	Black	Male	0	0	40	0
4	37	Private	284582	Masters	14	Married-civ-spouse	Exec-managerial	Wife	White	Female	0	0	40	0

分類の評価指標

回帰タスクは予測値と正解値が連続値なので、評価の基本は残差になります。一方で、分類タスクは正解値が離散値のラベルなので、回帰とは異なる評価指標が必要になります。二値分類の場合、評価の基本は**混同行列**（confusion matrix）になります。混同行列は評価指標ではありませんが、図3.2のように評価レコードの件数を4象限に整理でき、整理した件数は評価指標の計算に使用します。

3章の予測モデルの場合、ラベル1は「5万ドル超え」という設定なので、Positiveはラベル1の5万ドル超え、Negativeはラベル0の「5万ドル以下」になります。混同行列は予測ラベルと正解ラベルに対してPositiveかNegativeか整理します。

Trueと記載があるTPとTNは正解の件数、Falseと記載があるFPとFNは不正解の件数になります。よって、混同行列の左上TNと右下TPの対角成分の件数が増えるほど正解が多く、非対角成分が増えるほど不正解が多くなります。

- **TP（True Positive）**
- **TN（True Negative）**
- **FP（False Positive）**
- **FN（False Negative）**

図3.2　混同行列

		予測ラベル	
		0（5万ドル以下）	1（5万ドル超え）
正解ラベル	0（5万ドル以下）	TN	FP
	1（5万ドル超え）	FN	TP

続いて、混同行列を使った二値分類の評価指標を紹介します。回帰の評価指標は残差を評価していて、値が小さいほど誤差が小さいと評価しました。分類の場合は、正解と不正解の比率を計算するため、値が大きいほど誤差は小さいと評価します。

accuracy（正解率）

正解の件数を全レコード件数で割った、正解の割合を表す評価指標です。今回のデータセットのように正解ラベルの件数が不均衡だと予測精度が悪くても高い値になるので、注意が必要です。

$$\text{accuracy} = \frac{TP + TN}{TP + TN + FP + FN}$$

precision（適合率）

混同行列の予測値のラベル1の中に、正解TPと不正解FPの件数があり、TPの割合を示す指標です。precisionは「ラベル1の予測値」に注目した指標で、混同行列の予測ラベル1の「列」に対応するTPとFPを使用します。

$$\text{precision} = \frac{TP}{TP + FP}$$

precisionは予測値に注目し、予測の「正確性」を評価する指標で、直観的にも理解しやすいと思います。

recall（再現率）

混同行列の正解値のラベル1の中に、正解TPと不正解FNの件数があり、TPの割合を示す指標です。recallは「ラベル1の正解値」に注目した指標で、混同行列の正解ラベル1の「行」に対応するTPとFNを使用します。

$$\text{recall} = \frac{TP}{TP + FN}$$

recallは正解値に注目し、予測の「網羅性」を評価する指標です。仮に完璧なprecisionを誇る予測モデルを用意できて、予測値の中にラベル0が1件も含まれていなかったとしても、モデルが一部の正解ラベルしか予測できてなかったら、網羅性という観点でモデルは完璧でありません。

予測はprecisionとrecallの両方で評価し、正確性を示すprecisionと網羅性を示すrecallの双方が1のときに、accuracyも1になります。

precisionとrecallはラベル1のTPを使用し、「予測の正確性」と「予測の網羅性」はお互いにトレードオフの関係になります。どちらの指標を大事にするかは予測のユースケースに依存します。例えば、医療業界でラベル1を病気陽性と予測するモデルを作成した場合、病気を見逃すケースは避けたいものです。そのため、モデルの評価は「予測の正確性」を示すprecisionよりも「予測の網羅性」を示すrecallを重視することが多くなるでしょう。

F1-score

precisionとrecallは、お互い補完関係にあります。そこで、precisionとrecallの調和平均を用いて評価します。F1-scoreは調和平均の特徴を利用して、precisionとrecallの両方を同時に評価します。調和平均の解説は3.1節最後のワンポイントを確認してください。

$$\text{F1-score} = \frac{2 \cdot \text{recall} \cdot \text{precision}}{\text{recall} + \text{precision}} = \frac{2TP}{2TP + FP + FN}$$

混同行列と正解率の検証

混同行列の理解を深めるため、全ラベルが0の「予測ラベル0」、全ラベルが1の「予測ラベル1」を用意して、混同行列と分類の評価指標を検証します。学習に使用する特徴量はincome以外の列、目的変数はincomeの列を設定します。

▼特徴量と目的変数の設定

```
X = df.drop(['income'], axis=1)
y = df['income']
```

次節以降の予測モデルの実装と合わせるため、関数train_test_splitを使い、ホールドアウト法でデータセットの20%のテストデータを使用します。なお、正解ラベルの比率が異なるため、分割には3.4節で紹介する**層化分割**を使用します。層化分割は引数stratifyに目的変数を指定します。

▼学習データとテストデータに分割

```
X_train, X_test, y_train, y_test = train_test_split(X, y, test_
size=0.2, shuffle=True, stratify=y, random_state=0)
print('X_trainの形状：',X_train.shape,' y_trainの形状：', y_train.
shape,' X_testの形状：', X_test.shape,' y_testの形状：', y_test.shape)
```

▼実行結果

```
X_trainの形状： (23336, 12)  y_trainの形状： (23336,)  X_testの形状：
(5834, 12)  y_testの形状： (5834,)
```

正解ラベルの内訳を確認すると、層化分割のおかげでラベル0とラベル1の比率は約3：1になります。したがって、ラベル0は75%、ラベル1は25%です。

▼学習データとテストデータ のラベル件数の内訳

```
print(y_train.value_counts())
print(y_test.value_counts())
```

▼実行結果

```
0    17599
1     5737
Name: income, dtype: int64
0    4400
1    1434
Name: income, dtype: int64
```

予測モデルが「予測ラベル0」を出力する場合を考えます。

▼予測ラベル0の作成

```
y_test_zeros = np.zeros(5834) # テストデータレコード数の0を作成
y_test_zeros
```

▼実行結果

```
array([0., 0., 0., ..., 0., 0., 0.])
```

混同行列を作成します。予測ラベルは0のため、混同行列の左側にレコード件数が偏ります。予測モデルが誤って「5万ドル以下」と予測した件数は、1,434件になります。

▼予測ラベル0の混同行列

```
cm = confusion_matrix(y_test, y_test_zeros)
plt.figure(figsize = (6, 4))
sns.heatmap(cm, annot=True, fmt='d', cmap='Blues')
plt.xlabel('pred')
plt.ylabel('label')
```

▼実行結果

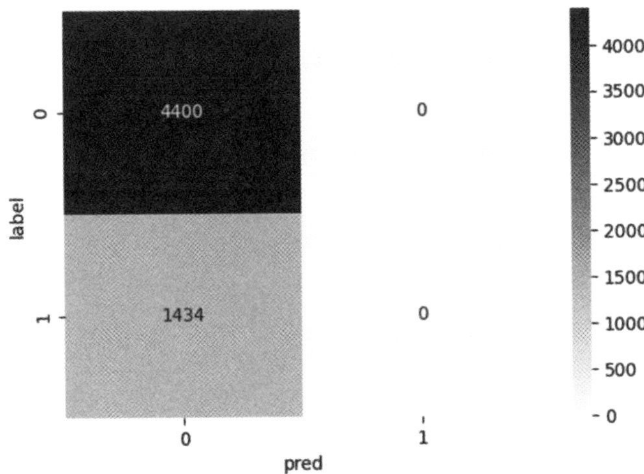

このときの正解率を確認すると0.75です。予測モデルは一律ラベル0を出力するだけですが、正解率が0.5を上回ります。正解ラベル0と1が不均衡でラベル1の件数が少ない場合、75%を占める正解ラベル0のレコード件数のおかげで正解率が高く見

えます。

ただし、予測ラベル1のレコード件数が0件のためTPは0件です。そのため、TPを使用するprecisionとrecallは0で、一律0の予測ラベルはモデルとして機能していないことが確認できます。

▼予測ラベル0の評価指標

```
ac_score = accuracy_score(y_test, y_test_zeros)
pr_score = precision_score(y_test, y_test_zeros)
rc_score = recall_score(y_test, y_test_zeros)
f1 = f1_score(y_test, y_test_zeros)

print('accuracy = %.2f' % (ac_score))
print('precision = %.2f' % (pr_score))
print('recall = %.2f' % (rc_score))
print('F1-score = %.2f' % (f1))
```

▼実行結果

```
accuracy = 0.75
precision = 0.00
recall = 0.00
F1-score = 0.00
```

次に、予測モデルが「予測ラベル1」を出力する場合を考えます。

▼予測ラベル1の作成

```
y_test_ones = np.ones(5834) # テストデータレコード数の1を作成
y_test_ones
```

▼実行結果

```
array([1., 1., 1., ..., 1., 1., 1.])
```

すべての予測値がラベル1のとき、混同行列の右側にデータが偏ります。予測モデルが誤って「5万ドル超え」と予測した件数は4,400件になります。

▼予測ラベル1の混同行列

```
cm = confusion_matrix(y_test, y_test_ones)
plt.figure(figsize = (6, 4))
sns.heatmap(cm, annot=True, fmt='d', cmap='Blues')
plt.xlabel('pred')
plt.ylabel('label')
```


▼実行結果

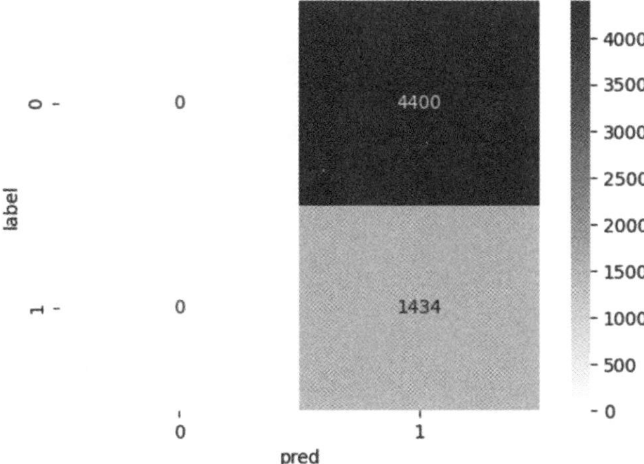

▼予測ラベル1の評価指標

```
ac_score = accuracy_score(y_test, y_test_ones)
pr_score = precision_score(y_test, y_test_ones)
rc_score = recall_score(y_test, y_test_ones)
f1 = f1_score(y_test, y_test_ones)

print('accuracy = %.2f' % (ac_score))
print('precision = %.2f' % (pr_score))
print('recall = %.2f' % (rc_score))
print('F1-score = %.2f' % (f1))
```

▼実行結果

```
accuracy = 0.25
precision = 0.25
recall = 1.00
F1-score = 0.39
```

このとき、正解ラベル中のラベル1の割合は25%だったので、その割合が正解率になります。今回は予測ラベル1のレコード件数が存在するため、TPのレコードがあり、precisionとrecallが非ゼロになります。

全レコードのラベル1の予測値に対して、正解ラベルの中のラベル1の割合は25%なので、precisionは0.25です。一方、予測ラベル1は、正解ラベルの中の25%のラベル1を網羅しているので、recallは1.00になります。

予測モデルが予測ラベル0と予測ラベル1を出力する場合で、混同行列と二値分類の評価指標を検証しました。この結果を踏まえて、次節以降は予測モデルを実装し、混同行列と評価指標を確認します。

F1-scoreの調和平均

2つの数字aとbの平均は$(a+b)/2$ですが、調和平均は$2ab/(a+b)$になります。調和平均は平均と同じか、それ以下の値になる特性があります。2つの数字aとbが$a=b$のときに調和平均は最大化して、最大値は平均と同じ値になります。逆に、aとbの値が離れると調和平均は小さい値になります。

3.2

ロジスティック回帰

ロジスティック回帰を通じて、ロジット、分類確率、二値交差エントロピーの目的関数などLightGBM分類でも使用する二値分類の基礎知識を整理します。続いて、学習→予測→評価の一連の流れを実装し、予測モデルを正解率と混同行列で評価します。最後に、予測値をパラメータと特徴量に分解して、ロジスティック回帰は線形回帰と同様に、解釈性に強みがあることを示します。

 ロジスティック回帰のアルゴリズム

ロジスティック回帰は線形回帰の予測値（連続値）を「ラベル1」の確率に変換し、二値ラベル（ラベル0とラベル1の離散値）を予測する分類アルゴリズムです。確率の計算に線形回帰の予測値を使用するので、線形回帰の拡張と考えるとよいでしょう。最初に、予測モデルの式を確認して、学習と予測のプロセスを整理します。

予測モデル

2.2節の線形回帰はパラメータ$\mathbf{w}$と特徴量$\mathbf{x}$のベクトルの内積を計算し、予測値$\hat{y}$計算しました。

$$\hat{y} = w_0 + \sum_{j=1}^{m} w_j x_j = w_0 + \mathbf{w}^T\mathbf{x}$$

$$\mathbf{w}^T = (w_1, w_2, \cdots, w_m) \qquad \mathbf{x}^T = (x_1, x_2, \cdots, x_m)$$

ロジスティック回帰は**シグモイド関数**（sigmoid function）を使用します。シグモイド関数$\sigma(x)$は、図3.3のようにマイナスの値を入力すると0.5より小さい確率を出力し、プラスの値だと0.5より大きい確率を出力する関数です。

$$\sigma(x) = \frac{1}{1 + \exp(-x)}$$

■図3.3 シグモイド関数

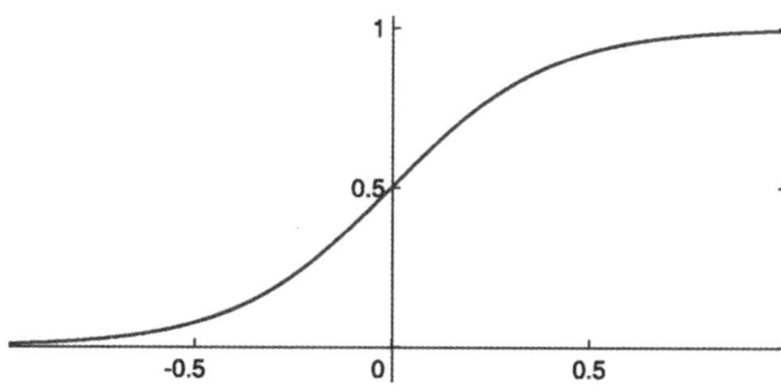

出典：Wikipedia「シグモイド関数」

シグモイド関数に入力する値を**ロジット**（**logit**）と呼び、ロジスティック回帰はロジットに線形回帰の予測値を入力し、確率を出力します。

シグモイド関数が出力する確率はラベル0とラベル1の二値における「ラベル1」の確率です。よって、確率が50%より大きければラベル1、50%より小さければラベル0を予測します。

特徴量$\mathbf{x}$が与えられたとき、ラベル1の確率pは以下の式です。線形回帰との式の違いはシグモイド関数の有無です。予測モデルの式からもロジスティック回帰は線形回帰を拡張したアルゴリズムだと理解できます。

$$p = \sigma(\hat{y}) = \sigma(w_0 + \mathbf{w}^T\mathbf{x}) = \frac{1}{1 + \exp(-(w_0 + \mathbf{w}^T\mathbf{x}))}$$

■図3.4 ロジスティック回帰の予測

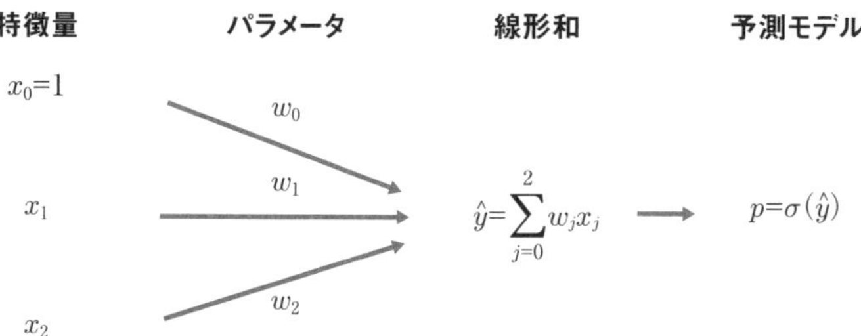

続いて、ロジットと確率の関係を整理します。

オッズ比(odds ratio)は事象の起こりやすさを表し、確率pを使って次式になります。オッズ比は0以上の値になり、確率pが50%のとき、オッズ比は1になります。オッズ比は1を境として値が大きいほど事象が起こりやすく、0に近いほど起こりにくくなります。

$$\frac{p}{1-p}$$

オッズ比に対して自然対数をとった値がロジットです。オッズ比が1のとき、ロジットは0になります。オッズ比が1を下回ると、ロジットはマイナス、オッズ比が1を上回ると、ロジットはプラスの値になり、ロジットは0を中心としてマイナスとプラスの値が対称となり、オッズ比と比べて扱いやすい性質があります。その結果、ロジットは値域を正負に広げ、0を中心に左右対称となるようオッズ比を変換します。図3.5の1行目と2行目はオッズ比からロジットへの変換のイメージです。

$$\mathrm{logit}(p) = \log \frac{p}{(1-p)}$$

特徴量$\mathbf{x}$が与えられ、$y=1$と$y=0$の二値ラベルにおいて、$y=1$を予測する条件付き確率を$p(y=1 \mid \mathbf{x})$とします。

$y=1$が発生する確率$p(y=1 \mid \mathbf{x})$のロジットは特徴量$\mathbf{x}$と線形の関係と仮定すると次式が成り立ちます。

$$\mathrm{logit}(p(y=1|\mathbf{x})) = \log \frac{p(y=1|\mathbf{x})}{(1-p(y=1|\mathbf{x}))} = w_0 + \mathbf{w}^T\mathbf{x}$$

ロジットは確率$p(y=1 \mid \mathbf{x})$の逆関数で、確率$p(y=1 \mid \mathbf{x})$に対して式を整理すると、ロジスティック回帰の予測モデルの式になります。

$$p(y=1|\mathbf{x}) = \frac{1}{1+\exp(-(w_0 + \mathbf{w}^T\mathbf{x}))}$$

ロジットがプラスの値のとき、ラベル1の確率は50%を上回ります。ロジットがマイナスのとき、確率は50%を下回ります。図3.5の2行目と3行目はロジットから確率への変換のイメージです。シグモイド関数は、自由に取りうる正負のロジットの値域を確率の値域に変換します。

■図3.5 オッズ比、ロジット、確率の関係

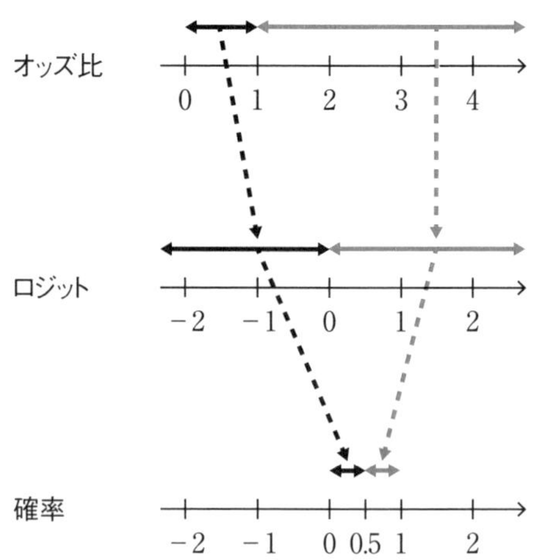

学習

予測モデルの式の中のパラメータw_0および$\mathbf{w}^T = (w_1, w_2, \cdots, w_m)$を最適化する学習プロセスに進みます。最初に、最適化する基準となる目的関数を定義します。ロジスティック回帰の出力は確率なので、確率の誤差を評価する目的関数が必要です。

学習データ$(\mathbf{x}_i, y_i)$の1レコードのラベルy_iとラベル1の確率p_iの誤差$l(y_i, p_i)$は**二値交差エントロピー**(Binary Cross Entropy：BCE)で計算します。

$$l(y_i, p_i) = -\left[y_i \log(p_i) + (1 - y_i)\log(1 - p_i)\right]$$

$$p_i = \frac{1}{1 + \exp(-(w_0 + \mathbf{w}^T\mathbf{x}_i))}$$

二値交差エントロピーは線形回帰のときと同様に予測値の確率が完璧であれば、誤差はゼロになり、確率に誤りがあれば誤りに応じて誤差が発生します。

学習データ$(\mathbf{x}_i, y_i)$で正解ラベル$y_i = 1$のとき、後半の項が落ちて、式は以下のよ

うになります。

$$l(1, p_i) = -\log(p_i)$$

確率$p_i = 1$、つまり、ラベル1の確率が1.0と予測した場合は完璧に予測できているので誤差はゼロになり、ラベル1の確率が1.0から離れると誤差が増加します。

逆に、正解ラベル$y_i = 0$のとき前半の項が落ちて、式は以下のようになります。

$$l(0, p_i) = -\log(1 - p_i)$$

このとき、確率$p_i = 0$、つまり、ラベル1の確率が0.0と予測した場合に誤差はゼロになり、ラベル1の確率が0.0から離れるほど誤差が増加します。

■図3.6 二値交差エントロピーの誤差と確率

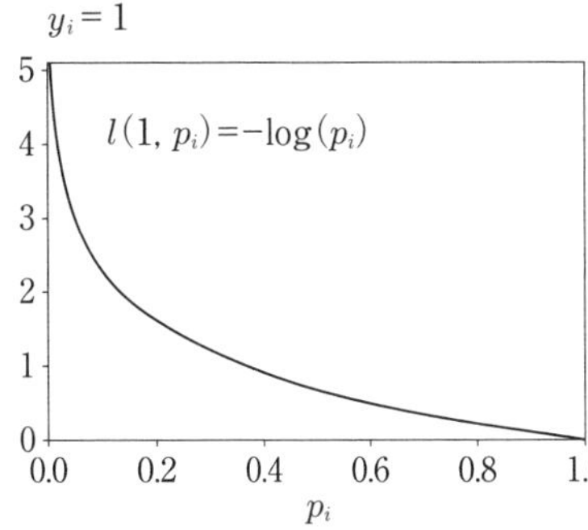

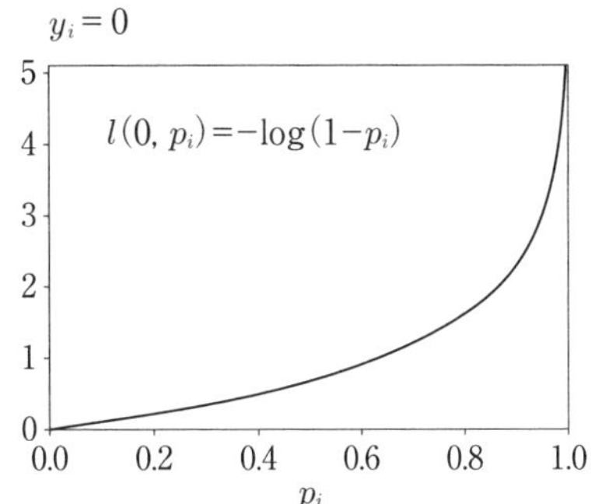

インデックスiのレコードの学習データ$(\mathbf{x}_i, y_i)$のラベルは$y_i = 0$か、$y_i = 1$のどちらかです。そのため、$y_i = 0$と$y_i = 1$の誤差は互いに独立の関係にあり、1レコードの誤差$l(y_i, p_i)$は合計した式になります。

$$l(y_i, p_i) = -[y_i \log(p_i) + (1 - y_i) \log(1 - p_i)]$$

n件の学習データ$(\mathbf{x}_i, y_i)$の目的関数は二値交差エントロピーの誤差の平均になります。したがって、ロジスティック回帰の学習は目的関数$L(w_0, w_1, \cdots, w_m)$を最小化するパラメータw_0と$\mathbf{w}^T = (w_1, w_2, \cdots, w_m)$の計算と等価です。

$$L(w_0, w_1, \cdots, w_m) = \frac{1}{n}\sum_{i=1}^{n} l(y_i, p_i)$$

$$= -\frac{1}{n}\sum_{i=1}^{n}\left[y_i \log(p_i) + (1-y_i)\log(1-p_i)\right]$$

$$p_i = \frac{1}{1+\exp(-(w_0 + \mathbf{w}^T\mathbf{x}_i))}$$

2.2節の線形回帰の学習は正規方程式で解析計算することで、最小化するパラメータを計算できました。しかし、ロジスティック回帰は予測モデルの中のシグモイド関数が原因で、予測値と特徴量の線形性が損なわれて（パラメータの次数が1次でなくなり）正規方程式は使えません。そこで、勾配降下法を使って、目的関数を最小化するパラメータを近似計算します。勾配降下法は勾配（1次微分）を使って、坂を下るように目的関数の最小値に近づく方法でハイパーパラメータを指定して計算します。

●予測

学習プロセスで定数項w_0^*とパラメータベクトル$\mathbf{w}^*$を計算できると、予測のプロセスに進みます。予測は特徴量ベクトル$\mathbf{x}$をモデルに入力し、最適化したパラメータで予測値の確率pを出力します。その結果、確率が0.5より大きければ「ラベル1」、小さければ「ラベル0」の予測となります。

$$p = \sigma(w_0^* + \mathbf{w}^{*T}\mathbf{x}) = \frac{1}{1+\exp(-(w_0^* + \mathbf{w}^{*T}\mathbf{x}))}$$

 ロジスティック回帰の学習→予測→評価

データセットを使って、図1.3のように学習→予測→評価の一連の流れを実装し、年収の二値分類の予測モデルを作成します。データセットに対して3.1節の共通の前処理を実行します。続いて、ホールドアウト法で学習データとテストデータに2分割し、学習データはモデルの学習、テストデータは予測→評価に使用し、混同行列と正解率でモデルを評価します。なお、3.3節のLightGBM分類、3.4節のLightGBM分類（アーリーストッピング）も同じ条件で学習データとテストデータを分割し、テストデータの評価を比較できるようにします。

ライブラリをインポートします。

▼ライブラリのインポート

```
%matplotlib inline
import pandas as pd
import numpy as np
import matplotlib.pyplot as plt
import seaborn as sns
from sklearn.model_selection import train_test_split
from sklearn.metrics import accuracy_score
from sklearn.metrics import f1_score
from sklearn.metrics import confusion_matrix
```

国勢調査データセットを読み込みます。

▼データセットの読み込み

```
df = pd.read_csv('https://archive.ics.uci.edu/ml/machine-learning-databases/adult/adult.data', header=None)
df.columns =['age', 'workclass', 'fnlwgt', 'education', 'education-num', 'marital-status', 'occupation', 'relationship', 'race', 'gender', 'capital-gain', 'capital-loss', 'hours-per-week', 'native-country', 'income']
df.head()
```

▼実行結果

	age	workclass	fnlwgt	education	education-num	marital-status	occupation	relationship	race	gender	capital-gain	capital-loss	hours-per-week	native-country	income
0	39	State-gov	77516	Bachelors	13	Never-married	Adm-clerical	Not-in-family	White	Male	2174	0	40	United-States	<=50K
1	50	Self-emp-not-inc	83311	Bachelors	13	Married-civ-spouse	Exec-managerial	Husband	White	Male	0	0	13	United-States	<=50K
2	38	Private	215646	HS-grad	9	Divorced	Handlers-cleaners	Not-in-family	White	Male	0	0	40	United-States	<=50K
3	53	Private	234721	11th	7	Married-civ-spouse	Handlers-cleaners	Husband	Black	Male	0	0	40	United-States	<=50K
4	28	Private	338409	Bachelors	13	Married-civ-spouse	Prof-specialty	Wife	Black	Female	0	0	40	Cuba	<=50K

3.1節のデータ理解で実装した前処理をまとめて実行します。

▼前処理

```
# 文字列の半角スペース削除
cat_cols = ['workclass', 'education', 'marital-status',
'occupation', 'relationship', 'race', 'gender', 'native-country',
'income']
for s in cat_cols:
  df[s] =df[s].str.replace(' ', '')

# United-Statesのレコードに絞り特徴量native-countryを削除
df = df[df['native-country'].isin(['United-States'])]
df = df.drop(['native-country'], axis=1)
df.reset_index(inplace=True, drop=True)

# 正解ラベルの数値への置換
df['income'] = df['income'].replace('<=50K', 0)
df['income'] = df['income'].replace('>50K', 1)

print(df.shape)
df.head()
```

▼実行結果

```
(29170, 14)
```

▼実行結果

	age	workclass	fnlwgt	education	education-num	marital-status	occupation	relationship	race	gender	capital-gain	capital-loss	hours-per-week	income
0	39	State-gov	77516	Bachelors	13	Never-married	Adm-clerical	Not-in-family	White	Male	2174	0	40	0
1	50	Self-emp-not-inc	83311	Bachelors	13	Married-civ-spouse	Exec-managerial	Husband	White	Male	0	0	13	0
2	38	Private	215646	HS-grad	9	Divorced	Handlers-cleaners	Not-in-family	White	Male	0	0	40	0
3	53	Private	234721	11th	7	Married-civ-spouse	Handlers-cleaners	Husband	Black	Male	0	0	40	0
4	37	Private	284582	Masters	14	Married-civ-spouse	Exec-managerial	Wife	White	Female	0	0	40	0

データフレームの列を指定して、学習に使用する特徴量、目的変数を設定します。

▼特徴量と目的変数の設定

```
X = df.drop(['income'], axis=1)
y = df['income']
```

カテゴリ変数が持つカテゴリ数uniqueを確認します。カテゴリ数が多いので、one-hot encodingで変換するときに列数が増えます。

▼カテゴリ変数

```
X.describe(exclude='number').T
```

▼実行結果

	count	unique	top	freq
workclass	29170	9	Private	20135
education	29170	16	HS-grad	9702
marital-status	29170	7	Married-civ-spouse	13368
occupation	29170	15	Exec-managerial	3735
relationship	29170	6	Husband	11861
race	29170	5	White	25621
gender	29170	2	Male	19488

予測モデルは数値しか入力できないため、カテゴリ変数の文字列を数値に変換する必要があり、線形回帰やロジスティック回帰は**one-hot encoding**で変換します。one-hot encodingはカテゴリ変数の数値への代表的な変換方法で、カテゴリ値の文

字列を0と1の数値に置き換えます。

カテゴリ変数に対してpandasのget_dummiesで変換した結果、カテゴリ値に応じて列が増え、特徴量の数が59になりました。なお、ベースカテゴリとの重複をなくすため、drop_first=Trueを指定します。

▼one-hot-encoding
```
X = pd.concat([X, pd.get_dummies(X['workclass'],
prefix='workclass', drop_first=True)], axis=1)
X = pd.concat([X, pd.get_dummies(X['education'],
prefix='education', drop_first=True)], axis=1)
X = pd.concat([X, pd.get_dummies(X['marital-status'],
prefix='marital-status', drop_first=True)], axis=1)
X = pd.concat([X, pd.get_dummies(X['occupation'],
prefix='occupation', drop_first=True)], axis=1)
X = pd.concat([X, pd.get_dummies(X['relationship'],
prefix='relationship', drop_first=True)], axis=1)
X = pd.concat([X, pd.get_dummies(X['race'], prefix='race', drop_
first=True)], axis=1)
X = pd.concat([X, pd.get_dummies(X['gender'], prefix='gender',
drop_first=True)], axis=1)
X = X.drop(['workclass', 'education', 'marital-status',
'occupation', 'relationship', 'race', 'gender'], axis=1)
print(X.shape)
```

▼実行結果
```
(29170, 59)
```

データセットを学習用と評価用に分割します。回帰のときと異なり、分類は学習データとテストデータの「ラベル0」と「ラベル1」の比率が同じになるように分ける必要があり、層化分割を実行します。層化分割のおかげで学習時と評価時でラベルの比率が異なる問題を回避でき、安心して評価できます。

▼学習データとテストデータに分割

```
X_train, X_test, y_train, y_test = train_test_split(X, y, test_
size=0.2, shuffle=True, stratify=y, random_state=0)
print('X_trainの形状：', X_train.shape, ' y_trainの形状：', y_train.
shape, ' X_testの形状：', X_test.shape, ' y_testの形状：', y_test.
shape)
```

▼実行結果

```
X_trainの形状：(23336, 59)  y_trainの形状：(23336,)  X_testの形状：
(5834, 59)  y_testの形状：(5834,)
```

層化分割後の件数内訳を確認すると、学習データとテストデータでラベルの比率が約3：1になります。

▼学習データとテストデータのラベル件数の内訳

```
print(y_train.value_counts())
print(y_test.value_counts())
```

▼実行結果

```
0    17599
1     5737
Name: income, dtype: int64
0    4400
1    1434
Name: income, dtype: int64
```

数値特徴量は特徴量ごとにスケールが異なるので、2.2節の線形回帰と同様、モデル入力前に特徴量のスケールを揃える必要があります。特徴量の先頭6列が数値特徴量のため、標準化します。

▼特徴量の標準化

```
from sklearn.preprocessing import StandardScaler

scaler = StandardScaler() # 変換器の作成
num_cols =  X.columns[0:6] # 数値型の特徴量を取得
scaler.fit(X_train[num_cols]) # 学習データでの標準化パラメータの計算
X_train[num_cols] = scaler.transform(X_train[num_cols]) # 学習データ
の変換
X_test[num_cols] = scaler.transform(X_test[num_cols]) # テストデータ
の変換

display(X_train.iloc[:2]) # 標準化された学習データの特徴量
```

▼実行結果

	age	fnlwgt	education-num	capital-gain	capital-loss	hours-per-week	workclass_Federal-gov
14415	-0.414934	2.618674	-0.482654	0.286912	-0.220058	0.780378	0
24513	-1.286423	-0.861896	-0.066531	-0.149041	-0.220058	-2.288775	0

scikit-learnのロジスティック回帰アルゴリズムLogisticRegressionをimportします。LogisticRegressionでモデルのインスタンスを生成します。このとき、学習で使用するハイパーパラメータを指定します。勾配降下法を使用するので、計算回数をmax_iterで指定します。前処理のカテゴリ変数のエンコーディングでone-hot encodingを使用し、特徴量の数が増えました。そこで、penaltyに「l1」を指定して、L1正則化で予測に貢献しない特徴量を削除します。ハイパーパラメータCは正則化の強さを指定し、値が小さいほど正則化が強くなります。ワンポイントメモの数式αとハイパーパラメータCは逆数の関係なので、指定するときに注意が必要です。

図3.7 LogisticRegressionのハイパーパラメータ

ハイパーパラメータ	初期値	説明
penalty	l2	Noneは正則化なし、l2はL2正則化、l1はL1正則化、elasticnetはL2正則化とL1正則化を追加する。
C	1.0	正則化の強さを指定する。Cは小さいほど正則化が強くなる。Cはλまたはαの逆数
solver	lbfgs	正則化penaltyの指定により使えるsolverは決まっている。L1正則化の場合、liblinearを指定する。
max_iter	100	勾配降下法の繰り返し回数
multi_class	auto	ovrは二値分類、multinomialは多値分類に使用する。autoは自動で設定する。
l1_ratio	None	penaltyにelasticnetを指定したときに使用する。指定した比率をL1正則化に割り当てる。

▼モデルの学習

```
from sklearn.linear_model import LogisticRegression

# ロジスティック回帰モデル
model = LogisticRegression(max_iter=100, multi_class = 'ovr',
solver='liblinear', C=0.1, penalty='l1', random_state=0)
model.fit(X_train, y_train)
model.get_params()
```

▼実行結果

```
{'C': 0.1,
 'class_weight': None,
 'dual': False,
 'fit_intercept': True,
 'intercept_scaling': 1,
 'l1_ratio': None,
 'max_iter': 100,
 'multi_class': 'ovr',
 'n_jobs': None,
```

```
 'penalty': 'l1',
 'random_state': 0,
 'solver': 'liblinear',
 'tol': 0.0001,
 'verbose': 0,
 'warm_start': False}
```

テストデータを作成したモデルに入力し、予測値を出力します。予測モデルはmodel.predict_probaで確率のリストを出力します。テストデータ1件ごとに「ラベル0」の確率と「ラベル1」の確率が並んで表示され、確率を合計すると1になります。実用上、リストの右側の「ラベル1」(5万ドル超え)の確率を使います。

▼予測の確率のリスト

```
model.predict_proba(X_test)
```

▼実行結果

```
array([[0.61193763, 0.38806237],
       [0.76941821, 0.23058179],
       [0.82273794, 0.17726206],
       ...,
       [0.00571831, 0.99428169],
       [0.98302486, 0.01697514],
       [0.97352591, 0.02647409]])
```

scikit-learnはmodel.predictで二値のラベルを出力します。直前の確率のリストと比較すると、リスト右側の「ラベル1」の分類確率が0.5より小さいとき「ラベル0」、0.5より大きいとき「ラベル1」を出力していることを確認できます。

▼予測のラベルのリスト

```
model.predict(X_test)
```

▼実行結果

```
array([0, 0, 0, ..., 1, 0, 0])
```

テストデータでモデルを評価します。評価は正解ラベルと予測ラベルのレコードを比較します。

▼正解ラベルのリスト

```
y_test.values # pandasをnumpyに変換
```

▼実行結果

```
array([0, 1, 1, ..., 1, 0, 0])
```

評価指標のaccuracyとF1-scoreを確認します。

▼テストデータの予測と評価

```
y_test_pred = model.predict(X_test)
ac_score = accuracy_score(y_test, y_test_pred)
print('accuracy = %.2f' % (ac_score))

f1 = f1_score(y_test, y_test_pred)
print('F1-score = %.2f' % (f1))
```

▼実行結果

```
accuracy = 0.84
F1-score = 0.64
```

混同行列を確認します。予測モデルが誤って「5万ドル超え」と予測した件数は318件、予測モデルが誤って「5万ドル以下」と予測した件数は614件になります。

▼混同行列

```
cm = confusion_matrix(y_test, y_test_pred)
plt.figure(figsize = (6, 4))
sns.heatmap(cm, annot=True, fmt='d', cmap='Blues')
plt.xlabel('pred')
plt.ylabel('label')
```

▼実行結果

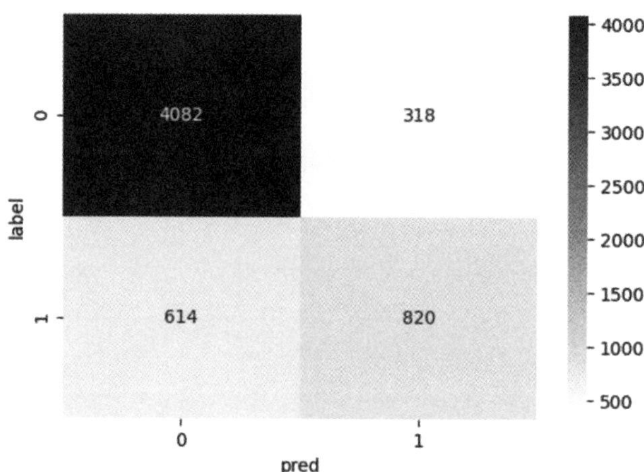

パラメータによる予測値の解釈

ロジスティック回帰のパラメータの一部を表示します。L1正則化により、予測値への貢献度が低いパラメータはゼロになります。L1正則化のおかげで不要な特徴量が削除され、予測モデルがシンプルになります。

▼パラメータ

```
print('回帰係数 w = [w1, w2, ... , w59]:', model.coef_[0])
print('')
print('定数項 w0:', model.intercept_)
```

▼実行結果

```
回帰係数 w = [w1, w2, ... , w59]: [ 3.27674538e-01  6.68212471e-02
7.45174434e-01  2.34070821e+00
  2.49981821e-01  3.74822075e-01  6.06189384e-01  0.00000000e+00
  0.00000000e+00  2.09080180e-01  3.30936895e-01 -2.45288182e-01
  0.00000000e+00  0.00000000e+00  0.00000000e+00  0.00000000e+00
  0.00000000e+00  0.00000000e+00  0.00000000e+00  0.00000000e+00
 -2.26841711e-01 -1.06256122e-02 -2.25874279e-02  0.00000000e+00
```

```
省略
```

特徴量のテキストを表示します。

▼特徴量の列テキスト表示

```
X.columns
```

▼実行結果

```
Index(['age', 'fnlwgt', 'education-num', 'capital-gain', 'capital-
      loss', 'hours-per-week', 'workclass_Federal-gov', 'workclass_
      Local-gov', 'workclass_Never-worked', 'workclass_Private',
      'workclass_Self-emp-inc', 'workclass_Self-emp-not-inc',
      'workclass_State-gov',
省略
```

パラメータ値を降順にソートして、パラメータ値とテキストを同時に表示します。パラメータ数は59個と多いので、上位30件を表示します。特徴量capital-gainが「ラベル1」(5万ドル超え)に最も貢献します。

▼回帰係数(上位30件)の可視化

```
importances = model.coef_[0] # 回帰係数
indices = np.argsort(importances)[::-1][:30] # 回帰係数を降順にソート

plt.figure(figsize=(10, 4)) #プロットのサイズ指定
plt.title('Regression coefficient') # プロットのタイトルを作成
plt.bar(range(len(indices)), importances[indices]) # 棒グラフを追加
plt.xticks(range(len(indices)), X.columns[indices], rotation=90) #
X軸に特徴量の名前を追加

plt.show() # プロットを表示
```

▼実行結果

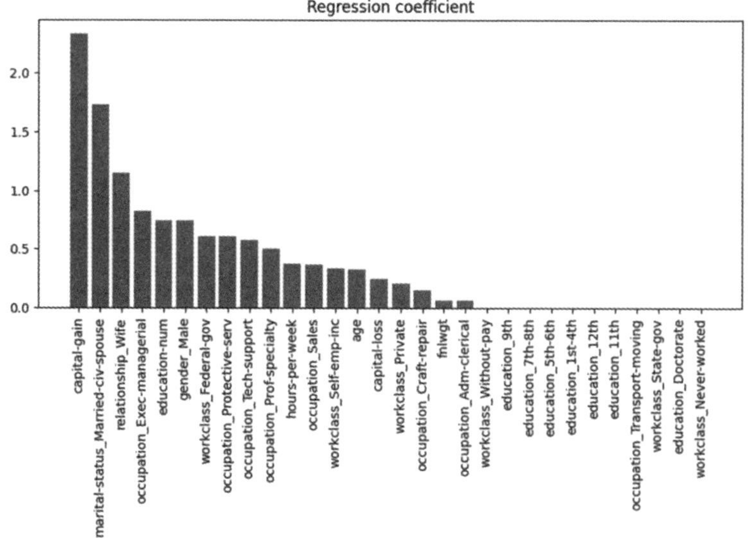

線形回帰と同様、ロジスティック回帰は解釈性が高いモデルです。2.2節で確認したとおり、線形回帰は予測値をパラメータ（回帰係数）と特徴量に分解し、どの特徴量がどのくらいの強さで予測値に貢献しているかを1件ごとに解釈できます。ロジスティック回帰はラベル1の確率を出力しますが、確率の代わりにロジット（logit）をパラメータと特徴量に分解して、特徴量の予測値への貢献度を解釈します。

例として、ラベル1の確率が99%の最後から3件目の特徴量に注目します。

▼最後から3件目のクラス0とクラス1の確率

```
model.predict_proba(X_test)[-3]
```

▼実行結果

```
array([0.00571831, 0.99428169])
```

最後から3件目の特徴量を表示します。capital-gainは4つ目の特徴量x4の数値で約1.82と高い値になっています。

▼最後から3件目の特徴量

```
print('最後から3件目の特徴量 X = [x1, x2, ... , x59]:', X_test.
values[-3]) # pandasをnumpyに変換
```

▼実行結果

```
最後から3件目の特徴量 X = [x1, x2, ... , x59]: [ 1.40066795 -0.3719913
-0.48265407  1.82081142 -0.22005784  1.58804948
  0.          0.          0.          1.          0.          0.
  0.          0.          0.          0.          0.          0.
  0.          0.          0.          0.          0.          0.
  1.          0.          0.          0.          0.          0.
  1.          0.          0.          0.          0.          0.
  0.          0.          1.          0.          0.          0.
  0.          0.          0.          0.          0.          0.
  0.          0.          0.          0.          0.          0.
  0.          0.          0.          1.          1.        ]
```

最後から3件目の特徴量とパラメータの内積を計算し、定数項を加算して、logitを計算します。

▼最後から3件目 logit = w × X + w0

```
logit = sum(np.multiply(model.coef_[0] , X_test.values[-3])) +
model.intercept_
logit
```

▼実行結果

```
array([5.15834652])
```

logitをシグモイド関数に入力すると、予測モデルが出力したラベル1の確率と一致しました。

このことから、確率の代わりにロジットをパラメータと特徴量に分解することで、モデルが出力した確率の原因を分析できることがわかります。

▼シグモイド関数でlogitから確率に変換

```
def sigmoid(x):
    return 1 / (1 + np.exp(-x))

sigmoid(logit)
```

▼実行結果

```
array([0.99428169])
```

以上でロジスティック回帰の実装は終わりです。ロジスティック回帰はLightGBM分類に比べると、精度は劣ります。しかし、予測モデルの式を数式で仮定しているため、モデルが出力した確率への根拠を提示でき、解釈性が求められるユースケースで有効です。

ワンポイント

ロジスティック回帰の正則化

ロジスティック回帰は正則化を加えることができて、目的関数は次式になります。式の中のλはL2正則化、αはL1正則化の強さを指定するハイパーパラメータです。

$$L(w_0, w_1, \cdots, w_m) = -\frac{1}{n}\sum_{i=1}^{n}[y_i \log(p_i) + (1-y_i)\log(1-p_i)] + \lambda\sum_{j=1}^{m} w_j^2 + \alpha\sum_{j=1}^{m}|w_j|$$

3.3

LightGBM分類

勾配ブースティング分類は、2.4節の勾配ブースティング回帰と3.2節のロジスティック回帰を組合せたアルゴリズムです。前節に続いて、学習→予測→評価の一連の流れを実装し、予測モデルを正解率と混同行列で評価します。また、確率の計算に使用するロジットをSHAPで特徴量ごとに分解し、特徴量の予測値への貢献度を可視化します。

勾配ブースティング分類のアルゴリズム

ロジスティック回帰は線形回帰の予測値（ロジット）をシグモイド関数に入力し、「ラベル1」の確率で、二値分類する予測モデルを作成しました。同様に、勾配ブースティング分類は勾配ブースティング回帰の予測値をシグモイド関数に入力して、「ラベル1」の確率で、ラベルを予測します。

予測モデル

2.4節で紹介した勾配ブースティング回帰の予測値$\hat{y}$は予測したい特徴量$\mathbf{x}$をモデルに入力し、初期値$\hat{y}^{(0)}$にK本の回帰木の重み$w_k(\mathbf{x})$を加算して計算しました。

$$\hat{y} = \hat{y}^{(0)} + w_1(\mathbf{x}) + w_2(\mathbf{x}) + \cdots + w_K(\mathbf{x}) = \hat{y}^{(0)} + \sum_{k=1}^{K} w_k(\mathbf{x})$$

勾配ブースティング分類は、勾配ブースティング回帰の予測値$\hat{y}$をロジットに利用し、シグモイド関数$\sigma(x)$のxに入力します。

$$\sigma(x) = \frac{1}{1 + \exp(-x)}$$

勾配ブースティング分類の予測モデルは以下の式で特徴量$\mathbf{x}$をモデルに入力し、ラベル1の確率pを出力します。この確率を使って、ラベルを二値に分類します。

$$p = \frac{1}{1 + \exp(-(\hat{y}^{(0)} + \sum_{k=1}^{K} w_k(\mathbf{x})))}$$

勾配ブースティング分類の場合、$y=1$が発生する確率$p(y=1 \mid \mathbf{x})$のロジットは勾配ブースティング回帰の予測値となります。ロジスティック回帰のロジットは線形回帰の予測値だったので、対比するとわかりやすいでしょう。

$$\mathrm{logit}(p(y=1|\mathbf{x})) = \log \frac{p(y=1|\mathbf{x})}{(1-p(y=1|\mathbf{x}))} = \hat{y}^{(0)} + \sum_{k=1}^{K} w_k(\mathbf{x})$$

■図3.8　勾配ブースティング分類の予測

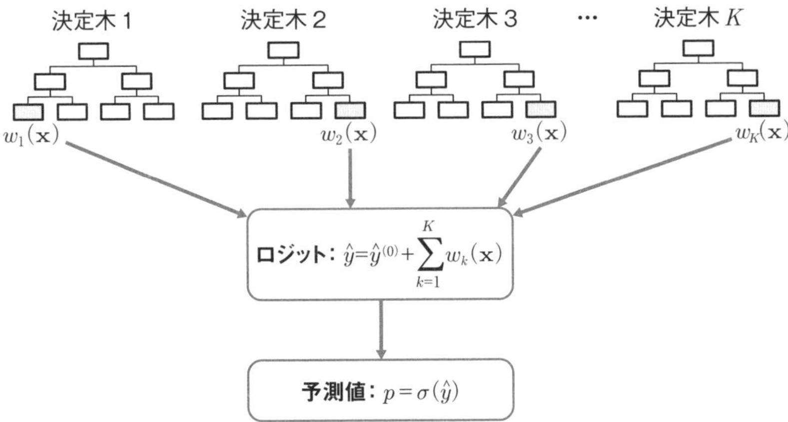

LightGBM分類の学習→予測→評価

ロジスティック回帰と同様、二値分類の年収予測モデルを実装します。ライブラリのインポート、データ読み込み、3.1節の前処理まではロジスティック回帰と同じため、記載を省略します。

データフレームの列を指定して、学習に使用する特徴量と目的変数を設定します。

▼特徴量と目的変数の設定

```
X = df.drop(['income'], axis=1)
y = df['income']
```

データセットを8:2の比率で学習用と評価用に分割します。層化分割を実行するため、引数stratifyに目的変数を指定します。

▼学習データとテストデータに分割

```
X_train, X_test, y_train, y_test = train_test_split(X, y, test_
size=0.2, shuffle=True, stratify=y, random_state=0)
print('X_trainの形状：', X_train.shape, ' y_trainの形状：', y_train.
shape, ' X_testの形状：', X_test.shape, ' y_testの形状：', y_test.
shape)
```

▼実行結果

```
X_trainの形状： (23336, 13)  y_trainの形状： (23336,)  X_testの形状：
(5834, 13)  y_testの形状： (5834,)
```

label encodingでカテゴリ変数の文字列を数値に変換します。決定木を基にしたアルゴリズムはlabel encodingを使った変換が一般的です。label encodingはカテゴリ値を区別できるよう0から連番の数値に変換します。

ただし、LightGBMはカテゴリ変数の文字列をpandasの「category型」に変換して渡す仕様のため、本来はlabel encodingによる数値化は不要です（詳細は5.4節をご確認ください）。しかし、今回の実装はLightGBMの予測説明にSHAPを利用し、SHAPは数値しか入力できない制約があるので、文字列から数値に変換します。

▼カテゴリ変数のlabel encoding

```
from sklearn.preprocessing import LabelEncoder

cat_cols = ['workclass', 'education', 'marital-status',
'occupation', 'relationship', 'race', 'gender']

for c in cat_cols:
    le = LabelEncoder()
    le.fit(X_train[c])
    X_train[c] = le.transform(X_train[c])
    X_test[c] = le.transform(X_test[c])
```

label encodingで変換した数値はint型なので、LightGBMの仕様に合わせて、pandasの「category型」に変換します。

▼カテゴリ変数のデータ型をcategory型に変換

```
for c in cat_cols:
    X_train[c] = X_train[c].astype('category')
    X_test[c] = X_test[c].astype('category')
X_train.info()
```

▼実行結果

```
<class 'pandas.core.frame.DataFrame'>
Int64Index: 23336 entries, 14415 to 5640
Data columns (total 13 columns):
 #   Column          Non-Null Count  Dtype   
---  ------          --------------  -----   
 0   age             23336 non-null  int64   
 1   workclass       23336 non-null  category
 2   fnlwgt          23336 non-null  int64   
 3   education       23336 non-null  category
 4   education-num   23336 non-null  int64   
 5   marital-status  23336 non-null  category
 6   occupation      23336 non-null  category
 7   relationship    23336 non-null  category
 8   race            23336 non-null  category
 9   gender          23336 non-null  category
 10  capital-gain    23336 non-null  int64   
 11  capital-loss    23336 non-null  int64   
 12  hours-per-week  23336 non-null  int64   
dtypes: category(7), int64(6)
memory usage: 1.4 MB
```

図3.9 LightGBMのハイパーパラメータ

ハイパーパラメータ	初期値	説明
objective	regression	学習の損失関数に使用する。損失関数で回帰と分類が切り替わる。
metric	objectiveに依存	objectiveと同じ関数を評価指標に設定する。
learning_rate eta	0.1	学習率を指定する。
num_leaves	31	決定木の葉数の最大値を指定する。
max_depth	−1(無限大)	決定木の深さの最大値を指定する。
min_data_in_leaf	20	葉を分割して新たな左右の葉を作成するとき、左右の葉が最低限必要なレコード数を指定する。
min_data_in_bin	3	ヒストグラムに使用するbinの中の最小レコード数
max_bin	255	特徴量の分割点探索で使用するヒストグラムのbinの数。値を小さくすると、ヒストグラムが粗くなり、分割点の計算が高速化する。値を大きくすると、ヒストグラムが細かくなり、精度が向上する。

LightGBMのハイパーパラメータparamsを設定します。損失関数objectiveにbinary(二値交差エントロピー)、葉数num_leavesに5を設定します。LightGBMは回帰と分類のタスクをobjectiveで切り替えます。

▼ハイパーパラメータの設定

```
import lightgbm as lgb
lgb_train = lgb.Dataset(X_train, y_train)

params = {
    'objective': 'binary',
    'num_leaves': 5,
    'seed': 0,
    'verbose': -1,
}
```

LightGBMはtrainメソッドで学習を実行します。第1引数にハイパーパラメータparams、第2引数に学習データlgb_train、第3引数num_boost_roundにブースティング回数を指定します。第4引数valid_setsに誤差の計算に使用する学習データlgb_trainを指定し、第5引数valid_namesにログの表示ラベル「train」を指定します。最後に、500回ブースティングするので、callbacksでログの表示間隔100を指定します。学習の結果、ブースティング回数ごとの誤差がログに表示されます。誤差はハイパーパラメータmetricで設定したbinary（二値交差エントロピー）で計算します。

▼モデルの学習

```
model = lgb.train(params,
                  lgb_train,
                  num_boost_round=500,
                  valid_sets=[lgb_train],
                  valid_names=['train'],
                  callbacks=[lgb.log_evaluation(100)])
```

▼実行結果

```
[100]   train's binary_logloss: 0.287802
[200]   train's binary_logloss: 0.275191
[300]   train's binary_logloss: 0.266737
[400]   train's binary_logloss: 0.260694
[500]   train's binary_logloss: 0.255673
```

学習が終わったのでテストデータを入力し、LightGBMの予測値を出力します。分類の場合、model.predictはラベル1の確率を出力します。scikit-learnと異なり、ラベルを出力するメソッドはないので、np.roundで確率をラベルに変換して、予測と正解のラベルを評価指標に入力します。accuracyとF1-scoreはロジスティック回帰のスコアを上回ります。

▼テストテストデータの予測と評価

```
y_test_pred_proba = model.predict(X_test) # ラベル1の確率
print('ラベル1の確率：', y_test_pred_proba)
y_test_pred = np.round(y_test_pred_proba) # 確率をラベル0 or 1に変換
print('予測ラベル値：', y_test_pred)

ac_score = accuracy_score(y_test, y_test_pred)
print('accuracy = %.2f' % (ac_score))
f1 = f1_score(y_test, y_test_pred)
print('F1-score = %.2f' % (f1))
```

▼実行結果

```
ラベル1の確率： [0.00861277 0.19313881 0.30667979 ... 0.99818521
0.04753307 0.03750745]
予測ラベル値： [0. 0. 0. ... 1. 0. 0.]
accuracy = 0.86
F1-score = 0.69
```

次に混同行列を確認します。予測モデルが誤って「5万ドル超え」と予測した件数は270件、予測モデルが誤って「5万ドル以下」と予測した件数は529件になります。

▼混同行列

```
cm = confusion_matrix(y_test, y_test_pred)
plt.figure(figsize = (6, 4))
sns.heatmap(cm, annot=True, fmt='d', cmap='Blues')
plt.xlabel('pred')
plt.ylabel('label')
```

▼実行結果

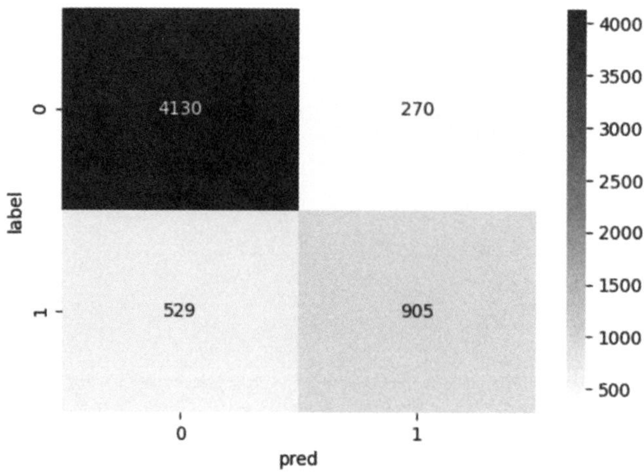

500回ブースティングしているため、500本の木ができています。インデックス0を指定して、1本目の木を可視化します。葉の数はハイパーパラメータnum_leavesで指定したとおり5個になります。

▼1本目の木の可視化

```
lgb.plot_tree(model, tree_index=0, figsize=(20, 20))
```

▼実行結果

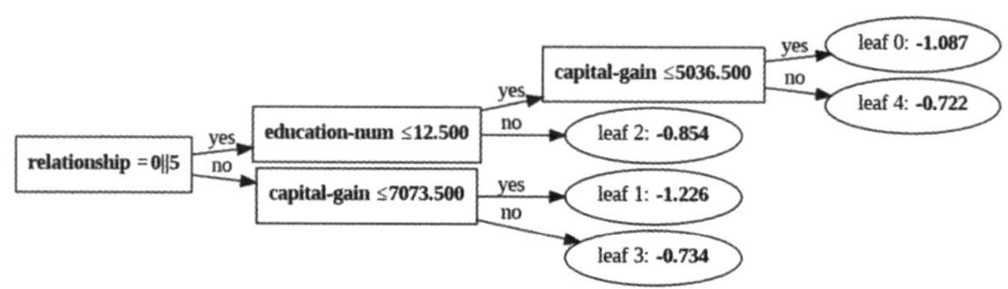

 SHAPによる予測値の説明

LightGBM分類はロジスティック回帰のように、ロジットをパラメータと特徴量に分解できないため、予測の説明が困難です。しかし、LightGBM分類は2.4節と同様にSHAPを使うことで、ロジット1件ごとに、どの特徴量が貢献したのかを分析できます。

テストデータは5,834件ありますが、最後から3件目の5,832件目は「5万ドル超え」の確率が99%でした。そこで、5,832件目のレコードがなぜ「5万ドル超え」の予測なのか、SHAPで原因を確認します。

▼5832件目の予測値

```
y_test_pred_proba[-3]
```

▼実行結果

```
0.9981852074044177
```

ライブラリshapはColaboratoryの環境に未登録なので、インストールします。

▼ライブラリshapのインストール

```
! pip install shap
```

▼実行結果

```
Looking in indexes: https://pypi.org/simple, https://us-python.
pkg.dev/colab-wheels/public/simple/
Collecting shap
  Downloading shap-0.41.0-cp310-cp310-manylinux_2_12_x86_64.
manylinux2010_x86_64.whl (572 kB)
     ────────────────────────────────────────
572.6/572.6 kB 22.0 MB/s eta 0:00:00
省略
```

引数modelにLightGBMの学習済みモデル、引数feature_pertubationに「tree_path_dependentを」指定し、explainerを作成します。

2.4節のワンポイントで説明したとおり、引数modelに「category型」を持つモデルを指定しているため、引数feature_pertubationに「interventional」を指定できません。

▼explainerの作成

```
import shap
explainer = shap.TreeExplainer(
    model = model,
    feature_pertubation = 'tree_path_dependent')
```

作成したexplainerにテストデータの特徴量X_testを入力して、SHAP値を計算します。

▼SHAP値の計算

```
shap_values = explainer(X_test)
```

分類の場合、期待値は平均的なロジットを表し、「ラベル0」と「ラベル1」の二値の符号は反転しています。モデルは「ラベル1」(5万ドル超え)の確率を出力するので、ラベル1の期待値を使用します。

▼全件レコードの期待値

```
explainer.expected_value
```

▼実行結果

```
[2.4255437226226246, -2.4255437226226246]
```

最後から3件目のshap_valueを表示します。貢献度であるvalues、期待値であるbase_values、特徴量であるdataの3つのデータがあります。貢献度と期待値は「ラベル0」と「ラベル1」の2つの値がそれぞれあります。

▼最後から3件目のSHAP値

```
shap_values[-3]
```

▼実行結果

```
.values =
array([[-0.58106716,  0.58106716],
        [-0.0544556 ,  0.0544556 ],
        [-0.1093893 ,  0.1093893 ],
        [ 0.07626617, -0.07626617],
        [ 0.26401627, -0.26401627],
        [-0.65721149,  0.65721149],
        [-0.52462177,  0.52462177],
        [-0.41675398,  0.41675398],
        [-0.01607797,  0.01607797],
        [-0.16606463,  0.16606463],
        [-6.35894357,  6.35894357],
        [ 0.02788182, -0.02788182],
        [-0.21909016,  0.21909016]])
.base_values =
array([ 2.42554372, -2.42554372])
.data =
array([     58,       4, 147707,      11,       9,       2,       4,
0,
            4,       1,  15024,       0,      60])
```

回帰と同様に可視化するため、shap_valuesをラベル1の値に絞り込み、貢献度と期待値を上書きします。

▼shap_valuesのラベル1のへの絞り込み

```
shap_values.values = shap_values.values[:, :, 1] # 貢献度
shap_values.base_values = explainer.expected_value[1] #期待値
```

最後から3件目の値を表示すると、ラベル1の貢献度と期待値だけが表示されます。

▼最後から3件目のSHAP値(ラベル1)

```
shap_values[-3]
```

▼実行結果

```
.values =
array([ 0.58106716,  0.0544556 ,  0.1093893 , -0.07626617,
       -0.26401627, 0.65721149,  0.52462177,  0.41675398,
        0.01607797,  0.16606463, 6.35894357, -0.02788182,
        0.21909016])
.base_values =
-2.4255437226226246
.data =
array([     58,        4, 147707,       11,        9,        2,        4,
            0,        4, 1,             15024,    0,        60])
```

貢献度のリストを表示します。それぞれの値が特徴量の貢献度の強さに対応します。期待値は全レコードで共通ですが、貢献度はレコードごとに異なります。

▼最後から3件目の貢献度

```
shap_values.values[-3]
```

▼実行結果

```
array([ 0.58106716,  0.0544556 ,  0.1093893 , -0.07626617,
       -0.26401627,  0.65721149,  0.52462177,  0.41675398,
        0.01607797,  0.16606463,  6.35894357, -0.02788182,
        0.21909016])
```

貢献度を合計します。

▼最後から3件目の貢献度合計

```
shap_values.values[-3].sum()
```

▼実行結果

```
8.735511371497317
```

期待値と最後から3件目の貢献値を合計します。

▼期待値+最後から3件目の貢献度合計

```
shap_values[-3].base_values + shap_values.values[-3].sum()
```

▼実行結果

```
6.309967648874693
```

期待値と貢献度のSHAP値の合計はロジット(logit)になります。ロジットはシグモイド関数に入力して確率に変換します。この確率はLightGBMの最後から3件目の予測値と同じになります。つまり、SHAPの貢献度はロジット1件ごとの特徴量の貢献度になります。

▼最後から3件目のラベル1の確率

```
# SHAP値合計をlogitに設定
logit = shap_values[-3].base_values + shap_values.values[-3].sum()

# シグモイド関数でlogitから確率に変換
def sigmoid(x):
    return 1 / (1 + np.exp(-x))

sigmoid(logit)
```

▼実行結果

```
0.9981852074044177
```

▼最後から3件目の予測値

```
y_test_pred_proba[-3]
```

▼実行結果

```
0.9981852074044177
```

SHAP値によって、どの特徴量の貢献が大きかったのか、plots. waterfallメソッドで可視化できます。「5万ドル超え」の確率が1に近い5,832件目（最後から3件目）のロジットをSHAP値で可視化してみます。

次の図は下からたどっていくとわかりやすいでしょう。図の下側に期待値－2.426が表示されています。この値は全件レコードの平均的なロジットになります。特徴量は貢献度の絶対値の順に並んでおり、capital-gainの貢献度が高くなっています。すべての貢献度を加算した数値が図の右上の6.31で、このレコードのロジットになります。左側の特徴量の値は、ロジスティック回帰と異なり、特徴量の値が標準化していないため、解釈しやすくなっています。

▼最後から3件目のSHAP値の可視化

```
shap.plots.waterfall(shap_values[-3])
```

▼実行結果

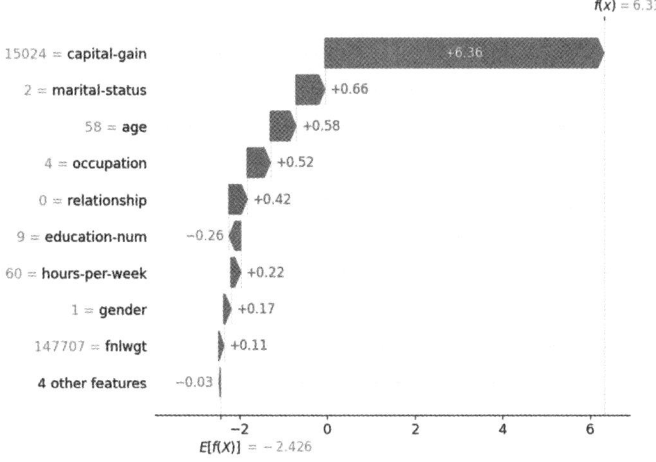

SHAP値を全件レコードで平均し、平均的な貢献度で特徴量の重要度を可視化します。

▼重要度の可視化

```
shap.plots.bar(shap_values=shap_values)
```

▼実行結果

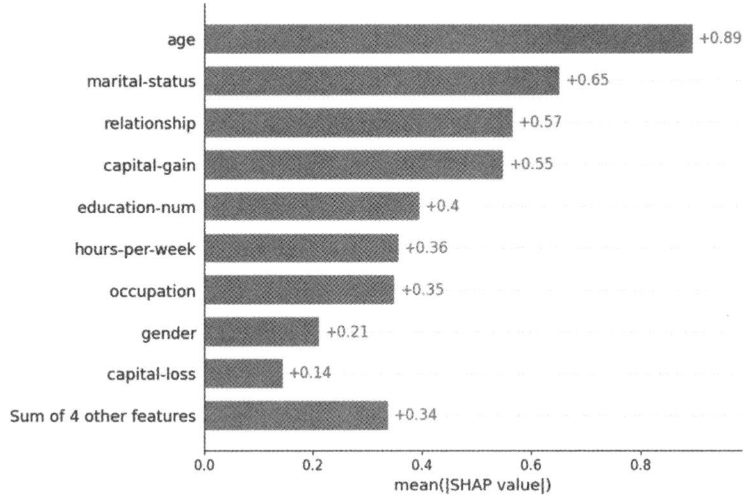

3.4

検証データ評価

本節では学習データの一部を検証データに使用し、検証データとテストデータのモデル評価の違いをまとめます。ハンズオンはLightGBMの学習に検証データを使用したアーリーストッピングを実装します。また、クロスバリデーションを使ったモデルの評価を実装します。

 検証データのモデル評価

いままでのハンズオンは、図3.10の2行目のようにデータセット全体を学習データとテストデータに2分割し、学習データはモデルの学習、テストデータはモデルの評価に使用しました。しかし、この方法では、ハイパーパラメータの調整ができない問題があります。テストデータをハイパーパラメータの評価に使用し、評価スコアが改善するよう何度もハイパーパラメータを調整すると、ハイパーパラメータはテストデータに過学習し、テストデータは学習データの一部になってしまいます。そこで、データセットを図3.10の3行目のように学習データ（train）、検証データ（valid）、テス

図3.10　学習データ（train）、検証データ（valid）、テストデータ（test）

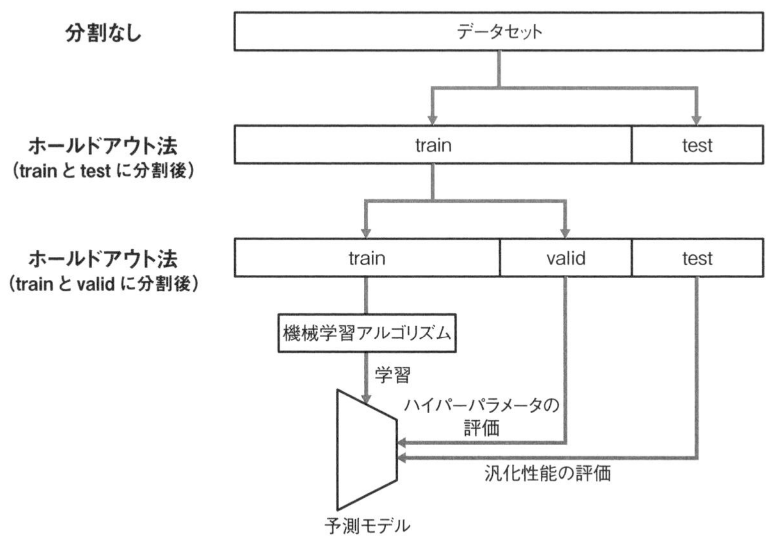

トデータ（test）に3分割します。

2つの評価用のデータは異なる目的に使用し、検証データはハイパーパラメータ最適化の評価、テストデータはモデルの汎化性能の評価に使用します。このデータ分割方法を使用して、3.4節と4章のハンズオンを進めます。

ホールドアウト法

ホールドアウト法は比率を指定して、図3.11のようにデータセットのレコードを2分割する方法です。線形回帰などハイパーパラメータの調整が不要な場合、ホールドアウト法でデータセットを学習データ（train）とテストデータ（test）に2分割します。

ただし、LightGBMなどハイパーパラメータを有する機械学習アルゴリズムの場合、学習データ（train）の一部を検証データ（valid）に追加で分割します。このとき、検証データはハイパーパラメータの調整に利用できて、学習データの一部となります。一方、テストデータは学習に使用していないので、汎化性能の評価に使用できます。

ホールドアウト法を使用するとき、検証データとテストデータのレコードの比率を増やすと、評価の信頼性は高まる一方、学習データの比率は減り、モデルの精度は悪化するトレードオフが発生します。学習データと検証データ（またはテストデータ）の分割比率は8：2や7：3が一般的です。図3.11はホールドアウト法でデータセットを3分割したイメージです。

■図3.11　ホールドアウト法

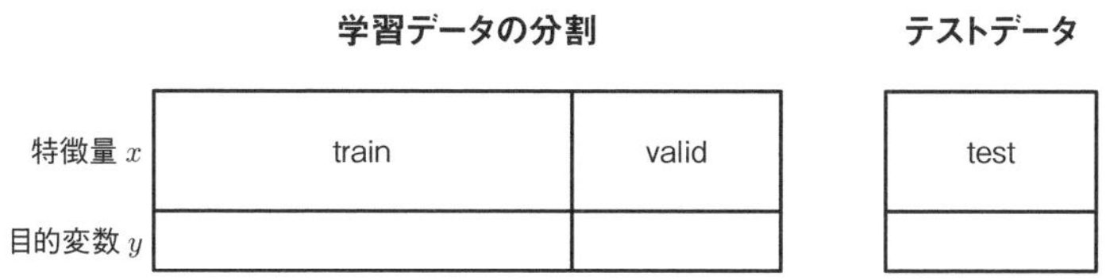

 不均衡ラベルのホールドアウト法

分類のデータセットの場合、国勢調査のように正解ラベルの二値の比率が0と1で異なる場合があります。この場合、ランダムにレコードを分割すると、分割後のデータでラベルの比率に偏りが出る可能性があります。そのため、**層化分割**はラベルの比率が同程度になるように分割します。図3.12は層化分割のイメージで学習データと検証データとテストデータの正解ラベルの比率はA：B＝C：D＝E：Fになります。

■図3.12　正解ラベルの層化分割

学習データの層化分割

特徴量 x	train		valid	
目的変数 y	A	B	C	D

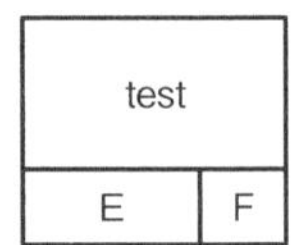

 アーリーストッピング

機械学習アルゴリズムの多くはハイパーパラメータを持ち、モデルの学習時に指定します。ハイパーパラメータは学習の前提となる設定値で、検証データの評価スコアを見ながら誤差が低下するように調整します。

勾配ブースティングは複数のハイパーパラメータがあり、その中の1つに「ブースティング回数」があります。いままでのLightGBMの実装はわかりやすさを優先して、テストデータを除く全データを学習データに投入し、予測モデルを作成しました。この場合、モデルは指定したブースティング回数に到達するまで学習（木の作成）を繰り返します。この方法だと、学習データの誤差はブースティング回数を増やすほど、モデルに過学習しながら低下するので、適切なブースティング回数の設定が難しい問題があります。

一方で、ホールドアウト法でデータセットを学習データ、検証データ、テストデータに3分割できると、検証データをハイパーパラメータ最適化に使用できます。その結果、LightGBMは検証データの誤差が低下しなくなったら学習を自動的に停止する**アーリーストッピング**という手法が使えます。

アーリーストッピングは、勾配ブースティングやニューラルネットワークなどを繰り返して学習するアルゴリズムで有効です。学習が自動的に停止するので、ブースティング回数などのイテレーション回数のハイパーパラメータを最適化できます。

図3.13 アーリーストッピング

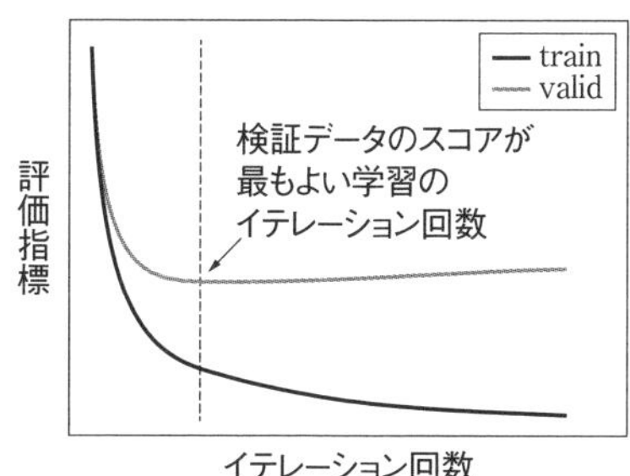

LightGBM分類（アーリーストッピング）の実装

学習データの一部を検証データに分割し、アーリーストッピングを用いたLightGBM分類の予測モデルを実装します。ライブラリのインポート、データ読み込み、3.1節の前処理まではロジスティック回帰と同じため、記載を省略します。

データフレームの列を指定して、学習に使用する特徴量と目的変数を設定します。

▼特徴量と目的変数の設定

```
X = df.drop(['income'], axis=1)
y = df['income']
```

データセットを8：2の比率で学習用と評価用に層化分割します。

▼学習データとテストデータに分割

```
X_train, X_test, y_train, y_test = train_test_split(X, y, test_
size=0.2, shuffle=True, stratify=y, random_state=0)
print('X_trainの形状：', X_train.shape, ' y_trainの形状：', y_train.
shape, ' X_testの形状：', X_test.shape, ' y_testの形状：', y_test.
shape)
```

▼実行結果

```
X_trainの形状: (23336, 13)  y_trainの形状: (23336,)  X_testの形状:
(5834, 13)  y_testの形状: (5834,)
```

前節と同様、カテゴリ変数の前処理を実行します。

▼カテゴリ変数の前処理

```
# カテゴリ変数のlabel encoding
from sklearn.preprocessing import LabelEncoder

cat_cols = ['workclass', 'education', 'marital-status',
'occupation', 'relationship', 'race', 'gender']

for c in cat_cols:
    le = LabelEncoder()
    le.fit(X_train[c])
    X_train[c] = le.transform(X_train[c])
    X_test[c] = le.transform(X_test[c])

    # データ型をcategory型に変換
    X_train[c] = X_train[c].astype('category')
    X_test[c] = X_test[c].astype('category')
```

テストデータの分割と同様、検証データの分割はscikit-learnの関数train_test_splitを使用します。テストデータを除いた学習データ（X_train, y_train）に対して、8：2の比率で学習データ（tr）と検証データ（va）に層化分割します。

▼学習データの20%を検証データに分割

```
X_tr, X_va, y_tr, y_va = train_test_split(X_train, y_train, test_
size=0.2, shuffle=True, stratify=y_train, random_state=0)
print('X_trの形状：', X_tr.shape, ' y_trの形状：', y_tr.shape, ' X_va
の形状：', X_va.shape, ' y_vaの形状：', y_va.shape)
```

▼実行結果

```
X_trの形状: (18668, 13)  y_trの形状: (18668,)  X_vaの形状: (4668, 13)
y_vaの形状: (4668,)
```

学習データのデータセット「lgb_train」に加えて、検証データのデータセット「lgb_eval」を作成します。誤差プロットを作成したいので、格納用データevals_resultを作成します。ハイパーパラメータは前節と同様とします。

▼ハイパーパラメータの設定

```
lgb_train = lgb.Dataset(X_tr, y_tr)
lgb_eval = lgb.Dataset(X_va, y_va, reference=lgb_train)

params = {
    'objective': 'binary',
    'num_leaves': 5,
    'seed': 0,
    'verbose': -1,
}

# 誤差プロットの格納用データ
evals_result = {}
```

valid_setsに学習データ「lgb_train」と検証データ「lgb_eval」を設定します。

LightGBMはtrainメソッドで学習を実行します。アーリーストッピングを使用するときはnum_boost_roundに大きなブースティング回数500を指定します。valid_setsに学習データ「lgb_train」と検証データ「lgb_eval」の2つを指定し、valid_namesにログの表示ラベル「train」と「valid」を指定します。valid_setsとvalid_namesは検証データだけの指定でもよいのですが、両方のデータに対してアーリーストッピングを実行します。callbacksでearly_stopping(10)を指定して、10回実行してもvalid_setsで指定したデータの誤差が低下しないときに学習を停止します。また、record_evaluation(evals_result)で学習データと検証データのプロットを出力できるよう指定します。

学習の結果、ブースティング回数ごとの誤差がログに表示されます。誤差はハイパーパラメータmetricで設定したbinary（二値交差エントロピー）で計算し、検証データの誤差が低下しなくなる、200回でブースティングがストップしています。

▼モデルの学習

```
model = lgb.train(params,
                  lgb_train,
                  num_boost_round=500,
                  valid_sets=[lgb_train, lgb_eval],
                  valid_names=['train', 'valid'],
                  callbacks=[lgb.early_stopping(10),
                             lgb.log_evaluation(100),
                             lgb.record_evaluation(evals_result)])
```

▼実行結果

```
Training until validation scores don't improve for 10 rounds
[100]   train's binary_logloss: 0.285093 valid's binary_logloss:
0.297689
[200]   train's binary_logloss: 0.271357 valid's binary_logloss:
0.291118
Early stopping, best iteration is:
[200]   train's binary_logloss: 0.271357 valid's binary_logloss:
0.291118
```

evals_resultsの誤差を可視化します。学習誤差（train）は低下し続けていますが、検証誤差（valid）はブースティング回数を増やしても誤差が低下していないことを確認できます。

▼学習データと検証データの誤差プロット

```
lgb.plot_metric(evals_result)
```

▼実行結果

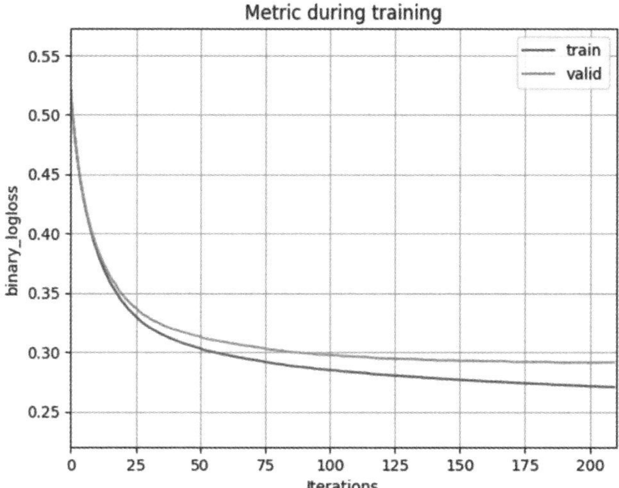

▼学習が停止したブースティング回数

```
model.best_iteration
```

▼実行結果

```
200
```

作成したモデルに検証データを入力して、検証データの予測と評価を実行します。検証データはアーリーストッピングに使用しているため、このモデルは検証データに過学習している可能性があります。

▼検証データの予測と評価

```
y_va_pred_proba = model.predict(X_va, num_iteration=model.best_
iteration) # ラベル1の確率
print('ラベル1の確率：', y_va_pred_proba)
y_va_pred = np.round(y_va_pred_proba) # 確率をラベル0 or 1に変換
print('予測ラベル値：', y_va_pred)
```

```
ac_score = accuracy_score(y_va, y_va_pred)
print('accuracy = %.2f' % (ac_score))

f1 = f1_score(y_va, y_va_pred)
print('F1-score = %.2f' % (f1))
```

▼実行結果

```
ラベル1の確率: [0.03758662 0.00051379 0.16303104 ... 0.00878358
0.07152312 0.41445192]
予測ラベル値: [0. 0. 0. ... 0. 0. 0.]
accuracy = 0.87
F1-score = 0.70
```

テストデータを入力して、予測と評価を実行します。テストデータは検証データと異なり、学習に使用しておらず、前節の実装と同じレコードのため、スコアの比較が可能です。

accuracyとF1-scoreを確認すると、前節はF1-scoreが0.70なので、0.68とわずかに悪化しました。学習データの一部を検証データに使用すると、モデルの学習に使用できる学習データが減少するぶん、スコアは悪化する傾向にあります。

▼テストデータの予測と評価

```
y_test_pred_proba = model.predict(X_test, num_iteration=model.
best_iteration) # ラベル1の確率
print('ラベル1の確率:', y_test_pred_proba)
y_test_pred = np.round(y_test_pred_proba) # 確率をラベル0 or 1に変換
print('予測ラベル値:', y_test_pred)

ac_score = accuracy_score(y_test, y_test_pred)
print('accuracy = %.2f' % (ac_score))

f1 = f1_score(y_test, y_test_pred)
print('F1-score = %.2f' % (f1))
```

▼実行結果

```
ラベル1の確率: [0.02738649 0.1740557  0.19527131 ... 0.99293736
0.04875194 0.04739031]
予測ラベル値: [0. 0. 0. ... 1. 0. 0.]
accuracy = 0.86
F1-score = 0.68
```


混同行列を確認しても、前節とわずかにスコアが異なります。予測モデルが誤って「5万ドル超え」と予測した件数は260件、予測モデルが誤って「5万ドル以下」と予測した件数は554件になります。

▼混同行列

```
cm = confusion_matrix(y_test, y_test_pred)
plt.figure(figsize = (6, 4))
sns.heatmap(cm, annot=True, fmt='d', cmap='Blues')
plt.xlabel('pred')
plt.ylabel('label')
```

▼実行結果

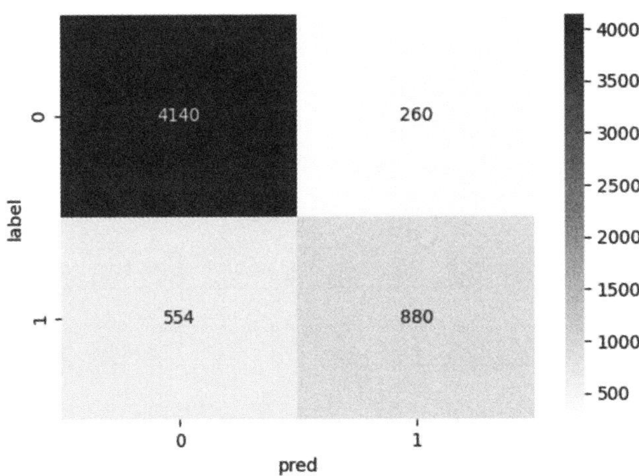

クロスバリデーション

ホールドアウト法は、学習データの一部を検証データに分けて、検証データでモデルを評価します。しかし、ホールドアウト法の検証データは学習データの一部を切り出すため、分割したレコードに偏りがあると、検証データで正しくモデルを評価できていない可能性があります。偏った検証データで評価すると、検証データのスコアは改善しても、テストデータのスコアが改善しない問題が発生します。また、ハイパーパラメータ最適化する際に、偏ったレコードに対して最適化するリスクが生じます。

そこで、クロスバリデーションは、学習データと検証データの分割パターンを変えてモデルを複数個作成し、それらのモデルの評価スコアを平均化することで、分割パターンで生じるスコアの偏りを防ぎます。分割した単位を**fold**と呼びます。また、学習に使用しなかった検証データのfoldを**out of fold**(**oof**)と呼びます。

例えば、図3.14のように学習データを5分割するとします。このとき、検証データは20%で、検証データの組み合わせを変えて、残り80%の学習データで5個の予測モデルを作成します。oofのレコードは5回ぶんあるので、学習データ全体のレコード数になります。クロスバリデーションは手持ちの学習データを有効活用できますが、

図3.14 クロスバリデーション

学習データ

fold 1	train	train	train	train	valid
fold 2	train	train	train	valid	train
fold 3	train	train	valid	train	train
fold 4	train	valid	train	train	train
fold 5	valid	train	train	train	train

↓

valid	valid	valid	valid	valid

各 fold のスコアを使って評価する

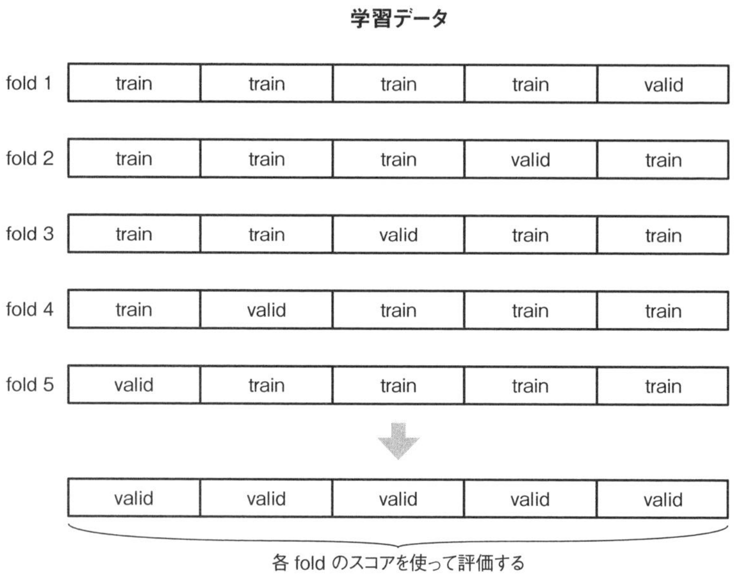

評価にかかる時間はfoldぶん増えるので、実務で利用する際には計算環境のコストに注意を払う必要があります。

クロスバリデーションの実装

クロスバリデーションを実装します。ホールドアウト法で層化分割を使用したので、同様にクロスバリデーションでも層化分割で実装します。層化分割のクロスバリデーションはscikit-learnの「StratifiedKFold」を使用します。

クロスバリデーションはfoldごとにループして、forループの中でホールドアウト法で同じ実装を動かします。実装は学習データを5分割するため、n_splits = 5を指定します。この場合は、5個の予測モデルを作成し、評価します。

forループの外で、foldごとのaccuracy、二値交差エントロピー誤差、モデルを格納するリストをそれぞれ定義します。また、予測値は学習データ全体の長さになるので、oof (out of fold) のNumPy配列を作成します。oofは学習に使用しなかった検証データのfoldの合計で、学習データの分割前のレコード数になります。

クロスバリデーションで、foldごとのaccuracy、誤差、モデルを格納リストに保存して、最後にcv_accuracy_scoreとcv_logloss_scoreにスコアの平均値を格納します。

▼層化分割のクロスバリデーション

```
from sklearn.metrics import log_loss
from sklearn.model_selection import StratifiedKFold

params = {
    'objective': 'binary',
    'num_leaves': 5,
    'seed': 0,
    'verbose': -1,
}

# 格納用データの作成
accuracy_scores = []
logloss_scores = []
```

```
models = []
oof = np.zeros(len(X_train))

# KFoldを用いて学習データを5分割してモデルを作成
kf = StratifiedKFold(n_splits=5, shuffle=True, random_state=1)
for fold, (tr_idx, va_idx) in enumerate(kf.split(X_train, y_
train)):
    X_tr = X_train.iloc[tr_idx]
    X_va = X_train.iloc[va_idx]
    y_tr = y_train.iloc[tr_idx]
    y_va = y_train.iloc[va_idx]

    lgb_train = lgb.Dataset(X_tr, y_tr)
    lgb_eval = lgb.Dataset(X_va, y_va, reference=lgb_train)

    model = lgb.train(params,
                      lgb_train,
                      num_boost_round=500,
                      valid_sets=[lgb_train, lgb_eval],
                      valid_names=['train', 'valid'],
                      callbacks=[lgb.early_stopping(10),
                      lgb.log_evaluation(100)])

    y_va_pred = model.predict(X_va, num_iteration=model.best_
iteration)
    accuracy = accuracy_score(y_va, np.round(y_va_pred))
    logloss = log_loss(y_va, y_va_pred)
    print(f'fold {fold+1} accuracy_score: {accuracy:4f}   logloss:
{logloss:4f}')
    print('')

    # スコア、モデル、予測値の格納
    accuracy_scores.append(accuracy)
    logloss_scores.append(logloss)
    models.append(model)
```

```
    oof[va_idx] = y_va_pred

# クロスバリデーションの平均スコア
cv_accuracy_score = np.mean(accuracy_scores)
cv_logloss_score = np.mean(logloss_scores)

print(f'CV accuracy score: {cv_accuracy_score:4f}    CV logloss 
score: {cv_logloss_score:4f} ')
```

▼実行結果

```
Training until validation scores don't improve for 10 rounds
[100]  train's binary_logloss: 0.288706 valid's binary_logloss: 
0.287306
[200]  train's binary_logloss: 0.275793 valid's binary_logloss: 
0.278749
Early stopping, best iteration is:
[278]  train's binary_logloss: 0.268845 valid's binary_logloss: 
0.275477
fold 1 accuracy_score: 0.873179   logloss: 0.275477
省略
Training until validation scores don't improve for 10 rounds
[100]  train's binary_logloss: 0.286321 valid's binary_logloss: 
0.296634
[200]  train's binary_logloss: 0.271693 valid's binary_logloss: 
0.289273
Early stopping, best iteration is:
[243]  train's binary_logloss: 0.26774  valid's binary_logloss: 
0.287875
fold 5 accuracy_score: 0.864367   logloss: 0.287875

CV accuracy score: 0.871272    CV logloss score: 0.284003
```

foldごとのaccuracyを持つaccuracy_scoresを表示します。5foldぶんの検証データの正解率を確認でき、スコアは0.87前後です。

1つ前のアーリーストッピングの実装は検証データをホールドアウト法で分割し、正解率は0.87でした。その結果、ホールドアウト法のスコアはクロスバリデーションの5つのスコアと乖離がなく、ホールドアウト法で使用した検証データには偏りがなかったことを確認できました。

▼検証データの正解率

```
accuracy_scores
```

▼実行結果

```
[0.8731790916880892,
 0.8755088922219841,
 0.8688665095350332,
 0.8744375401757017,
 0.8643668309406471]
```

以上で検証データを用いたモデル評価のハンズオンは終了です。本節の考え方と実装は、モデル改善に取り組む際に必要な知識となります。4章では本節の理解を踏まえて、学習データの一部を検証データに使用し、モデルの精度改善に取り組みます。

本章のまとめ

- 混同行列のFPは、予測ラベル1の中で正解ラベルが0の件数で、予測の正確性を示すprecisionの計算に使用します。
- 混同行列のFNは、正解ラベル1の中で予測ラベルが0の件数で、予測の網羅性を示すrecallの計算に使用します。
- ロジットはオッズ比に対して自然対数を取った値で、0を中心としてマイナスとプラスの値が対象になり、オッズ比に比べて扱いやすい性質があります。
- ロジスティック回帰は線形回帰の予測値をロジットとしてモデルに入力し、シグモイド関数で変換した確率を使ってラベルを予測します。確率は「ラベル1」の確率を表し、ラベル0とラベル1に分類します。
- 勾配ブースティング分類は勾配ブースティング回帰の予測値をロジットとして入力し、出力した確率で二値ラベルを分類します。

第4章

回帰の予測モデル改善

4.1

データ理解

本章はダイヤモンドのデータセットを使って、ダイヤモンドの重量やサイズを基に価格を予測するモデルを作成します。本節ではデータセットの特徴量と目的変数の理解を深めて、次節以降に使用する共通の前処理を実装します。

 ダイヤモンド価格データセット

予測モデルを作成する前にデータセットを理解しましょう。ダイヤモンドデータセットは10個の列を持ち、priceが目的変数、残り9個の列が特徴量になります。目的変数の価格は連続値なので、回帰の予測モデルを実装します。

Wikipediaによると、ダイヤモンドは一般的にcolor、clarity、carat、cutの4Cで品質を評価します。データセットは4Cの特徴量を網羅しています。

■図4.1　ダイヤモンド価格のデータセット

列名	説明
carat	ダイヤモンドの重量
cut	カットの品質（Fair、Good、Very Good、Premium、Ideal）
color	ダイヤモンドの色（J（ワースト）からD（ベスト）まで）
clarity	ダイヤモンドの透明度の測定（I1（ワースト）、SI2、SI1、VS2、VS1、VVS2、VVS1、IF（ベスト））
depth	合計の深さの割合（z/mean(x, yで計算)）
table	ダイヤモンド上部の広く水平にカットされた面の幅
price	米ドルの価格
x	長さ（mm）
y	幅（mm）
z	深さ（mm）

pandasにデータを格納してデータを確認します。必要なライブラリをインポートします。

▼ライブラリのインポート

```
%matplotlib inline
import pandas as pd
import numpy as np
import matplotlib.pyplot as plt
import seaborn as sns
```

データセットはKaggleのサイトからcsvファイルを入手できますが、ライブラリseabornに付属しているデータセットを使用します。

▼データセットの読み込み

```
df = sns.load_dataset('diamonds')
df.head()
```

▼実行結果

	carat	cut	color	clarity	depth	table	price	x	y	z
0	0.23	Ideal	E	SI2	61.5	55.0	326	3.95	3.98	2.43
1	0.21	Premium	E	SI1	59.8	61.0	326	3.89	3.84	2.31
2	0.23	Good	E	VS1	56.9	65.0	327	4.05	4.07	2.31
3	0.29	Premium	I	VS2	62.4	58.0	334	4.20	4.23	2.63
4	0.31	Good	J	SI2	63.3	58.0	335	4.34	4.35	2.75

データのレコード件数は53,940件です。列は10個で、目的変数はprice、それ以外は特徴量になります。

▼データ形状

```
df.shape
```

▼実行結果

```
(53940, 10)
```

データ型はint型/float型の数値変数が7個、category型のカテゴリ変数が3個になります。

▼データ型

```
df.info()
```

▼実行結果

```
<class 'pandas.core.frame.DataFrame'>
RangeIndex: 53940 entries, 0 to 53939
Data columns (total 10 columns):
 #   Column    Non-Null Count  Dtype
---  ------    --------------  -----
 0   carat     53940 non-null  float64
 1   cut       53940 non-null  category
 2   color     53940 non-null  category
 3   clarity   53940 non-null  category
 4   depth     53940 non-null  float64
 5   table     53940 non-null  float64
 6   price     53940 non-null  int64
 7   x         53940 non-null  float64
 8   y         53940 non-null  float64
 9   z         53940 non-null  float64
dtypes: category(3), float64(6), int64(1)
memory usage: 3.0 MB
```

データセットはデータ型で数値変数とカテゴリ変数に分けることができます。次は数値変数とカテゴリ変数に分けて、探索的データ解析（EDA）に取り組みます。

・数値変数　　：carat、depth、table、x、y、z、price
・カテゴリ変数：cut、color、clarity

コラム

Kaggleサイトからのデータ取得とアップロード

ファイルはKaggleのサイトからも取得できます。カテゴリ変数のデータ型がint型になってますが、それ以外の差はありません。csvファイルをローカル環境に保存して、それをアップロードします。アップロードは次のコマンドを実行して、「ファイル選択」からファイルを指定してください。

▼ローカルファイルのアップロード

```
from google.colab import files
uploaded = files.upload()
```

▼実行結果

```
ファイル選択 diamonds.csv
• diamonds.csv(text/csv) - 3192560 bytes, last modified: 2023/4/28 - 100% done
Saving diamonds.csv to diamonds.csv
```

アップロードしたcsvファイルを読み込み、pandasデータフレームに格納します。また、Unnamed：0は不要な列なので削除します。

▼データセットの読み込み

```
df = pd.read_csv('diamonds.csv', index_col=0)
```

▼KaggleサイトからのデータダウンロードURL

https://www.kaggle.com/datasets/shivam2503/diamonds

 1数値変数EDA

LightGBMは線形回帰に比べると、外れ値の影響を受けにくい特性があります。ただし、外れ値があると予測の精度が悪化したり、予測の挙動が不自然になります。また、精度が不安定になると、特徴量エンジニアリングやハイパーパラメータ最適化などのモデル改善の評価が難しくなります。そこで、数値変数の統計情報を確認して、前処理で除外すべき外れ値がないかチェックします。

▼数値の統計情報

```
df.describe().T
```

▼実行結果

	count	mean	std	min	25%	50%	75%	max
carat	53940.0	0.797940	0.474011	0.2	0.40	0.70	1.04	5.01
depth	53940.0	61.749405	1.432621	43.0	61.00	61.80	62.50	79.00
table	53940.0	57.457184	2.234491	43.0	56.00	57.00	59.00	95.00
price	53940.0	3932.799722	3989.439738	326.0	950.00	2401.00	5324.25	18823.00
x	53940.0	5.731157	1.121761	0.0	4.71	5.70	6.54	10.74
y	53940.0	5.734526	1.142135	0.0	4.72	5.71	6.54	58.90
z	53940.0	3.538734	0.705699	0.0	2.91	3.53	4.04	31.80

carat

50パーセンタイルは0.70、75パーセンタイルは1.04です。一方、最大値5.01で最大値と75パーセンタイルの差分は標準偏差0.47の約8倍に相当し、最大値は外れ値の候補です。

depth、table

depthの最大値と75パーセンタイルの差分は、標準偏差1.43の11倍以上あります。tableの最大値と75パーセンタイルの差分は、標準偏差2.23の16倍以上あります。

price

平均値3,932と中央値2,401は大きく異なります。また、平均値3,932と標準偏差3,989はほぼ同じで、ばらつきが大きい分布だと確認できます。

x、y、z

最小値0のデータがありますが、ダイヤモンドは3次元なのでサイズ0は不自然です。最大値を見るとはx、y、zに10mm以上のデータがありますが、10mm以上、つまり1cm以上のサイズはレアだと思われます。

統計情報に続いてヒストグラムを作成します。サイズx、y、zが10mm以上のレコード件数はわずかなので、学習対象外にしても問題なさそうです。

数値のヒストグラム

```
plt.rcParams['figure.figsize'] = (10, 6)
df.hist(bins=20)
plt.tight_layout()
plt.show()
```

実行結果

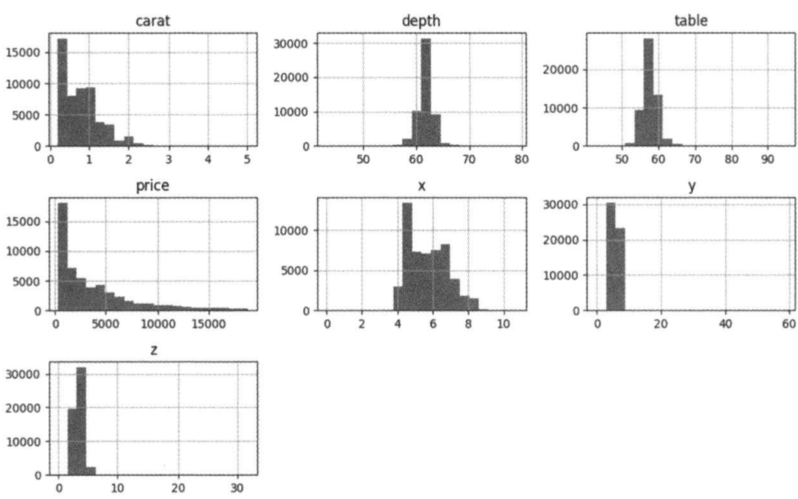

数値変数の中で、特に重要な目的変数の統計情報を確認します。データを価格が低い方から並べてパーセンタイルに注目するとパーセンタイルの間隔は大きくなり、中央値(50%)は2,401ドルになります。一方、平均値(mean)の3,932ドルは一部の高

価格のダイヤモンドの影響で中央値(50%)の2,401ドルよりも高い金額になってます。また、標準偏差(std)は3,989ドルで金額のバラツキが大きいことが確認できました。

▼ダイヤモンド価格の統計情報

```
df['price'].describe()
```

▼実行結果

```
count    53940.000000
mean      3932.799722
std       3989.439738
min        326.000000
25%        950.000000
50%       2401.000000
75%       5324.250000
max      18823.000000
Name: price, dtype: float64
```

0%～25%

326ドル～950ドル

25%～50%

950ドル～2,401ドル

50%～75%

2,401ドル～5,324ドル

75%～100%

5,324ドル～18,823ドル

統計情報に続いてヒストグラムを確認すると、データの多くが2,500ドル以下の低価格に集中し、価格が上がるほどレコード件数が減少します。この分布は金額や件数の典型的な分布です。2.1節の住宅価格のように分布が正規分布に近いと、平均値と中央値が近く、標準偏差を使ってデータのばらつきが説明できます。しかし、今回の分布は平均値と中央値が離れていて、分布の中心を説明しづらいです。典型的な価格は25パーセンタイルから75パーセンタイルの価格で950〜5,324ドルになります。

▼ダイヤモンド価格のヒストグラム

```
plt.figure(figsize=(6, 4))
df['price'].hist(bins=20)
```

▼実行結果

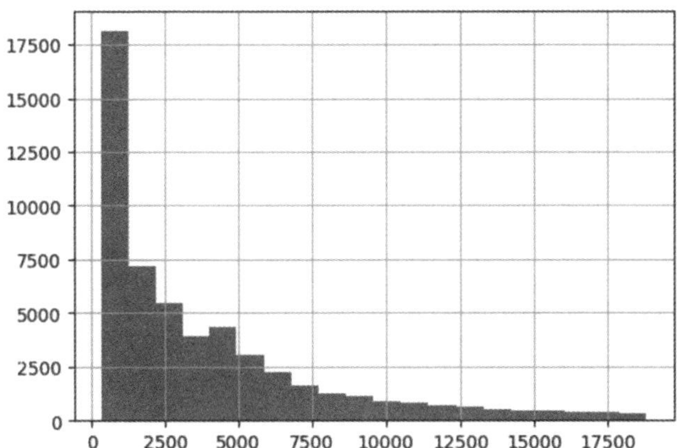

2数値変数EDA

いままでは1つの数値変数に注目しましたが、次は数値変数と数値変数のペアに注目し、目的変数と関係が強い特徴量をどれかという観点で確認します。この作業は特徴量エンジニアリングで役に立ち、どの特徴量を操作すると精度が改善するか見通しを立てることができます。

最初に相関係数で目的変数priceと相関が強い数値型の特徴量を確認します。priceの行に注目すると、priceと線形の相関が強い特徴量はcarat、x、y、zの4つです。サイズx, y、zの相関係数はほぼ同じで、caratが最も高いです。depthとtableは相関が0に近くほとんどありません。

▼相関係数

```
plt.figure(figsize=(8, 6))
df_corr = df.corr()
sns.heatmap(df_corr, vmax=1, vmin=-1, center=0, annot=True, cmap
= 'Blues')
```

▼実行結果

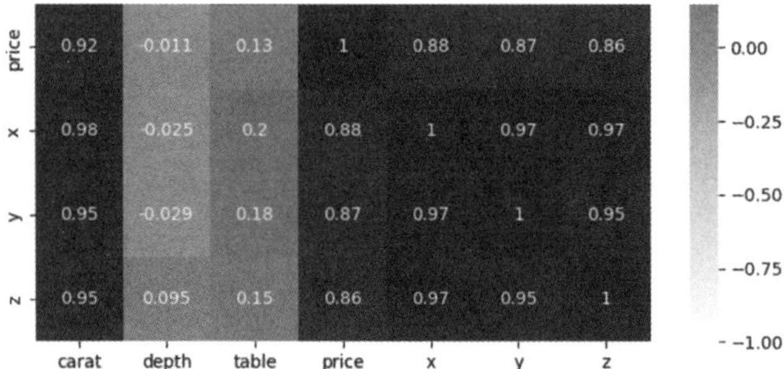

続いて、相関係数に続いて散布図を確認します。実行結果は紙面の都合でpriceに絞って掲載します。

▼数値×数値の散布図

```
num_cols = ['carat', 'depth', 'table', 'x', 'y', 'z', 'price']
sns.pairplot(df[num_cols], size=2.5)
```

▼実行結果

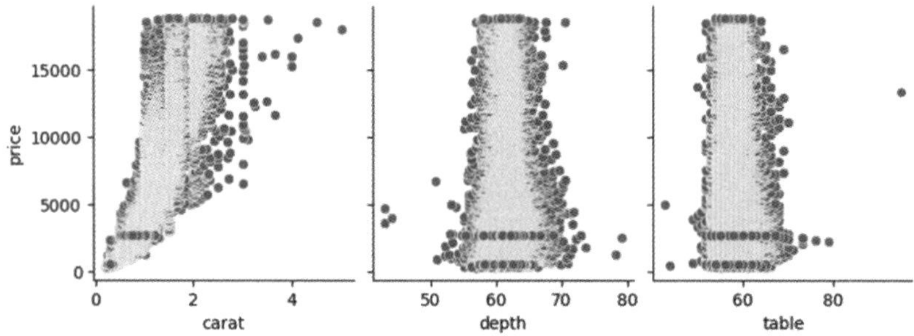

(続き)

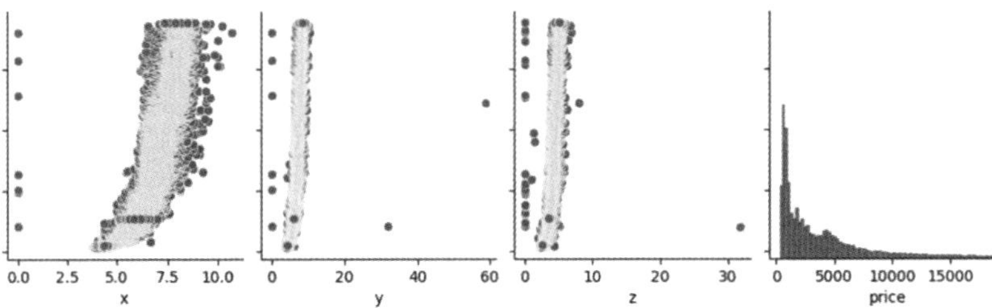

carat

priceと2次もしくは指数関数の相関があります。

depth、table

priceと相関なし。

x、y、z

priceと2次もしくは指数関数の相関があります。yとzで大きな外れ値があり、サイズ0のデータもあります。これらは前処理での除外対象となります。

price

ヒストグラムは説明済みのため、省略します。

カテゴリ変数EDA

数値変数に続いて、カテゴリ変数のレコード件数やカテゴリ値を把握します。カテゴリ変数の内訳を可視化して、レコード件数が特定のカテゴリ値に偏在してないかチェックします。チェックした結果によっては、カテゴリの統合やカテゴリの除外を検討します。なお、カテゴリの除外は3.1節の前処理で実装しています。

▼カテゴリ変数の統計情報

```
df.describe(exclude='number').T
```

▼実行結果

	count	unique	top	freq
cut	53940	5	Ideal	21551
color	53940	7	G	11292
clarity	53940	8	SI1	13065

▼カテゴリ変数のリスト

```
cat_cols = ['cut', 'color', 'clarity']
for col in cat_cols:
    print('%s: %s' % (col, list(df[col].unique())))
```

▼実行結果

```
cut: ['Ideal', 'Premium', 'Good', 'Very Good', 'Fair']
color: ['E', 'I', 'J', 'H', 'F', 'G', 'D']
clarity: ['SI2', 'SI1', 'VS1', 'VS2', 'VVS2', 'VVS1', 'I1', 'IF']
```

EDAの結果、カテゴリ値がデータの仕様と一致していて、カテゴリの統合や除外は不要だと判断します。

▼カテゴリ変数の棒グラフ

```
plt.rcParams['figure.figsize'] = (10, 6)

for i, name in enumerate(cat_cols):
  ax = plt.subplot(2, 2, i+1)
  df[name].value_counts().plot(kind='bar', ax=ax)
plt.tight_layout()
plt.show()
```

▼実行結果

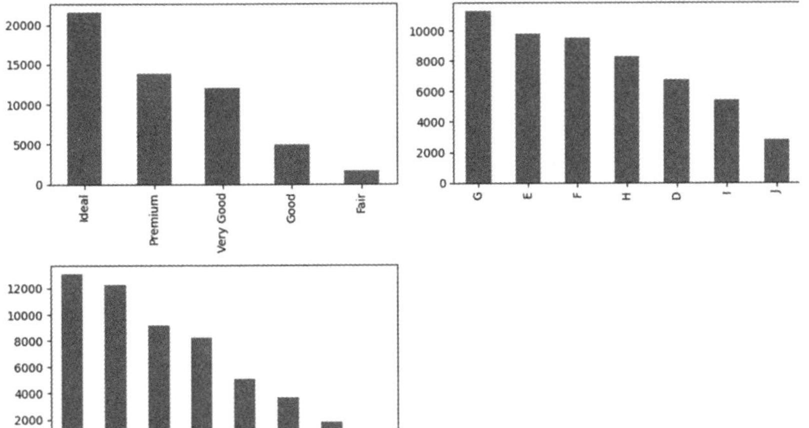

前処理

EDAの結果を踏まえて、予測モデルの作成に悪影響を及ぼす外れ値データを除外します。ダイヤモンド統計情報のx、y、zの最小値に0がありました。長さ0mmのダイヤモンドは不自然です。x、y、zが0mmのレコード件数を確認すると20件あります。

▼x、y、zが0mmの外れ値

```
df[(df['x'] == 0) | (df['y'] == 0)| (df['z'] == 0)].shape
```

▼実行結果

```
(20, 10)
```

外れ値データのインデックスを表示します。

▼x、y、zが0mmの外れ値のインデックス

```
df[(df['x'] == 0) | (df['y'] == 0)| (df['z'] == 0)].index
```

▼実行結果

```
Int64Index([ 2207,  2314,  4791,  5471, 10167, 11182, 11963,
            13601, 15951, 24394, 24520, 26123, 26243, 27112,
            27429, 27503, 27739, 49556, 49557, 51506],
            dtype='int64')
```

外れ値のインデックスをキーにしてデータ20件を削除します。

▼x、y、zが0mmの外れ値の除外

```
df = df.drop(df[(df['x'] == 0) | (df['y'] == 0)| (df['z'] == 0)].
index, axis=0)
df.shape
```

▼実行結果

```
(53920, 10)
```

次にダイヤモンドの最大値に注目します。10mm = 1cm以上のダイヤモンドはサイズが大きく、外れ値として扱います。サイズx、y、zのどれかが10mm以上のダイヤモンドは9件あります。

▼x、y、zが10mm以上の外れ値

```
df[(df['x'] >= 10) | (df['y'] >= 10) | (df['z'] >= 10)]
```

▼実行結果

	carat	cut	color	clarity	depth	table	price	x	y	z
24067	2.00	Premium	H	SI2	58.9	57.0	12210	8.09	58.90	8.06
25998	4.01	Premium	I	I1	61.0	61.0	15223	10.14	10.10	6.17
25999	4.01	Premium	J	I1	62.5	62.0	15223	10.02	9.94	6.24
26444	4.00	Very Good	I	I1	63.3	58.0	15984	10.01	9.94	6.31
27130	4.13	Fair	H	I1	64.8	61.0	17329	10.00	9.85	6.43
27415	5.01	Fair	J	I1	65.5	59.0	18018	10.74	10.54	6.98

10mm以上のダイヤモンドのレコード行を削除します。結果、外れ値データ29件を除いたダイヤモンドの件数は53,911件となります。

▼x、y、zが10mm以上の外れ値の除外

```
df = df.drop(df[(df['x'] >= 10) | (df['y'] >= 10) | (df['z'] >=
10)].index, axis=0)
df.reset_index(inplace=True, drop=True)
df.shape
```

▼実行結果

```
(53911, 10)
```


外れ値を除外して改めて統計情報を表示します。x、y、zの最大値maxが小さくなり、最小値minも自然な値になってます。また、caratの最大値も小さくなり、外れ値の除外を確認できました。

▼外れ値削除後の統計情報

```
df.describe().T
```

▼実行結果

	count	mean	std	min	25%	50%	75%	max
carat	53911.0	0.797299	0.472363	0.20	0.40	0.70	1.04	3.67
depth	53911.0	61.749335	1.432118	43.00	61.00	61.80	62.50	79.00
table	53911.0	57.456675	2.233991	43.00	56.00	57.00	59.00	95.00
price	53911.0	3929.487340	3985.129937	326.00	949.00	2401.00	5321.50	18823.00
x	53911.0	5.731109	1.118472	3.73	4.71	5.70	6.54	9.86
y	53911.0	5.732944	1.110381	3.68	4.72	5.71	6.54	9.81
z	53911.0	3.539082	0.690958	1.07	2.91	3.53	4.04	6.38

以上の内容がダイヤモンドデータセットの実装で使用する外れ値の除外の前処理になります。ハンズオンでは、x、y、zが1cm未満のダイヤモンドを対象に予測モデルを実装します。

評価指標の選択

2.1節で紹介したとおり、回帰の**評価指標**はRMSE、MAEが基本です。どちらがよいかはビジネスのKPI、予測モデルのユースケース、誤差の説明のしやすさなど、複数の観点を考慮して選択します。

外れ値を除外したあと、ダイヤモンド価格の統計情報を確認すると、典型的な価格は25パーセンタイルから75パーセンタイルの949～5,321.5ドルです。

▼ダイヤモンド価格の統計情報（外れ値を除外したあと）

```
df['price'].describe()
```

▼実行結果

```
count    53911.000000
mean      3929.487340
std       3985.129937
min        326.000000
25%        949.000000
50%       2401.000000
75%       5321.500000
max      18823.000000
Name: price, dtype: float64
```

価格のヒストグラムを確認すると、上位25%のダイヤモンドの価格は5,321.5ドルを超え、この中には10,000ドルを超えるダイヤモンドの件数が多く含まれます。

上位25%の高価格の予測値は下位75%の予測値より数値が大きく、上位25%の誤差は下位75%の誤差に比べて、「外れ値」のように振る舞う可能性があります。そこで、4章の評価指標は外れ値を強調して評価するRMSEではなく、外れ値と小さな誤差を同じ基準で評価するMAEを使用します。

加えて、MAEは正解値と予測値の誤差平均なので、機械学習の専門家（鑑定士や販売員）以外への誤差の説明が簡単になるメリットもあります。

▼ダイヤモンド価格のヒストグラム（外れ値除外後）

```
plt.figure(figsize=(6, 4))
df['price'].hist(bins=20)
```


▼実行結果

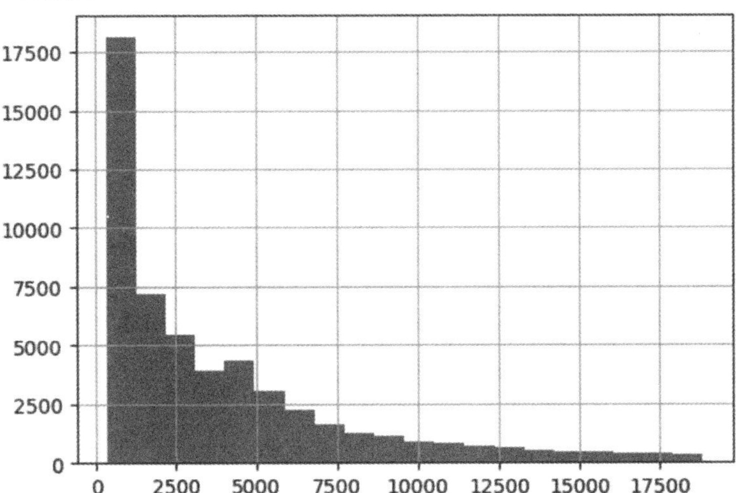

4.2

線形回帰

本節では前節のデータ理解を踏まえて、線形回帰の予測モデルを実装し、精度を確認します。線形回帰はカテゴリ変数の前処理にone-hot encodingを使用するので、カテゴリ値が多いと特徴量が増える傾向にあります。そこで、線形回帰に続いてLasso回帰のモデルを実装し、予測値への貢献度が低い特徴量を削除して精度を改善します。

線形回帰の予測モデル

線形回帰の**予測モデル**を実装します。最初に予測モデルに必要なライブラリをインポートします。

▼ライブラリのインポート

```
%matplotlib inline
import pandas as pd
import numpy as np
import matplotlib.pyplot as plt
import seaborn as sns
from sklearn.model_selection import train_test_split
from sklearn.metrics import mean_absolute_error
```

ファイルを読み込み、4.1節の前処理を実行して外れ値を除外します。

▼データ読み込み、外れ値の除外

```
# データセットの読み込み
df = sns.load_dataset('diamonds')

# 外れ値除外の前処理
df = df.drop(df[(df['x'] == 0) | (df['y'] == 0)| (df['z'] == 0)].
index, axis=0)
df = df.drop(df[(df['x'] >= 10) | (df['y'] >= 10) | (df['z'] >=
10)].index, axis=0)
df.reset_index(inplace=True, drop=True)
```

```
print(df.shape)
df.head()
```

▼実行結果

```
(53911, 10)
```

▼実行結果

	carat	cut	color	clarity	depth	table	price	x	y	z
0	0.23	Ideal	E	SI2	61.5	55.0	326	3.95	3.98	2.43
1	0.21	Premium	E	SI1	59.8	61.0	326	3.89	3.84	2.31
2	0.23	Good	E	VS1	56.9	65.0	327	4.05	4.07	2.31
3	0.29	Premium	I	VS2	62.4	58.0	334	4.20	4.23	2.63
4	0.31	Good	J	SI2	63.3	58.0	335	4.34	4.35	2.75

特徴量にprice以外の列、目的変数にpriceの列を設定します。

▼特徴量と目的変数の設定

```
X = df.drop(['price'], axis=1)
y = df['price']
```

線形回帰モデルは文字列を扱えないので、cut、color、clarityのカテゴリ値を数値に変換します。線形回帰は数値へのエンコーディングに**one-hot encoding**を使用します。one-hot encodingの結果、特徴量の数が10個から23個に増えます。

▼one-hot encoding

```
X = pd.concat([X, pd.get_dummies(X['cut'], prefix='cut', drop_
first=True)], axis=1)
X = pd.concat([X, pd.get_dummies(X['color'], prefix='color', drop_
first=True)], axis=1)
X = pd.concat([X, pd.get_dummies(X['clarity'], prefix='clarity',
drop_first=True)], axis=1)
X = X.drop(['cut', 'color', 'clarity'], axis=1)
```

```
print(df.shape)
X.head()
```

▼実行結果

```
(53911, 23)
```

▼実行結果

	carat	depth	table	x	y	z	cut_Premium	cut_Very Good	cut_Good	cut_Fair	...
0	0.23	61.5	55.0	3.95	3.98	2.43	0	0	0	0	...
1	0.21	59.8	61.0	3.89	3.84	2.31	1	0	0	0	...
2	0.23	56.9	65.0	4.05	4.07	2.31	0	0	1	0	...
3	0.29	62.4	58.0	4.20	4.23	2.63	1	0	0	0	...
4	0.31	63.3	58.0	4.34	4.35	2.75	0	0	1	0	...

特徴量と目的変数を8：2で学習用と評価用に分割します。

▼学習データとテストデータに分割

```
X_train, X_test, y_train, y_test = train_test_split(X, y, test_
size=0.2, shuffle=True, random_state=0)
print('X_trainの形状：', X_train.shape, ' y_trainの形状：', y_train.
shape, ' X_testの形状：', X_test.shape, ' y_testの形状：', y_test.
shape)
```

▼実行結果

```
X_trainの形状： (43128, 23)  y_trainの形状： (43128,)  X_testの形状：
(10783, 23)  y_testの形状： (10783,)
```

数値変数の特徴量は先頭6個になります。

▼数値の特徴量

```
X.columns[0:6]
```

▼実行結果

```
Index(['carat', 'depth', 'table', 'x', 'y', 'z'], dtype='object')
```

学習データの数値変数に対しての標準化を実行します。続いて、学習データの変換器を基にテストデータの数値変数を標準化します。

▼特徴量の標準化

```
from sklearn.preprocessing import StandardScaler

scaler = StandardScaler() # 変換器の作成
num_cols =  X.columns[0:6] # 数値型の特徴量を取得
scaler.fit(X_train[num_cols]) # 学習データでの標準化パラメータの計算
X_train[num_cols] = scaler.transform(X_train[num_cols]) # 学習データ
の変換
X_test[num_cols] = scaler.transform(X_test[num_cols]) # テストデータ
の変換

display(X_train.iloc[:2]) # 標準化された学習データの特徴量
```

▼実行結果

	carat	depth	table	x	y	z	cut_Premium	c
2640	0.027560	-0.525191	0.690605	0.249983	0.232248	0.175521	1	
18172	0.853757	0.946774	-0.205316	0.858637	0.908390	1.015857	0	

2 rows × 23 columns

4章は実務を意識し、テストデータに加えて検証データでモデルを評価します。本実装はホールドアウト法を使用し、学習データの20%を検証データに使用します。

▼学習データの一部を検証データに分割

```
X_tr, X_va, y_tr, y_va = train_test_split(X_train, y_train, test_
size=0.2, shuffle=True, random_state=0)
print('X_trの形状：', X_tr.shape, ' y_trの形状：', y_tr.shape, ' X_va
```

```
の形状：', X_va.shape, ' y_vaの形状：', y_va.shape)
```

▼実行結果

```
X_trの形状：(34502, 23)  y_trの形状：(34502,)  X_vaの形状：(8626, 23)
y_vaの形状：(8626,)
```

線形回帰の予測モデルを作成します。学習データには分割後の学習データを使用します。線形回帰はハイパーパラメータの指定が不要です。

▼モデルの学習

```
from sklearn.linear_model import LinearRegression

model = LinearRegression() # 線形回帰モデル
model.fit(X_tr, y_tr)
model.get_params()
```

▼実行結果

```
{'copy_X': True,
 'fit_intercept': True,
 'n_jobs': None,
 'normalize': 'deprecated',
 'positive': False}
```

4.1節で記載したとおり、評価指標はMAEを使用してモデルを評価します。MAEは誤差平均なので、検証データの予測値は正解値と約720ドルの残差があると解釈できます。なお、線形回帰はハイパーパラメータの調整がないため、本来であれば検証データによる評価は不要です。しかし、後続の実装と揃えるため、検証データでも評価します。

▼検証データの予測と評価

```
y_va_pred = model.predict(X_va)
print('MAE valid: %.2f' % (mean_absolute_error(y_va, y_va_pred)))
```

▼実行結果

```
MAE valid: 720.03
```

テストデータの誤差を計算します。その結果、約734ドルで検証データの誤差と同程度の誤差になります。

▼テストデータの予測と評価

```
y_test_pred = model.predict(X_test)
print('MAE test: %.2f' % (mean_absolute_error(y_test, y_test_
pred)))
```

▼実行結果

```
MAE test: 733.72
```

テストデータの目的変数の統計情報を確認します。代表的な価格である中央値は2,399ドルなので、テストデータで評価した約734ドルの誤差は無視できない大きさです。

▼テストデータの価格の統計情報

```
y_test.describe()
```

▼実行結果

```
count    10783.000000
mean      3942.890198
std       4006.435145
min        326.000000
25%        950.500000
50%       2399.000000
75%       5315.500000
max      18797.000000
Name: price, dtype: float64
```

先頭5行の正解値、予測値、残差を計算します。残差はMAEの約734ドルと同程度の規模です。

▼テストデータの正解値と予測値の比較

```
print('正解値：', y_test[:5].values)
print('予測値：', y_test_pred[:5])
print('残差=正解値-予測値：', y_test[:5].values - y_test_pred[:5])
```

▼実行結果

```
正解値： [3353 2930 4155 2780  684]
予測値： [3844.80018441 3729.41934145 5376.34814181 3775.17294117
201.09376212]
残差=正解値-予測値： [ -491.80018441  -799.41934145 -1221.34814181
-995.17294117 482.90623788]
```

1つ上で先頭5行のサンプルで残差を確認しましたが、縦軸に残差、横軸に予測値とし、テストデータ全件の残差を可視化します。その結果、残差の平均はMAEの約734ドルですが、5,000ドル以上の予測値で予測が大きく外れ、残差が外れ値のように振る舞うことがわかりました。また、一部の予測値はマイナスの価格になっています。

▼残差のプロット

```
# 残差の計算
residuals = y_test - y_test_pred
# 残差と予測値の散布図
plt.figure(figsize=(8, 4)) #プロットのサイズ指定
plt.scatter(y_test_pred, residuals, s=3)
plt.xlabel('Predicted values', fontsize=14)
plt.ylabel('Residuals', fontsize=14)
plt.title('Residuals vs Predicted values', fontsize=16)
plt.grid()
plt.show()
```

▼実行結果

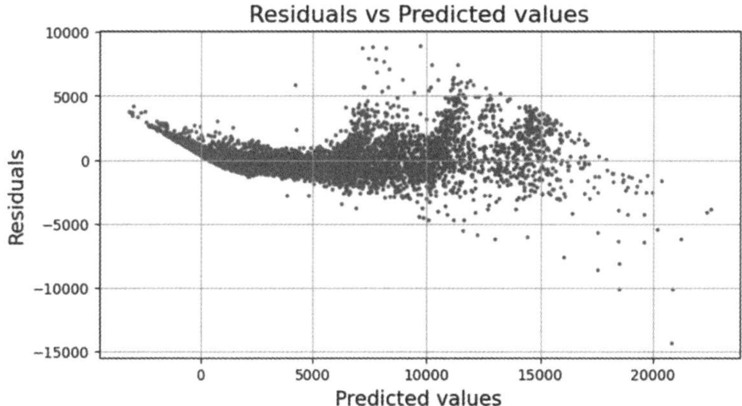

線形回帰のパラメータを取り出して、回帰係数を一覧表示します。カテゴリ変数のone-hot encodingの過程で特徴量の数が増えて、パラメータは23個の回帰係数と1個の定数項があります。

▼パラメータ

```
print('回帰係数 w = [w1, w2, ... , w23]:', model.coef_)
print('')
print('定数項 w0:', model.intercept_)
```

▼実行結果

```
回帰係数 w = [w1, w2, ... , w23]: [ 5494.60292099   114.61886806
-53.56242507 -1657.02211192
  2112.95577393 -1804.48834467   -32.96160085  -134.70130152
  -272.08191419  -719.8799218   -217.42260378  -275.24143348
  -476.34287641  -984.03201496 -1474.24882975 -2376.88122936
  -330.64786069  -368.84301816  -758.44861244 -1037.93424016
 -1648.79355643 -2595.88514062 -5223.64108892]
定数項 w0: 5941.131152323246
```

特徴量の列テキストを表示します。

▼特徴量の列テキスト表示

```
X.columns
```

▼実行結果

```
Index(['carat', 'depth', 'table', 'x', 'y', 'z', 'cut_Premium',
       'cut_Very Good', 'cut_Good', 'cut_Fair', 'color_E', 'color_F',
       'color_G', 'color_H', 'color_I', 'color_J', 'clarity_VVS1',
       'clarity_VVS2', 'clarity_VS1', 'clarity_VS2', 'clarity_SI1',
       'clarity_SI2', 'clarity_I1'],
      dtype='object')
```

パラメータを降順にソートし、列テキストを追加して、回帰係数を可視化します。パラメータ値がゼロに近い値が多く、L1正則化を追加すると、予測値への貢献度が低い特徴量を削除できそうです。

▼回帰係数の可視化

```
importances = model.coef_  # 回帰係数
indices = np.argsort(importances)[::-1]  # 回帰係数を降順にソート

plt.figure(figsize=(8, 4)) #プロットのサイズ指定
plt.title('Regression coefficient')  # プロットのタイトルを作成
plt.bar(range(X.shape[1]), importances[indices])  # 棒グラフを追加
plt.xticks(range(X.shape[1]), X.columns[indices], rotation=90)  # X
軸に特徴量の名前を追加
plt.show()  # プロットを表示
```

▼実行結果

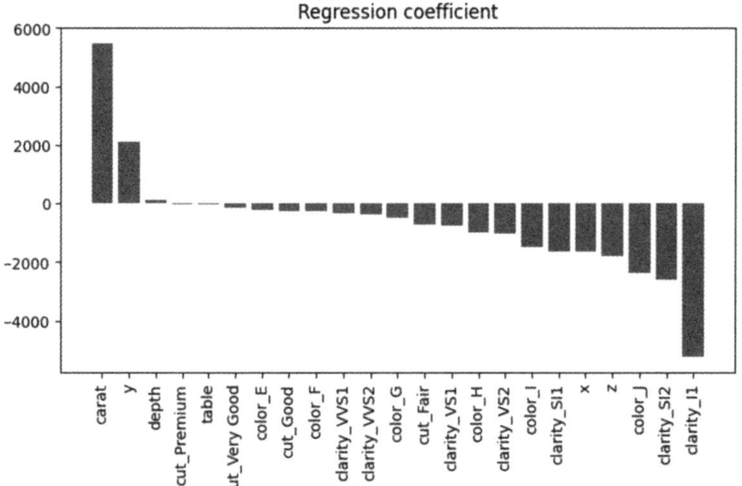

 Lasso回帰の予測モデル

線形回帰の予測モデルに続いて、**Lasso回帰**の**予測モデル**を実装します。Lasso回帰は**L1正則化**を追加した目的関数でパラメータを最適化します。式のインデックスi $(1 \leq i \leq n)$はレコードを区別し、インデックスj $(1 \leq j \leq m)$は特徴量を区別します。

Lasso回帰は、L1正則化の制約よりも貢献度が弱いパラメータをゼロにして、不要な特徴量を削除します。その結果、予測モデルがシンプルになり、精度改善が期待できます。

$$L(w_0, w_1, \cdots, w_m) = \frac{1}{2n}\sum_{i=1}^{n}(y_i - \hat{y}_i)^2 + \alpha\sum_{j=1}^{m}|w_j|$$

図4.2　Lasso回帰のハイパーパラメータ

ハイパーパラメータ	初期値	説明
alpha	1.0	L1正則化の強さを指定する。0以上の数値を指定し、0のときは線形回帰と同じ目的関数になる。
max_iter	1000	勾配降下法の繰り返し回数。

ハイパーパラメータalphaの最適値を確認するため、検証データを使ってハイパーパラメータalphaとMAEの関係を可視化します。ホールドアウト法(random_state=0)で分割した検証データにおいては、ハイパーパラメータalphaが6のとき、MAEが最小化します。

▼ハイパーパラメータalphaとMAEの可視化

```
# ハイパーパラメータalphaとMAEの計算
from sklearn.linear_model import Lasso
params = np.arange(1, 10)
mae_metrics = []
for param in params:
  model_l1 = Lasso(alpha = param)
  model_l1.fit(X_tr, y_tr)
  y_va_pred = model_l1.predict(X_va)
  mae_metric = mean_absolute_error(y_va, y_va_pred)
  mae_metrics.append(mae_metric)
# ハイパーパラメータalphaとMAEのプロット
plt.figure(figsize=(8, 4)) #プロットのサイズ指定
plt.plot(params, mae_metrics)
plt.xlabel('alpha', fontsize=14)
plt.ylabel('MAE', fontsize=14)
plt.title('MAE vs alpha', fontsize=16)
plt.grid()
plt.show()
```

▼実行結果

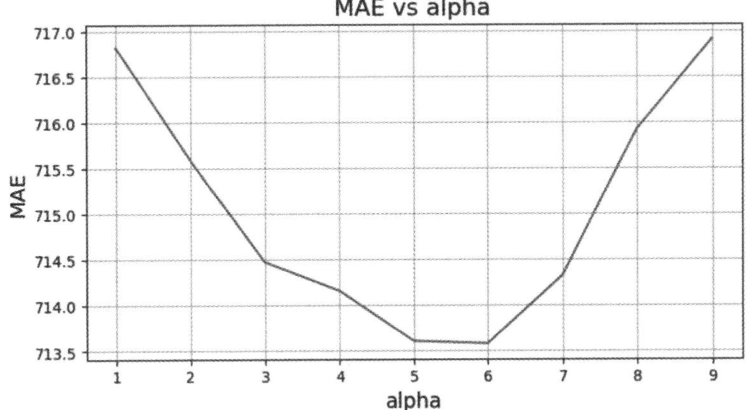

ハイパーパラメータalphaに6.0を指定して、Lasso回帰の予測モデルを作成します。

▼モデルの学習

```
from sklearn.linear_model import Lasso

model_l1 = Lasso(alpha=6.0) # Lasso回帰
model_l1.fit(X_tr, y_tr)
model_l1.get_params()
```

▼実行結果

```
{'alpha': 6.0,
 'copy_X': True,
 'fit_intercept': True,
 'max_iter': 1000,
 'normalize': 'deprecated',
 'positive': False,
 'precompute': False,
 'random_state': None,
 'selection': 'cyclic',
 'tol': 0.0001,
```

```
 'warm_start': False}
```

検証データでモデル評価すると、わずかですが、線形回帰のMAEより精度が改善しました。

▼検証データの予測と評価

```
y_va_pred = model_l1.predict(X_va)
print('MAE valid: %.2f' % (mean_absolute_error(y_va, y_va_pred)))
```

▼実行結果

```
MAE valid: 713.58
```

同様に、テストデータの精度も改善しました。

▼テストデータの予測と評価

```
y_test_pred = model_l1.predict(X_test)
print('MAE test: %.2f' % (mean_absolute_error(y_test, y_test_
pred)))
```

▼実行結果

```
MAE test: 728.56
```

Lasso回帰の**回帰係数**を可視化すると、値が小さく貢献度が低いパラメータはL1正則化によってゼロになっていることがわかります。正則化のハイパーパラメータalphaの値が大きいほど、L1正則化の制約が強くなり、ゼロになるパラメータが増えます。

今回のハンズオンはハイパーパラメータalphaと検証データの誤差MAEを可視化し、alphaの値を6.0に決めました。ただし、この結果は可視化に使用した検証データのレコードに依存し、他のalphaの値のほうが、精度が改善する可能性があります。検証データの偏りを防ぎたい場合、3.4節のクロスバリデーションを使って学習データ全件を検証データに使用し、MAE平均値でハイパーパラメータを決めるとよいでしょう。

▼パラメータ

```
print('回帰係数 w = [w1, w2 , ... , w23]:', model_l1.coef_)
print('')
print('定数項 w0:', model_l1.intercept_)
```

▼実行結果

```
回帰係数 w = [w1, w2 , ... , w23]: [ 5052.58780847   -46.15967348
-106.56977172  -260.2942422
    -0.          -718.22512196    -0.            -0.
  -61.16048985  -445.54873848     0.             0.
 -114.13692507  -619.04704678 -1045.11463299 -1860.89988187
  265.1095734    277.44498906    -0.          -246.30775743
 -854.86309647 -1756.07953877 -3852.29841635]
定数項 w0: 4835.097315705932
```

回帰係数を可視化します。線形回帰の回帰係数と比べると、予測値への貢献度が低いパラメータはゼロになっています。

▼回帰係数の可視化

```
importances = model_l1.coef_ # 回帰係数
indices = np.argsort(importances)[::-1] # 回帰係数を降順にソート

plt.figure(figsize=(8, 4)) #プロットのサイズ指定
plt.title('Regression coefficient') # プロットのタイトルを作成
plt.bar(range(X.shape[1]), importances[indices]) # 棒グラフを追加
plt.xticks(range(X.shape[1]), X.columns[indices], rotation=90) # X
軸に特徴量の名前を追加
plt.show() # プロットを表示
```

▼実行結果

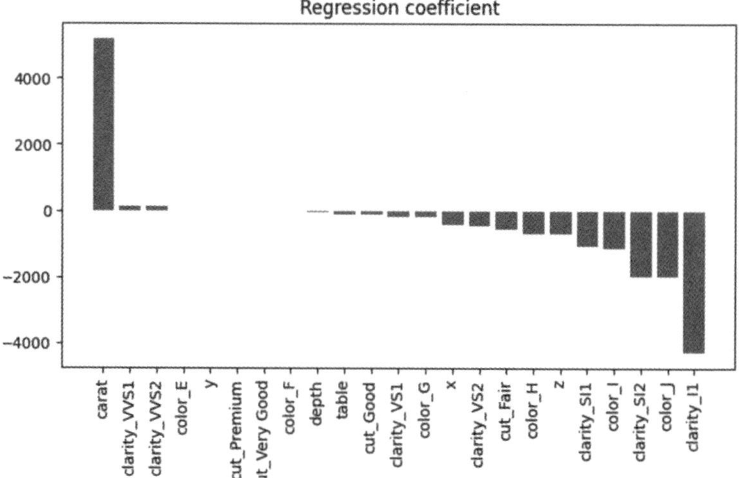
Regression coefficient
4000
2000
0
-2000
-4000
carat
clarity_VVS1
clarity_VVS2
color_E
y
cut_Premium
cut_Very Good
color_F
depth
table
cut_Good
clarity_VS1
color_G
x
clarity_VS2
cut_Fair
color_H
z
clarity_SI1
color_I
clarity_SI2
color_J
clarity_I1

4.3

LightGBM回帰

LightGBM回帰の予測モデルを実装します。特徴量の追加はありません。最低限の前処理を実装して、ハイパーパラメータは初期値を使用します。モデルの評価をした結果は、4.4節の特徴量エンジニアリングと、4.5節のハイパーパラメータ最適化の評価値との比較に使用します。

 LightGBM回帰の予測モデル

線形回帰に続いて、**LightGBM回帰**の**予測モデル**を実装します。

予測モデルの作成に必要なライブラリをインポートします。

▼ライブラリのインポート

```
%matplotlib inline
import pandas as pd
import numpy as np
import matplotlib.pyplot as plt
import seaborn as sns
from sklearn.model_selection import train_test_split
from sklearn.metrics import mean_absolute_error
import warnings
warnings.filterwarnings('ignore', category=UserWarning)
```

ダイヤモンドのデータセットを読み込み、外れ値を除外する前処理を実行します。

▼データを読み込んで、外れ値を除外する

```
# データセットの読み込み
df = sns.load_dataset('diamonds')

# 外れ値除外の前処理
df = df.drop(df[(df['x'] == 0) | (df['y'] == 0)| (df['z'] == 0)].
index, axis=0)
df = df.drop(df[(df['x'] >= 10) | (df['y'] >= 10) | (df['z'] >=
```

```
10)].index, axis=0)
df.reset_index(inplace=True, drop=True)
print(df.shape)
df.head()
```

▼実行結果

```
(53911, 10)
```

▼実行結果

	carat	cut	color	clarity	depth	table	price	x	y	z
0	0.23	Ideal	E	SI2	61.5	55.0	326	3.95	3.98	2.43
1	0.21	Premium	E	SI1	59.8	61.0	326	3.89	3.84	2.31
2	0.23	Good	E	VS1	56.9	65.0	327	4.05	4.07	2.31
3	0.29	Premium	I	VS2	62.4	58.0	334	4.20	4.23	2.63
4	0.31	Good	J	SI2	63.3	58.0	335	4.34	4.35	2.75

特徴量にprice以外の列、目的変数にpriceの列を設定します。

▼特徴量と目的変数の設定

```
X = df.drop(['price'], axis=1)
y = df['price']
```

特徴量と目的変数を、学習用と評価用に分割します。

▼学習データとテストデータに分割

```
X_train, X_test, y_train, y_test = train_test_split(X, y, test_
size=0.2, shuffle=True, random_state=0)
print('X_trainの形状：', X_train.shape, ' y_trainの形状：', y_train.
shape, ' X_testの形状：', X_test.shape, ' y_testの形状：', y_test.
shape)
```

▼実行結果

```
X_trainの形状: (43128, 9)  y_trainの形状: (43128,)
X_testの形状: (10783, 9)  y_testの形状: (10783,)
```

カテゴリ変数は数値変数に変換します。4.1節で確認したとおり、カテゴリ変数はデータ型が「category型」のcut、color、clarityです。LightGBMはpandas「category型」のデータ型を使用することで、文字列のままでモデルに入力できます。本来であれば、LightGBMへの入力前にカテゴリ変数の**label encoding**は不要です。ただし、本節はSHAPで予測値を解析しますが、SHAPは文字列を入力できません。そのため、label encodingを使って、カテゴリ変数の文字列を数値に変換します。

▼カテゴリ変数のlabel encoding

```
from sklearn.preprocessing import LabelEncoder

cat_cols = ['cut', 'color', 'clarity']

for c in cat_cols:
    le = LabelEncoder()
    le.fit(X_train[c])
    X_train[c] = le.transform(X_train[c])
    X_test[c] = le.transform(X_test[c])

X_train.info()
```

▼実行結果

```
<class 'pandas.core.frame.DataFrame'>
Int64Index: 43128 entries, 2640 to 2732
Data columns (total 9 columns):
 #   Column    Non-Null Count  Dtype
---  ------    --------------  -----
 0   carat     43128 non-null  float64
 1   cut       43128 non-null  int64
 2   color     43128 non-null  int64
```

```
 3   clarity  43128 non-null  int64
 4   depth    43128 non-null  float64
 5   table    43128 non-null  float64
 6   x        43128 non-null  float64
 7   y        43128 non-null  float64
 8   z        43128 non-null  float64
dtypes: float64(6), int64(3)
memory usage: 3.3 MB
```

数値変数のデータ型をint型からpandas category型に変換し、LightGBMの内部の処理で数値に変換できるようにします。詳細は5.4節をご確認ください。

▼カテゴリ変数のデータ型をcategory型に変換

```
cat_cols = ['cut', 'color', 'clarity']

for c in cat_cols:
    X_train[c] = X_train[c].astype('category')
    X_test[c] = X_test[c].astype('category')

X_train.info()
```

▼実行結果

```
<class 'pandas.core.frame.DataFrame'>
Int64Index: 43128 entries, 2640 to 2732
Data columns (total 9 columns):
 #   Column   Non-Null Count  Dtype
---  ------   --------------  -----
 0   carat    43128 non-null  float64
 1   cut      43128 non-null  category
 2   color    43128 non-null  category
 3   clarity  43128 non-null  category
 4   depth    43128 non-null  float64
 5   table    43128 non-null  float64
 6   x        43128 non-null  float64
```

```
 7   y          43128 non-null   float64
 8   z          43128 non-null   float64
dtypes: category(3), float64(6)
memory usage: 2.4 MB
```

線形回帰と同様に、ホールドアウト法で学習データを8：2の割合で学習データと検証データに分割します。

▼学習データの一部を検証データに分割

```
X_tr, X_va, y_tr, y_va = train_test_split(X_train, y_train, test_size=0.2, shuffle=True, random_state=0)
print('X_trの形状：', X_tr.shape, ' y_trの形状：', y_tr.shape, ' X_vaの形状：', X_va.shape, ' y_vaの形状：', y_va.shape)
```

▼実行結果

```
X_trの形状： (34502, 9)  y_trの形状： (34502,)  X_vaの形状： (8626, 9)
y_vaの形状： (8626,)
```

図4.3　LightGBMのハイパーパラメータ

ハイパーパラメータ	初期値	説明
objective	regression	1次微分と2次微分を計算する損失関数を指定する。損失関数で回帰と分類を変更する。
metric	objectiveに依存	objectiveと異なる評価指標を使用するときに指定する。
learning_rate	0.1	1回のブースティングで加算する重みの比率
num_leaves	31	決定木の葉数の最大値
min_data_in_leaf	20	葉の作成に必要な最小のレコード数
max_bin	255	ヒストグラムのbinの件数の最大値
min_data_in_bin	3	ヒストグラムの1つのbinに含まれる最小のレコード数

学習データと検証データをlgb.Datasetに設定します。学習はアーリーストッピングを使用し、自動的に停止します。そのため、**ブースティング回数num_boost_round**は大きい値10,000を設定します。

ハイパーパラメータを設定します。4.1節で評価指標はMAEとしたため、損失関数objectiveはmaeを指定します。評価指標metricは指定がないと、objectiveと同じ関数になります。これで、アーリーストッピングは評価指標MAEを使用するので、評価指標MAEに最適化した予測モデルを作成できます。それ以外のハイパーパラメータは初期値を使用します。

▼ハイパーパラメータの設定

```
import lightgbm as lgb
lgb_train = lgb.Dataset(X_tr, y_tr)
lgb_eval = lgb.Dataset(X_va, y_va, reference=lgb_train)

params = {
    'objective': 'mae',
    'seed': 0,
    'verbose': -1,
}

# 誤差プロットの格納用データ
evals_result = {}
```

ログを確認すると、1,258回でブースティングが停止しています。

▼モデルの学習

```
model = lgb.train(params,
                  lgb_train,
                  num_boost_round=10000,
                  valid_sets=[lgb_train, lgb_eval],
                  valid_names=['train', 'valid'],
                  callbacks=[lgb.early_stopping(100),
                             lgb.log_evaluation(500),
```

```
                                   lgb.record_evaluation(evals_result)])

y_va_pred = model.predict(X_va, num_iteration=model.best_
iteration)
score = mean_absolute_error(y_va, y_va_pred)
print(f'MAE valid: {score:.2f}')
```


▼実行結果

```
Training until validation scores don't improve for 100 rounds
[500]   train's l1: 230.356     valid's l1: 260.634
[1000]  train's l1: 208.097     valid's l1: 257.966
Early stopping, best iteration is:
[1258]  train's l1: 203.107     valid's l1: 257.68
MAE valid: 257.68
```

ブースティング回数「iterations」とmaeの「l1」をプロットします。検証データ(valid)の誤差低下が終了したところで学習が停止します。

▼学習データと検証データの誤差プロット

```
lgb.plot_metric(evals_result)
```

▼実行結果

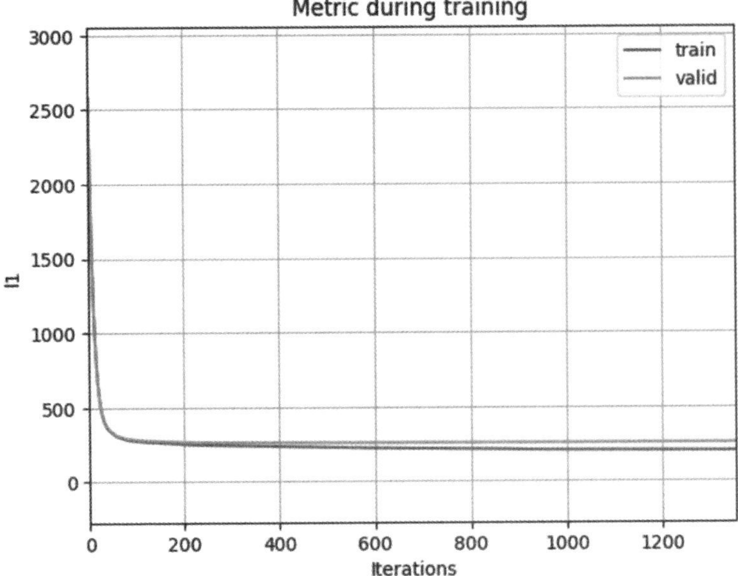

modelはアーリーストッピングで停止したbest iterationの回数を持っています。

▼学習が停止したブースティング回数

```
model.best_iteration
```

▼実行結果

```
1258
```

検証データの誤差を表示します。線形回帰のMAEと比較すると、精度が大幅に改善しています。この誤差は、モデル学習の実行結果のログと一致します。

▼検証データの予測と評価

```
y_va_pred = model.predict(X_va, num_iteration=model.best_
iteration)
print('MAE valid: %.2f' % (mean_absolute_error(y_va, y_va_pred)))
```

▼実行結果

```
MAE valid: 257.68
```

テストデータで誤差を計算し、汎化性能を評価します。結果、テストデータの誤差は検証データの誤差に近くなっています。

▼テストデータの予測と評価

```
y_test_pred = model.predict(X_test, num_iteration=model.best_
iteration)
print('MAE test: %.2f' % (mean_absolute_error(y_test, y_test_
pred)))
```

▼実行結果

```
MAE test: 262.61
```

先頭5件のサンプルで残差を確認します。線形回帰と比べると残差が小さくなります。

▼テストデータの正解値と予測値の比較

```
print('正解値：', y_test[:5].values)
print('予測値：', y_test_pred[:5])
print('残差=正解値-予測値：', y_test[:5].values - y_test_pred[:5])
```

▼実行結果

```
正解値： [3353 2930 4155 2780  684]
予測値： [3357.55731496 2933.55703446 4789.28650622 2939.79413242
748.33015008]
残差=正解値-予測値： [   -4.55731496    -3.55703446 -634.28650622
-159.79413242   -64.33015008]
```

テストデータの残差をプロットします。線形回帰と比べると、縦軸の残差のスケールが小さくなっています。また、マイナスの予測値がなくなりました。予測値と残差の関係を確認すると、予測値が大きいと残差の外れ値が増える傾向がみえます。

▼残差のプロット

```
# 残差の計算
residuals = y_test - y_test_pred
# 残差と予測値の散布図
plt.figure(figsize=(8, 4)) #プロットのサイズ指定
plt.scatter(y_test_pred, residuals, s=3)
plt.xlabel('Predicted values', fontsize=14)
plt.ylabel('Residuals', fontsize=14)
plt.title('Residuals vs Predicted values', fontsize=16)
plt.grid()
plt.show()
```

▼実行結果

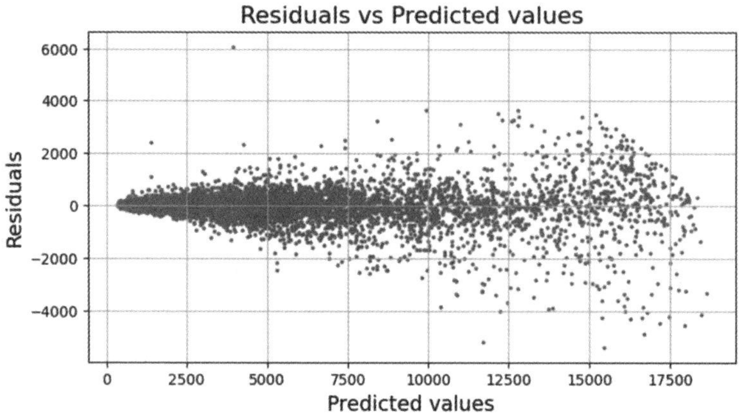

特徴量の重要度を可視化します。重量caratと幅yが特に重要な特徴量で、priceとの関係性が強いことがわかります。

▼特徴量の重要度の可視化

```
importances = model.feature_importance(importance_type='gain') # 特徴量の重要度
indices = np.argsort(importances)[::-1] # 特徴量の重要度を降順にソート

plt.figure(figsize=(8, 4)) #プロットのサイズ指定
plt.title('Feature Importance') # プロットのタイトルを作成
plt.bar(range(len(indices)), importances[indices]) # 棒グラフを追加
plt.xticks(range(len(indices)), X.columns[indices], rotation=90) # X軸に特徴量の名前を追加
plt.show() # プロットを表示
```

▼実行結果

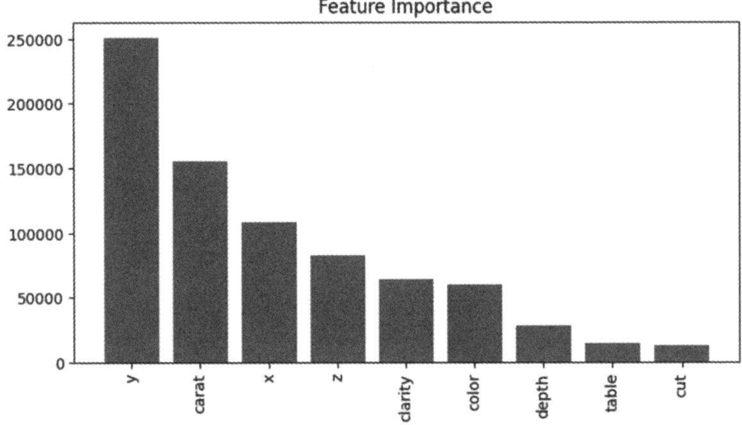

 SHAPによる予測値の説明

SHAPで**予測値への特徴量**の貢献度を可視化します。modelを引数にexplainerを作成し、テストデータの特徴量でSHAP値を計算します。

▼explainerの作成

```
import shap
explainer = shap.TreeExplainer(
    model = model,
    feature_pertubation = 'tree_path_dependent')
```

▼SHAP値の計算

```
shap_values = explainer(X_test)
```

テストデータの予測値をリスト表示します。表示されている金額の中では3件目の価格4,789ドルが高いので、特徴量ごとの貢献度を可視化します。

▼テストデータの予測値

```
y_test_pred
```

▼実行結果

```
array([3357.55731496, 2933.55703446, 4789.28650622, ...,
        596.68289062, 461.34164749, 611.27708734])
```

3件目の予測値4,789ドルの特徴量ごとの貢献度を確認すると、期待値3,936ドルが予測の平均的な値としてcolor、y、carat、x、zの特徴量が価格上昇に貢献します。color（色）のlabel encoding前のカテゴリ値はDで最高の評価です。ただし、clarity（透明度）が価格を下げる原因になってます。label encoding前のカテゴリ値はSI2で下から2番目の評価です。

▼3件目のSHAP値の可視化

```
shap.plots.waterfall(shap_values[2])
```

▼実行結果

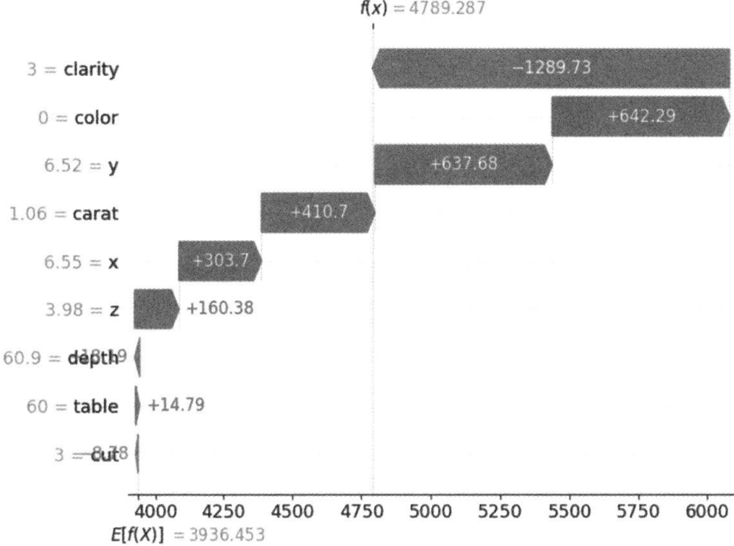

label encoding前のカテゴリ値を表示します。

▼テストデータ3件目の特徴量（label encoding前）

```
X_test.iloc[2]
```

▼実行結果

```
carat          1.06
cut         Premium
color             D
clarity         SI2
depth          60.9
table          60.0
x              6.55
y              6.52
z              3.98
Name: 6999, dtype: object
```

テストデータによる重要度を表示します。yとcaratの数値変数、clarityのカテゴリ変数の順になっています。depthとtableの重要度は低いです。

▼重要度の可視化

```
shap.plots.bar(shap_values)
```

▼実行結果

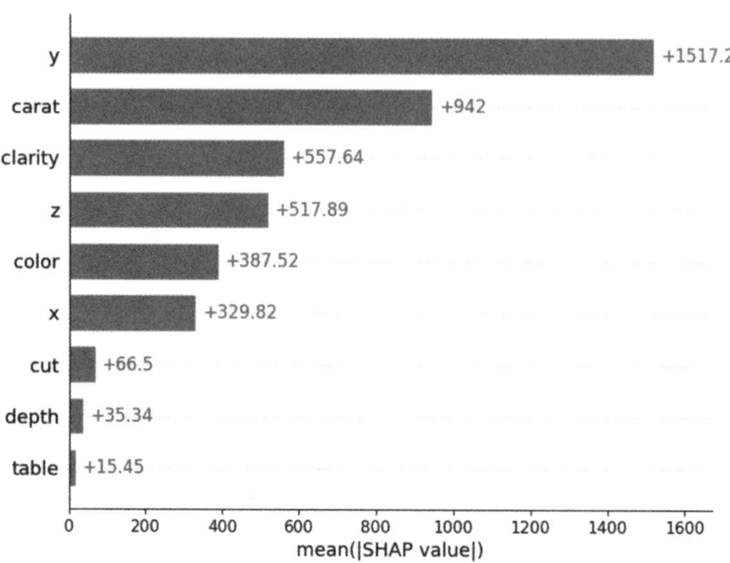

以上がSHAPを使って予測値に貢献する特徴量の可視化になります。

SHAPは予測値を特徴量ごとに分解するため、解釈が難しい特徴量を追加すると、モデルの説明性を低下させてしまうという点に注意しましょう。

4.4節の特徴量エンジニアリングは、新規特徴量を追加してモデルの精度を改善します。このとき、追加した特徴量の意味を解釈できないと、モデルの説明性が悪化するという点に注意しましょう。

 クロスバリデーションのモデル評価

先ほどはホールドアウト法により、学習データ全体の20%の検証データでモデル評価をしました。ここでは、KFoldクラスで学習データを5分割して、学習に不使用の20%の検証データと5個のモデルで評価します。3.4節の実装と異なり、層化分割を使用しないため、StratifiedKFoldの代わりに「KFold」を使用して実装します。

▼クロスバリデーション

```
from sklearn.model_selection import KFold

params = {
    'objective': 'mae',
    'seed': 0,
    'verbose': -1,
}

# 格納用データの作成
valid_scores = []
models = []
oof = np.zeros(len(X_train))

# KFoldを用いて学習データを5分割してモデルを作成
kf = KFold(n_splits=5, shuffle=True, random_state=0)
for fold, (tr_idx, va_idx) in enumerate(kf.split(X_train)):
    X_tr = X_train.iloc[tr_idx]
    X_va = X_train.iloc[va_idx]
    y_tr = y_train.iloc[tr_idx]
    y_va = y_train.iloc[va_idx]

    lgb_train = lgb.Dataset(X_tr, y_tr)
    lgb_eval = lgb.Dataset(X_va, y_va, reference=lgb_train)

    model = lgb.train(params,
                      lgb_train,
                      num_boost_round=10000,
```

```
                         valid_sets=[lgb_train, lgb_eval],
                         valid_names=['train', 'valid'],
                         callbacks=[lgb.early_stopping(100),
                         lgb.log_evaluation(500)])
    y_va_pred = model.predict(
    X_va, num_iteration=model.best_iteration)
    score = mean_absolute_error(y_va, y_va_pred)
    print(f'fold {fold+1} MAE valid: {score:.2f}')
    print('')

    # スコア、モデル、予測値の格納
    valid_scores.append(score)
    models.append(model)
    oof[va_idx] = y_va_pred

# クロスバリデーションの平均スコア
cv_score = np.mean(valid_scores)
print(f'CV score: {cv_score:.2f}')
```

▼実行結果

```
Training until validation scores don't improve for 100 rounds
[500]   train's l1: 230.356      valid's l1: 260.634
[1000]  train's l1: 208.097      valid's l1: 257.966
Early stopping, best iteration is:
[1258]  train's l1: 203.107      valid's l1: 257.68
fold 1 MAE valid: 257.68

省略

Training until validation scores don't improve for 100 rounds
[500]   train's l1: 228.828      valid's l1: 269.547
[1000]  train's l1: 209.893      valid's l1: 266.498
[1500]  train's l1: 203.483      valid's l1: 265.871
[2000]  train's l1: 196.885      valid's l1: 265.36
```

```
Early stopping, best iteration is:
[2206] train's l1: 195.817      valid's l1: 265.265
fold 5 MAE valid: 265.27

CV score: 264.10
```


クロスバリデーションは5回ぶんの検証データの誤差を確認できます。分割にrandom_state=0を指定したため、1回目のfold (fold1) での学習データと検証データの分割は、ホールドアウト法の分割と等しくなります。したがって、リストvalid_scoresを確認すると、1回目のfoldの誤差はホールドアウト法の誤差と同じです。

2〜5回目のfoldの誤差を見ると、ホールドアウト法の誤差と異なります。ホールドアウト法は検証データに一部のレコードを使用したサンプルチェックなので、検証データのレコードに偏りがあると精度がよく見えることがあります。その一方、クロスバリデーションは検証データに学習データの全件レコードを1回使用するため、ホールドアウト法よりも評価の信頼性が増します。

▼foldごとの検証データの誤差

```
valid_scores
```

▼実行結果

```
[257.6803136357446,
 264.0191748647657,
 266.9213824925146,
 266.61596704243175,
 265.26537176018445]
```

なお、検証データ全体oof (out of fold) のレコード数は、学習データのレコード数と一致し、予測値と正解値の誤差を計算すると、クロスバリデーションのログのCV scoreと一致します。

▼検証データの誤差平均

```
print('MAE CV: %.2f' % (
```

```
    mean_absolute_error(y_train, oof)))
```

▼実行結果

```
MAE CV: 264.10
```

クロスバリデーションはホールドアウト法と比べて、信頼性の高い評価が可能です。ただし、学習データと検証データの組み合わせを変えて複数の予測モデルを作成するために、1個の予測モデルを作成するホールドアウト法と比べて、評価に時間を要します。ホールドアウト法とクロスバリデーションは、信頼性と時間(計算コスト)でトレードオフの関係にあるので、状況に応じて使い分ける必要があります。

クロスバリデーション後の予測

クロスバリデーションは予測モデルが複数個できます。クロスバリデーションした後の対応は3通りです。

①1個の予測モデルを選択して予測

クロスバリデーションの結果を検証データの偏りのチェックに利用します。クロスバリデーションで作成した予測モデルの中から1個を選択し、テストデータで予測し、汎化性能を評価します。

■図4.4　1個の予測モデルを選択して予測

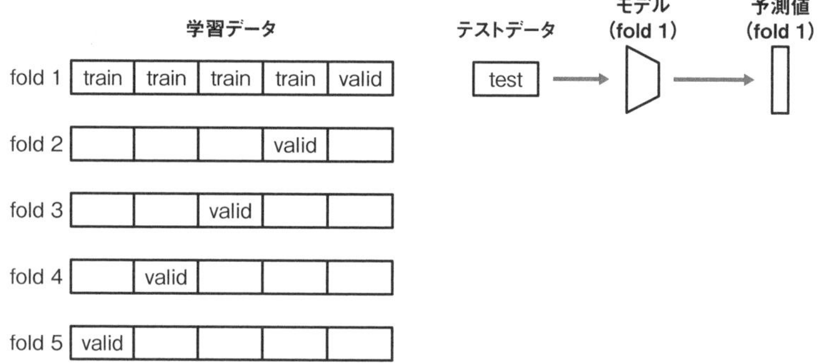

②予測モデルの平均値で予測

クロスバリデーションで作成した複数の予測モデルの平均値で予測します。平均値は精度向上が期待できますが、複数の予測モデルの管理が煩雑になります。また、予測値が平均値のため、個々のモデルの貢献度を可視化するSHAPによる説明が難しくなります。

図4.5　予測モデルの平均値で予測

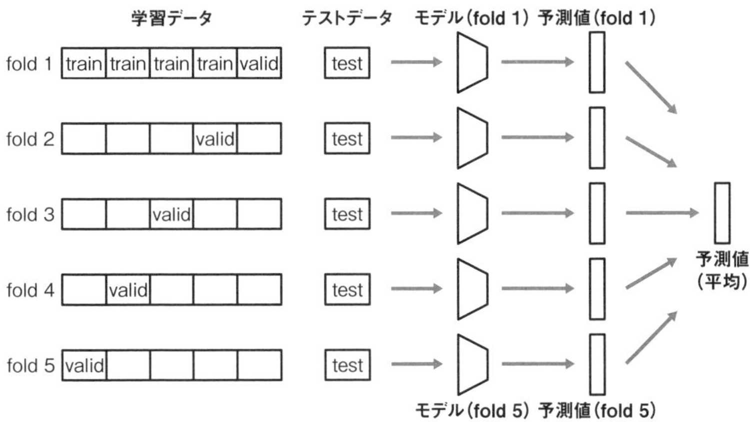

③再学習した1個の予測モデルで予測

クロスバリデーション後に、改めて学習データと検証データのレコードを合算して、学習データ全体で1個の予測モデルを作成する方法です。この方法だと学習に使用できるレコード件数が増えるため、精度が向上する可能性があります。また、予測に使用するモデルは1個なので、予測の仕組みがシンプルになります。ただし、クロスバリデーションに加えて、学習データと検証データの合算レコードによる学習時間が追加で発生します。

図4.6　再学習した1個の予測モデルで予測

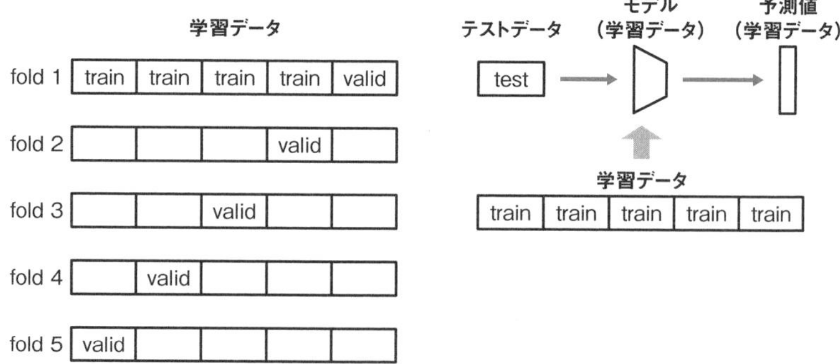

最後に、②の平均値で予測の実装方法を紹介します。modelsに格納された予測モデルを呼び出して、予測値をpredsに格納します。predsには予測モデル5個ぶんの予測値が格納します。

▼モデルごとのテストデータの予測

```
preds = []
for model in models:
  # クロスバリデーションで作成したモデルで予測
  y_test_pred = model.predict(X_test, num_iteration=model.best_
iteration)
  preds.append(y_test_pred)

y_test_preds = np.array(preds)
print('モデルごとの予測：', y_test_preds.shape)
print(y_test_preds)
```

▼実行結果

```
モデルごとの予測： (5, 10783)
[[3357.55731496 2933.55703446 4789.28650622 ...  596.68289062
   461.34164749  611.27708734]
```

```
[3046.89423838 3009.72448027 4783.18206834 ...  615.30171861
   456.22082331  627.25542305]
 [3194.00064914 3034.97563635 4747.57165566 ...  618.65409256
   452.95556076  627.44648992]
 [3281.33379662 3051.24444092 4787.61204173 ...  595.67280357
   453.43456254  635.09512176]
 [3010.85446123 3028.76361108 4697.9380019  ...  622.24429962
   454.05096045  637.08895486]]
```


5個のモデルで計算した予測値を平均化し、1つの予測値にします。

▼全モデルの予測平均

```
y_test_pred_mean = np.mean(y_test_preds ,axis=0)
print('全モデルの予測平均：', y_test_pred_mean.shape)
print(y_test_pred_mean)
```

▼実行結果

```
全モデルの予測平均： (10783,)
[3178.12809207 3011.65304062 4761.11805477 ...  609.71116099
 455.60071091 627.63261539]
```

予測モデルの平均値によって、テストデータの誤差が低下しました。

▼正解と予測平均の誤差

```
print('MAE test: %.2f' % (
      mean_absolute_error(y_test, y_test_pred_mean)))
```

▼実行結果

```
MAE test: 254.55
```

4.4

特徴量エンジニアリング

予測モデルは、特徴量エンジニアリングとハイパーパラメータ最適化で精度を改善できます。本節ではダイヤモンドデータセットを用いた特徴量エンジニアリングの実装例を紹介します。

 新規特徴量の追加

予測モデルの精度改善の基本は特徴量の見直しです。**特徴量**はドメイン知識に基づき、目的変数と関係がある特徴量を追加する方法と、機械的に関係がありそうな特徴量を試す方法の2つがあります。ここでのハンズオンはダイヤモンドの専門性がなく、鑑定書など特徴量に使える追加データは存在しない前提で、後者を中心に新規特徴量を実装します。

2変数を組み合わせて**新規特徴量**を追加する場合、データ型の組合せで、次の3パターンに整理できます。

・数値変数×数値変数
・数値変数×カテゴリ変数
・カテゴリ変数×カテゴリ変数

データセットのデータ型を表示して、数値変数とカテゴリ変数を確認します。なお、目的変数priceは予測したい数値なのでモデルの出力に相当します。そのため、モデルの入力に相当する特徴量には使えません。

・数値変数　　：carat、depth、table、x、y、z、price
・カテゴリ変数：cut、color、clarity

▼データ型

```
df.info()
```

▼実行結果

```
<class 'pandas.core.frame.DataFrame'>
```

```
RangeIndex: 53911 entries, 0 to 53910
Data columns (total 10 columns):
 #   Column   Non-Null Count  Dtype
---  ------   --------------  -----
 0   carat    53911 non-null  float64
 1   cut      53911 non-null  category
 2   color    53911 non-null  category
 3   clarity  53911 non-null  category
 4   depth    53911 non-null  float64
 5   table    53911 non-null  float64
 6   price    53911 non-null  int64
 7   x        53911 non-null  float64
 8   y        53911 non-null  float64
 9   z        53911 non-null  float64
dtypes: float64(6), int64(1), object(3)
memory usage: 4.1+ MB
```


新規特徴量：数値変数×数値変数

ここで特徴量を追加する例として、価格はダイヤモンドの密度に関係あるという仮説を立てたとします。データセットには重さcarat、および体積の計算に必要なx、y、zがあるので、密度の特徴量「density」を作成できます。

数値変数を機械的に組み合わせて特徴量を作成する場合、四則演算で目的変数に関係がありそうな特徴量が作れないかを考えるとよいでしょう。

ダイヤモンドの場合では、石の形状、つまりx、y、zのバランスが価格に影響を与えそうです。よって、x、y、zの2変数に対して、「差分」と「比率」の特徴量を作成します。また、x、y、zの単体の数値変数は中央値や平均値などの代表値との差分で、特徴量を作成できます。4.1節で確認したとおり、価格の代表値である平均値と中央値は乖離が大きく、本ハンズオンは代表値として「中央値」を使用します。

▼数値×数値の特徴量エンジニアリング

```
# 密度（重さ / 体積）
X['density'] = X['carat'] / (X['x'] * X['y'] * X['z'])
```

```
# 差分
X['x-y'] = (X['x'] - X['y']).abs()
X['y-z'] = (X['y'] - X['z']).abs()
X['z-x'] = (X['x'] - X['y']).abs()

# 比率
X['x/y'] = X['x'] / X['y']
X['y/z'] = X['y'] / X['z']
X['z/x'] = X['z'] / X['x']

# 中央値との差分
X['x-median_x'] = (X['x'] - X['x'].median()).abs()
X['y-median_y'] = (X['y'] - X['y'].median()).abs()
X['z-median_z'] = (X['z'] - X['z'].median()).abs()

print('追加した特徴量')
display(X[['density', 'x/y', 'y/z', 'z/x', 'x-y', 'y-z', 'z-x',
'x-median_x', 'y-median_y', 'z-median_z']].head())
```

▼実行結果

追加した特徴量

	density	x/y	y/z	z/x	x-y	y-z	z-x	x-median_x	y-median_y	z-median_z
0	0.006021	0.992462	1.637860	0.615190	0.03	1.55	0.03	1.75	1.73	1.10
1	0.006086	1.013021	1.662338	0.593830	0.05	1.53	0.05	1.81	1.87	1.22
2	0.006040	0.995086	1.761905	0.570370	0.02	1.76	0.02	1.65	1.64	1.22
3	0.006207	0.992908	1.608365	0.626190	0.03	1.60	0.03	1.50	1.48	0.90
4	0.005971	0.997701	1.581818	0.633641	0.01	1.60	0.01	1.36	1.36	0.78

ワンポイント

目的変数の特徴量の利用

目的変数は特徴量に直接使えませんが、時系列データのラグ特徴量やカテゴリ変数へのtarget encodingなど目的変数を使って特徴量を作成する実装テクニックがあります。これらの方法を使うときは、目的変数が特徴量にリークしないよう注意する必要があります。

 新規特徴量：数値変数×カテゴリ変数

次に、数値変数とカテゴリ変数の組み合わせて特徴量が作成できないかを考えます。数値変数は目的変数と相関が強い特徴量から選びます。4.1節のデータ理解で可視化したとおり、目的変数priceと特徴量caratは相関係数が高く、**数値変数**にcaratを使用します。

カテゴリ変数はcut、color、clarityの3つがあり、カテゴリ値ごとの「carat中央値」を計算し、特徴量Xにcarat中央値にまつわる新規特徴量を追加します。

ここでは例として、カテゴリ変数cutに注目します。

カテゴリ変数cutは5種類のカテゴリ値（Fair、Good、Very Good、Premium、Ideal）があり、cutのカテゴリ値をキーとした、carat中央値の「集計テーブル」を作成します。続けて、集計テーブルと特徴量Xは共通のキーcutを持つので、特徴量Xに新規特徴量「median_carat_by_cut」をleft joinします。

最後に、特徴量caratと新規特徴量「median_carat_by_cut」は共に数値変数なので、差分の特徴量「carat-median_carat_by_cut」、比率の特徴量「carat/median_carat_by_cut」を追加します。

▼カテゴリ変数cutで集計したcarat中央値の特徴量追加

```
# カテゴリ変数cutごとにcarat中央値を集計
X_carat_by_cut = X.groupby('cut')['carat'].agg('median').reset_
index()
X_carat_by_cut.columns = ['cut', 'median_carat_by_cut']
print('cutごとのcarat中央値')
display(X_carat_by_cut)

# 集計した特徴量の追加
X = pd.merge(X, X_carat_by_cut, on='cut', how = 'left')

# caratとcarat中央値の差分
X['carat-median_carat_by_cut'] = (X['carat'] - X['median_carat_by_
cut'])

# caratとcarat中央値の比率
```

4 回帰の予測モデル改善

```
X['carat/median_carat_by_cut'] = (X['carat'] / X['median_carat_by_
cut'])

print('カテゴリ変数+追加した特徴量')
display(X[['cut', 'carat', 'median_carat_by_cut', 'carat-median_
carat_by_cut', 'carat/median_carat_by_cut']].head())
```

▼実行結果

・cutごとのcarat中央値

	cut	median_carat_by_cut
0	Ideal	0.54
1	Premium	0.85
2	Very Good	0.71
3	Good	0.82
4	Fair	1.00

・カテゴリ変数+追加した特徴量

	cut	carat	median_carat_by_cut	carat-median_carat_by_cut	carat-median/carat_by_cut
0	Ideal	0.23	0.54	-0.31	0.425926
1	Premium	0.21	0.85	-0.64	0.247059
2	Good	0.23	0.82	-0.59	0.280488
3	Premium	0.29	0.85	-0.56	0.341176
4	Good	0.31	0.82	-0.51	0.378049

カテゴリ変数cutと同様、カテゴリ変数color、clarityに対してもcarat中央値にまつわる特徴量を追加します。

 新規特徴量：カテゴリ変数×カテゴリ変数

カテゴリ変数は3つあるので、「カテゴリ変数の出現割合」を計算し、機械的に特徴量に追加します。出現割合はカテゴリの組合わせの発生頻度を表し、発生頻度と価格の関係をモデルに学習させて、精度向上を狙う手法で効果の有無は検証しながら確認します。

カテゴリ変数cut × colorの出現割合を例示します。最初に出現割合はcut × colorのクロス集計表を作成します。クロス集計表はpandasのcrosstabで作成できます。crosstabはカテゴリ変数の組合せごとの件数をカウントしますが、引数で「nomalize='index'」を指定すると、件数割合になり、これを出現割合に使用します。ハイズオンのデータセットだとレコード数は固定ですが、実務だとレコードは増え続けるので、件数ではなく比率で特徴量を作成します。

▼カテゴリ変数cut×colorで集計した出現割合の特徴量追加

```
# クロス集計表の出現割合
X_cross = pd.crosstab(X['cut'], X['color'], normalize='index')
X_cross = X_cross.reset_index()
print('cut*colorのクロス集計表')
display(X_cross)

# クロス集計表のテーブルへの変換
X_tbl = pd.melt(X_cross, id_vars='cut', value_name='rate_
cut*color')
print('cut*colorのテーブル')
display(X_tbl)

# 出現割合の特徴量追加
X = pd.merge(X, X_tbl, on=['cut', 'color'], how='left' )
print('カテゴリ変数+追加した特徴量')
display(X[['cut', 'color', 'clarity', 'rate_cut*color']].head())
```

displayでクロス集計表、テーブル、特徴量の中身を確認します。

クロス集計表の縦軸はcut、横軸はcolorで形状はカテゴリ値の5×7になっています。正規化したので、行ごとの出現割合の合計は1になってます。

▼cut×colorのクロス集計表

cut*colorのクロス集計表

color	cut	D	E	F	G	H	I	J
0	Fair	0.101494	0.139477	0.194271	0.194894	0.188045	0.108966	0.072852
1	Good	0.135047	0.190330	0.185027	0.177275	0.143207	0.106487	0.062627
2	Ideal	0.131526	0.181092	0.177519	0.226574	0.144568	0.097136	0.041584
3	Premium	0.116281	0.169631	0.169122	0.212020	0.170864	0.103506	0.058576
4	Very Good	0.125259	0.198609	0.179154	0.190330	0.150923	0.099594	0.056130

クロス集計表だと、特徴量に結合できないので、cut×colorをキーとする縦テーブルに変換します。テーブルの行数はカテゴリ値の積数で35になります。

▼cut×colorのテーブル

cut*colorのテーブル

	cut	color	rate_cut*color
0	Fair	D	0.101494
1	Good	D	0.135047
2	Ideal	D	0.131526
省略			
32	Ideal	J	0.041584
33	Premium	J	0.058576
34	Very Good	J	0.056130

縦テーブルと特徴量Xはcutとcolorの共通のキーを持つので、縦テーブルは特徴量Xにleft joinで結合できます。

▼カテゴリ変数＋追加した特徴量

カテゴリ変数＋追加した特徴量

	cut	color	clarity	rate_cut*color
0	Ideal	E	SI2	0.181092
1	Premium	E	SI1	0.169631
2	Good	E	VS1	0.190330
3	Premium	I	VS2	0.103506
4	Good	J	SI2	0.062627

カテゴリ変数cut × colorの出現割合と同様に、カテゴリ変数color × clarityの出現割合、clarity × cutの出現割合の特徴量を追加します。

新規特徴量を追加した予測モデル

新規特徴量を追加した学習データを使い、ホールドアウト法で学習します。前回の実装と同様に学習データの20%を検証データに使用します。特徴量の数は9個から31個に増えます。

▼学習データの一部を検証データに分割

```
X_tr, X_va, y_tr, y_va = train_test_split(X_train, y_train, test_size=0.2, shuffle=True, random_state=0)
print('X_trの形状：', X_tr.shape, ' y_trの形状：', y_tr.shape, ' X_vaの形状：', X_va.shape, ' y_vaの形状：', y_va.shape)
```

▼実行結果

```
X_trの形状： (34502, 31)  y_trの形状： (34502,)  X_vaの形状： (8626, 31)
y_vaの形状： (8626,)
```

ハイパーパラメータは4.3節と同様の初期値を使用します。

▼ハイパーパラメータの設定

```
import lightgbm as lgb

lgb_train = lgb.Dataset(X_tr, y_tr)
lgb_eval = lgb.Dataset(X_va, y_va, reference=lgb_train)

params = {
    'objective': 'mae',
    'seed': 0,
    'verbose': -1,
}
```

4.3節の検証データの誤差と比較して、検証データの精度が改善しました。

▼モデルの学習

```
model = lgb.train(params,
                  lgb_train,
                  num_boost_round=10000,
                  valid_sets=[lgb_train, lgb_eval],
                  valid_names=['train', 'valid'],
                  callbacks=[lgb.early_stopping(100),
                             lgb.log_evaluation(500)])

y_va_pred = model.predict(X_va, num_iteration=model.best_
iteration)
score = mean_absolute_error(y_va, y_va_pred)
print(f'MAE valid: {score:.2f}')
```

▼実行結果

```
Training until validation scores don't improve for 100 rounds
[500]   train's l1: 216.199      valid's l1: 253.871
[1000] train's l1: 195.177      valid's l1: 250.885
```

```
Early stopping, best iteration is:
[1299] train's l1: 188.119      valid's l1: 250.169
MAE valid: 250.17
```

同様に、テストデータの精度も改善しています。

▼テストデータの予測と評価

```
y_test_pred = model.predict(X_test, num_iteration=model.best_
iteration)
print('MAE test: %.2f' % (mean_absolute_error(y_test, y_test_
pred)))
```

▼実行結果

```
MAE test: 251.08
```

特徴量の重要度で、新規特徴量が追加されたかを確認します。「カテゴリ変数×数値変数」の組み合わせの特徴量が重要度の3～6位にランクインしています。

▼特徴量重要度の可視化

```
importances = model.feature_importance(importance_type='gain') #
特徴量重要度
indices = np.argsort(importances)[::-1] # 特徴量重要度を降順にソート


plt.figure(figsize=(8, 4)) #プロットのサイズ指定
plt.title('Feature Importance') # プロットのタイトルを作成
plt.bar(range(len(indices)), importances[indices]) # 棒グラフを追加
plt.xticks(range(len(indices)), X.columns[indices], rotation=90) #
X軸に特徴量の名前を追加
plt.show() # プロットを表示
```

▼実行結果

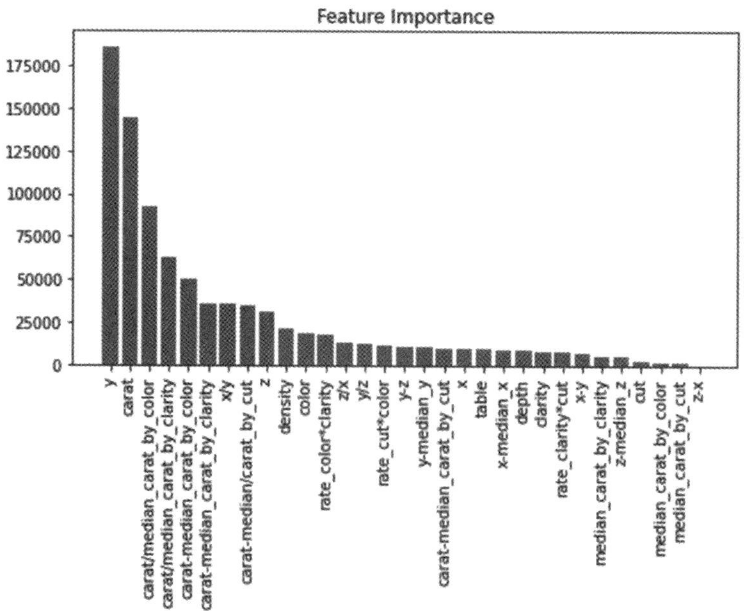

クロスバリデーションのモデル評価

ホールドアウト法に続いて、**クロスバリデーション**でも誤差を確認します。

▼クロスバリデーション

```
from sklearn.model_selection import KFold

# 格納用データの作成
valid_scores = []
models = []
oof = np.zeros(len(X_train))

# KFoldを用いて学習データを5分割してモデルを作成
kf = KFold(n_splits=5, shuffle=True, random_state=0)
for fold, (tr_idx, va_idx) in enumerate(kf.split(X_train)):
```

```
    X_tr = X_train.iloc[tr_idx]
    X_va = X_train.iloc[va_idx]
    y_tr = y_train.iloc[tr_idx]
    y_va = y_train.iloc[va_idx]

省略

# クロスバリデーションの平均スコア
cv_score = np.mean(valid_scores)
print(f'CV score: {cv_score:.2f}')
```

fold1～fold5のすべてのfoldで精度が改善しました。

▼実行結果

```
省略
Training until validation scores don't improve for 100 rounds
[500]	train's l1: 210.286	valid's l1: 258.812
Early stopping, best iteration is:
[890]	train's l1: 198.356	valid's l1: 257.349
fold 5 MAE valid: 257.35
CV score: 254.26
```

▼foldごとの検証データの誤差

```
valid_scores
```

▼実行結果

```
[250.16923366724612,
 251.6816001720493,
 254.71880028573426,
 257.3795685819195,
 257.3488436801284]
```

4.5

ハイパーパラメータ最適化

前節では特徴量エンジニアリングを通じて、予測モデルの精度改善に取り組みました。本節ではもう1つの手法であるハイパーパラメータ最適化を通じて、精度改善に取り組みます。

 LightGBMのハイパーパラメータ

機械学習は学習データをアルゴリズムに入力して、目的関数で予測モデルの中のパラメータを最適化します。そして、予測したい特徴量をモデルに入力し、「パラメータの数値」と「特徴量の数値」を組み合わせて予測値を出力します。

例えば、2.4節の勾配ブースティングの場合、特徴量$\mathbf{x}$をモデルに入力すると、予測値$\hat{y}$は以下の式になります。

$$\hat{y} = \hat{y}^{(0)} + w_1(\mathbf{x}) + w_2(\mathbf{x}) + \cdots + w_K(\mathbf{x}) = \hat{y}^{(0)} + \sum_{k=1}^{K} w_k(\mathbf{x})$$

予測値は、インデックスk $(1 \leq k \leq K)$の木ごとのパラメータ$w_k(\mathbf{x})$を加算して計算します。

一方で、**ハイパーパラメータ**はモデルの学習に使用し、パラメータ$w_k(\mathbf{x})$を計算する前提の設定値で、図4.7のように目的関数の項の強弱や学習データのサンプリング方法を調整します。

例えば、XGBoostとLightGBMの目的関数は以下の関係で、目的関数の一部に正則化があります。

目的関数＝損失関数＋正則化

木のインデックスkの正則化$\Omega(f_k)$は次式となり、γは葉の数に応じて発生する正則化の強さ、λはL2正則化の強さ、αはL1正則化の強さを調整するハイパーパラメータです。以上から、ハイパーパラメータは目的関数の項の強弱を調整することがわかります。なお、インデックスj $(1 \leq j \leq T)$は葉を区別Tは木の葉数です。詳細は5.3節をご確認ください。

$$\Omega(f_k) = \gamma T + \frac{1}{2}\lambda \sum_{j=1}^{T} w_j^2 + \alpha \sum_{j=1}^{T} |w_j|$$

■図4.7 ハイパーパラメータ

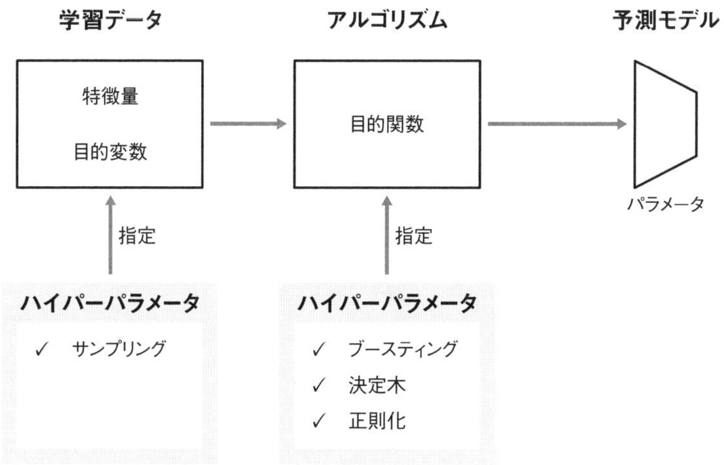

いままでのLightGBMの学習は、一部のハイパーパラメータを除き、指定なしで実行しました。このとき、初期値のハイパーパラメータを使用しますが、一般的に予測モデルの精度は学習データや特徴量に合わせて、ハイパーパラメータを最適化することで改善します。

ここでは、LightGBMのハイパーパラメータを整理します。基本はXGBoostのハイパーパラメータと同じですが、max_binなどLightGBM固有のハイパーパラメータが追加されています。ハイパーパラメータは公式ドキュメント[8]を見てわかるとおり、数が多いのですが、実用上、使用するハイパーパラメータは一部です。そこで、主要なハイパーパラメータをブースティング、決定木、サンプリング、正則化、並列計算の5つのカテゴリに分類します。

■図4.8　LightGBMの主要なハイパーパラメータ

カテゴリ	ハイパーパラメータ	初期値	説明
ブースティング	learing_rate	0.1	1回のブースティングで加算する重みの学習率を指定する。初期値0.1は10%の重みを加算する。値が小さいほど更新が遅くなり、精度向上が期待できるが、そのぶんブースティング回数を増やす必要がある。
	num_boost_round	100	ブースティングする回数を指定する。指定した回数ぶんの木を作成して予測値を更新する。
	objective	mse	指定した損失関数の1次微分、2次微分で「重み」と「類似度」を計算する。重みはレコード1件ごとの残差を木で汎化した数値で、1回前の予測値に重みを加算して予測値を更新する。類似度は特徴量の分割点の計算に使用する。
	metric	objectiveと同じ	正解値と予測値の誤差評価に使用する評価指標。objectiveと異なる評価指標を使用するときに指定する。
	early_stopping_rounds	0	metricで指定した評価指標で誤差を評価し、指定したブースティング回数で誤差が減少しないとき、ブースティングを停止する。
並列計算	num_threads	CPUコア数	並列計算に使用するスレッド数を指定する。初期値のスレッド数はCPUコア数（OpenMPのデフォルトのスレッド数）になります。推奨値のスレッド数は計算環境のCPUコアの数で、論理プロセッサーの数（スレッド数）ではない点に注意する。
決定木	num_leaves	31	木の葉数の最大値を指定する。
	max_depth	−1（無限大）	木の深さの最大値を指定する。lightgbmはnum_leavesで木の形を決めるため、通常は指定不要。レコード数が少なくnum_leavesで過学習するときに指定する。
	min_data_in_leaf	20	葉を分割して新たに葉を作成するとき、葉の作成に必要な最小のレコード数を指定する。値を大きくすると、汎化性が向上する。

(続き)

決定木	min_sum_hessian_in_leaf	1e−3	分類タスク(例:objective＝binary)のとき使用する。2次微分が指定した最小値より小さいとき、葉を分割しない。binaryのときの前回ブースティングの確率の予測値pのとき、2次微分は$p(1-p)$になる。pが1(または0)に近く、確信度が高い確率のとき、2次微分は小さな値になり、葉の分割を抑制する。 回帰タスク(例:objective=mse/mae)のとき、2次微分＝1となる。そのため、2次微分の値は葉のレコード数min_data_in_leafと一致する。そのため、回帰はmin_data_in_leafでハイパーパラメータ調整し、min_sum_hessian_in_leafでの調整は不要。
	max_bin	255	特徴量の分割点の計算で使用するヒストグラムのbinの件数の最大値。binの数を小さくすると、ヒストグラムが粗くなり、分割点の計算が高速化する。binの数を大きくすると、精度が向上する。
	min_data_in_bin	3	ヒストグラムの1つのbinに含まれる最小レコード数。値を大きくすると、binの中のレコード数が増えて、特徴量の分割点の計算が高速化する。値を小さくすると、精度が向上する。min_data_in_bin＝1のとき、1つのbinの中には1レコードが含まれ過学習しやすくなる。
サンプリング	bagging_fraction	1.0	1回のブースティングで使用するレコード数の比率を指定する。
	bagging_freq	0	bagging_fractionを使用する割合を指定する。初期値0だとbaggingが無効化しているので、baggingを毎回使用する場合は1を指定する。
	feature_fraction	1.0	1回のブースティングで使用する特徴量数の比率を指定する。
正則化	min_gain_to_split	0.0	葉を分割して新たに葉を作成するとき、分割前後の類似度を比較してGainが正の値であれば葉を分割する。gammaは正の値で指定し、Gainを減少させることで、葉の分割を防ぐ。 Gain ＝ 類似度(左葉) ＋ 類似度(右葉) − 類似度(分割前) −gamma
	lambda_l1	0.0	葉の重みに対するL1正則化の強さを指定する。
	lambda_l2	0.0	葉の重みに対するL2正則化の強さを指定する。

LightGBMハイパーパラメータ最適化の指針は公式のチューニングガイド[9]が参考になります。ガイドによると、最適化の初手はモデルの複雑さを決めるnum_leaves、過学習を防ぐmin_data_in_leafが重要だと紹介してあります。ガイドの内容を整理すると図4.9の表になります。なお、min_data_in_leafとmin_sum_hessaian_in_leafの違いはLightGBMのIssue[16]をご確認ください。

■図4.9 ハイパーパラメータのチューニングガイド

大分類	小分類	ハイパーパラメータ	調整
速度を上げる	木を浅くする	max_depth	減らす
		num_leaves	減らす
		min_gain_to_split	増やす
		min_data_in_leaf	増やす
		min_sum_hessian_in_leaf	増やす
	木の数を少なくする	num_boost_round	減らす
		early_stopping	指定する
	特徴量の分割点を減らす	max_bin	減らす
		min_data_in_bin	増やす
		feature_fraction	減らす
	レコード件数を減らす	bagging_fraction	減らす
		bagging_freq	指定する
精度を上げる	なし	max_bin	増やす
		learning_rate	減らす
		num_leaves	増やす

 Optunaを用いたハイパーパラメータ最適化の実装

LightGBMのハイパーパラメータは数が多く、精度は複数のハイパーパラメータの組み合わせで決まります。そのため、手動でのチューニングは経験がないと困難です。そこで、ハイパーパラメータ最適化ツールを使って自動チューニングするとよいでしょう。このハンズオンでは「ハイパーパラメータ最適化ツール」にOptunaを使用します。

Optuna [18] は2018年に公開されたライブラリで、**TPE**（Tree-structured Parzen Estimator）を使用します。TPEは探索範囲を設定して、試行結果を踏まえて次回の探索範囲を提案します。そのため、探索対象が多く、探索範囲も広いLightGBMと相性がよいです。

なお、ハイパーパラメータ最適化ツールは、Optunaの他にscikit-learnのグリッドサーチやランダムサーチがあり、探索値のパターンを設定します。これらの探索はハイパーパラメータの数が限定的な線形回帰やロジスティック回帰で有効です。

コラム

XGBoostのハイパーパラメータ

ハイパーパラメータの名称が異なりますが、基本的にLightGBMと同じハイパーパラメータになります。主な違いは次の2点です。

①木の形はハイパーパラメータnum_leavesの代わりに、「max_depth」を使用します。

②LightGBMのmin_data_in_leafとmin_sum_hessian_in_leafの代わりに、XGBoostは「min_child_weight」を使用します。回帰タスクのとき（損失関数が二乗誤差）はmin_child_weightは葉の中のレコード数と同じになるため、1以上の整数を指定します。回帰のとき、min_child_weightはLightGBMの「min_data_in_leaf」と同じ役割を果たします。分類タスクのとき（損失関数が二値交差エントロピー）、確率pのmin_child_weightは$p(1-p)$になります。確率pが1に近く、確信度が高い予測値のときmin_child_weightは小さな値になります（pの確率が0.999のとき、min_child_weight=0.000999）。そのため、min_child_weighはLightGBMの「min_sum_hessian_in_leaf」と同じ役割を果たし、min_child_weightに0.001（1e−3）など小数を指定します。XGBoostのmin_child_weighは回帰と分類のタスクで設定する値が異なるので、注意が必要です。詳細はリンク先の解説 [17] をご確認ください。

最適化を実行するためには、学習データと検証データが必要になります。Optunaでのハイパーパラメータ探索は、実行に時間がかかることがあります。クロスバリデーションで複数のfoldの検証データに対してハイパーパラメータ探索する方法も考えられますが、実務では時間と計算環境のリソースの都合で、ホールドアウト法で1foldぶんのハイパーパラメータ探索を行う場合もあります。本節でもホールドアウトで分割した検証データに対して、ハイパーパラメータを探索します。ハイパーパラメータの評価に使用する検証データは、予測モデルを作成するときとは異なるレコードを使用します。そのため、予測モデルを作成時とは異なる「random_state=1」を指定して、ホールドアウト法を実行します。

▼学習データの一部を検証データに分割

```
X_tr, X_va, y_tr, y_va = train_test_split(X_train, y_train, test_
size=0.2, shuffle=True, random_state=1)
print('X_trの形状：', X_tr.shape, ' y_trの形状：', y_tr.shape, ' X_va
の形状：', X_va.shape, ' y_vaの形状：', y_va.shape)
```

▼実行結果

```
X_trの形状： (34502, 31)  y_trの形状： (34502,)  X_vaの形状： (8626, 31)
y_vaの形状： (8626,)
```

ColaboratoryにOptunaを手動でインストールします。

▼ライブラリoptunaのインストール

```
!pip install optuna
```

▼実行結果

```
Looking in indexes: https://pypi.org/simple, https://us-python.
pkg.dev/colab-wheels/public/simple/
Collecting optuna
  Downloading optuna-3.1.1-py3-none-any.whl (365 kB)
     ────────────────────────────────────────
─ 365.7/365.7 kB 6.7 MB/s eta 0:00:00
Collecting alembic>=1.5.0
```

```
  Downloading alembic-1.10.4-py3-none-any.whl (212 kB)
     ━━━━━━━━━━━━━━━━━━━━━━━━━━━━━━━━━━━━━━━━━━━━
212.9/212.9 kB 20.4 MB/s eta 0:00:00
省略
```

固定値のハイパーパラメータはparams_baseに格納します。

▼固定値のハイパーパラメータ

```
params_base = {
    'objective': 'mae',
    'random_seed': 1234,
    'learning_rate': 0.02,
    'min_data_in_bin': 3,
    'bagging_freq': 1,
    'bagging_seed': 0,
    'verbose': -1,
}
```

Optunaの引数の関数objectiveを定義します。ハイパーパラメータには、葉の最大数のような離散値と正則化の強さのような連続値があります。離散値の探索には「trial.suggest_int」、連続値の探索には「trial.suggest_float」を使用します。関数objectiveの返値「score」は、検証データのMAEを使用します。

▼ハイパーパラメータ最適化

```
# ハイパーパラメータの探索範囲
def objective(trial):
  params_tuning = {
      'num_leaves': trial.suggest_int('num_leaves', 50, 200),
      'min_data_in_leaf': trial.suggest_int('min_data_in_leaf', 2,
30),
      'max_bin': trial.suggest_int('max_bin', 200, 400),
      'bagging_fraction': trial.suggest_float('bagging_fraction',
0.8, 0.95),
```

```
        'feature_fraction': trial.suggest_float('feature_fraction',
0.35, 0.65),
        'min_gain_to_split': trial.suggest_float('min_gain_to_
split', 0.01, 1, log=True),
        'lambda_l1': trial.suggest_float('lambda_l1', 0.01, 1,
log=True),
        'lambda_l2': trial.suggest_float('lambda_l2', 0.01, 1,
log=True),
    }

    # 探索用ハイパーパラメータの設定
    params_tuning.update(params_base)
    lgb_train = lgb.Dataset(X_tr, y_tr)
    lgb_eval = lgb.Dataset(X_va, y_va)

    # 探索用ハイパーパラメータで学習
    model = lgb.train(params_tuning,
                      lgb_train,
                      num_boost_round=10000,
                      valid_sets=[lgb_train, lgb_eval],
                      valid_names=['train', 'valid'],
                      callbacks=[lgb.early_stopping(100),
                      lgb.log_evaluation(500)])
    y_va_pred = model.predict(
                X_va, num_iteration=model.best_iteration)
    score =  mean_absolute_error(y_va, y_va_pred)
    print('')
    return score
```

Optunaのsampler

samplerにはRandomSamplerとTPESamplerがあります。最初は探索範囲を広くしてRandomSamplerで探索し、探索範囲とスコアを分析します。探索を繰り返し、探索範囲を絞れたら、最終的にはTPESamplerで探索するとよいでしょう。

ハイパーパラメータの探索回数は200回とします。Colaboratoryの場合、最適化には2時間ほどかかります。samplerにはTPESamplerを使用します。その結果、ログの最後に「Best is trial 193」と出力しました。

▼ハイパーパラメータ最適化の実行

```
import optuna
study = optuna.create_study(sampler=optuna.samplers.
TPESampler(seed=0), direction='minimize')
study.optimize(objective, n_trials=200)
```

▼実行結果

```
省略
Training until validation scores don't improve for 100 rounds
[500]   train's l1: 212.551     valid's l1: 239.932
[1000] train's l1: 178.038      valid's l1: 236.222
[1500] train's l1: 161.641      valid's l1: 235.398
Early stopping, best iteration is:
[1721] train's l1: 155.981      valid's l1: 235.132
[I 2023-04-30 08:12:41,309] Trial 199 finished with value:
235.13199198165518 and parameters: {'num_leaves': 132, 'min_data_
in_leaf': 14, 'max_bin': 396, 'bagging_fraction':
0.9339353787108529, 'feature_fraction': 0.5063327206632194, 'min_
gain_to_split': 0.01593624135698739, 'lambda_l1':
0.11948842448395215, 'lambda_l2': 0.5498961652435753}. Best is
trial 193 with value: 234.30678073900222.
```

評価スコアであるMAEが、最小化したハイパーパラメータを確認します。

▼最適化の結果を確認

```
trial = study.best_trial
print(f'trial {trial.number}')
print('MAE bset: %.2f'% trial.value)
display(trial.params)
```

▼実行結果

```
trial 193
MAE bset: 234.31
{'num_leaves': 122,
 'min_data_in_leaf': 8,
 'max_bin': 365,
 'bagging_fraction': 0.9213182882380164,
 'feature_fraction': 0.4980655277580941,
 'min_gain_to_split': 0.012265096895607893,
 'lambda_l1': 0.16090519318037727,
 'lambda_l2': 0.5600789957105483}
```

固定値と探索対象のハイパーパラメータを結合して、最適化したハイパーパラメータ「params_best」を作成します。

▼最適化ハイパーパラメータの設定

```
params_best = trial.params
params_best.update(params_base)
display(params_best)
```

▼実行結果

```
{'num_leaves': 122,
 'min_data_in_leaf': 8,
 'max_bin': 365,
 'bagging_fraction': 0.9213182882380164,
 'feature_fraction': 0.4980655277580941,
 'min_gain_to_split': 0.012265096895607893,
 'lambda_l1': 0.16090519318037727,
 'lambda_l2': 0.5600789957105483,
 'objective': 'mae',
 'random_seed': 1234,
 'learning_rate': 0.02,
 'min_data_in_bin': 3,
```

```
'bagging_freq': 1,
'bagging_seed': 0,
'verbose': -1}
```

200回の探索で得られたハイパーパラメータの重要度を表示します。葉数num_leaves、lambda_l2、min_data_in_leafの順になっています。

▼ハイパーパラメータの重要度の可視化

```
optuna.visualization.plot_param_importances(study).show()
```

▼実行結果

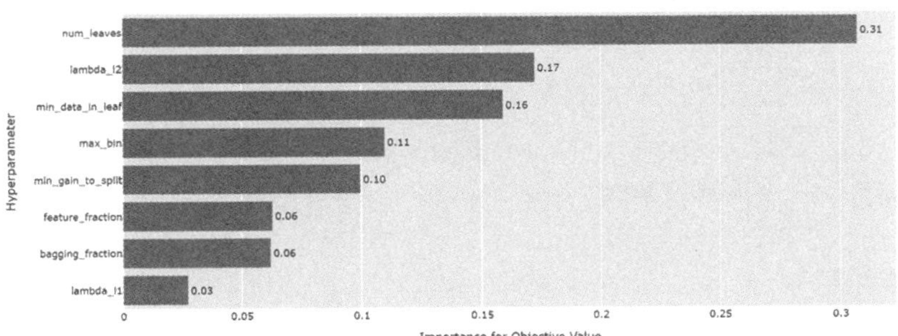

ハイパーパラメータmin_data_in_leafとnum_leavesの探索値と評価スコアの関係をそれぞれプロットします。実行結果の横軸は探索範囲、縦軸Objective_Valueは検証データの誤差MAEになります。探索回数200回で探索初期のプロットは薄い色、探索が終了に近づくほど濃い色のプロットになります。

▼ハイパーパラメータの探索回数ごとの誤差の可視化

```
optuna.visualization.plot_slice(study, params=['min_data_in_leaf',
'num_leaves']).show()
```

min_data_in_leafのプロットにおいて、min_data_in_leaf=8のときMAEが最小化し、この値はparams_bestの値と同じです。

▼実行結果

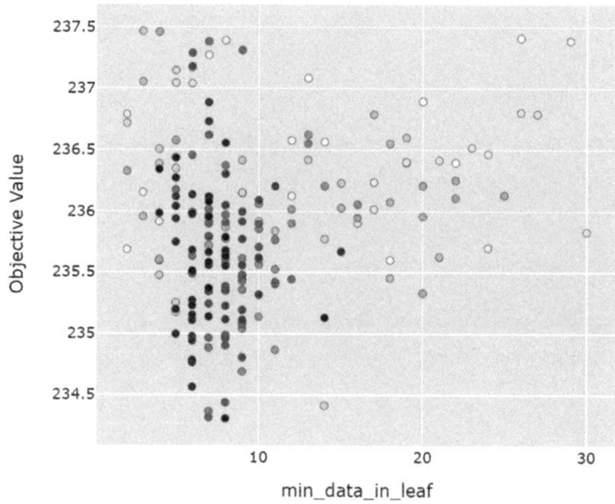

また、num_leavesのプロットにおいて、num_leavesは125前後のとき、MAEは最小化することが確認できます。

▼実行結果

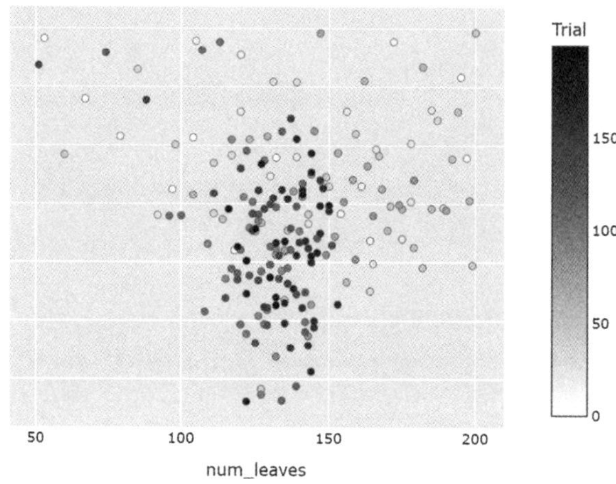

以上、学習データからrandom_state=1の分割条件で作成した検証データを使って、ハイパーパラメータを最適化できました。最後に、この最適化したハイパーパラメータparams_bestを使って、前節までと同じ分割条件random_state=0における、検証データ、テストデータの精度を確認します。

最適化ハイパーパラメータを用いた予測モデル

再度、ホールドアウト法と同じ分割を実行します。random_state=0を指定して、4.2〜4.4節と同じ検証データに分割します。

▼学習データの一部を検証データに分割

```
X_tr, X_va, y_tr, y_va = train_test_split(X_train, y_train, test_size=0.2, random_state=0)
print('X_trの形状：',X_tr.shape,' y_trの形状：',y_tr.shape,' X_vaの形状：',X_va.shape,' y_vaの形状：',y_va.shape)
```

▼実行結果

```
X_trの形状： (34502, 31)  y_trの形状： (34502,)  X_vaの形状： (8626, 31)
y_vaの形状： (8626,)
```

最適化されたハイパーパラメータparams_bestを使って、ホールドアウト法の学習を実行します。4.4節のハイパーパラメータ初期値の誤差と比べて、検証データの精度が改善しました。

▼最適化ハイパーパラメータを用いた学習

```
lgb_train = lgb.Dataset(X_tr, y_tr)
lgb_eval = lgb.Dataset(X_va, y_va, reference=lgb_train)

# 最適化ハイパーパラメータを読み込み
model = lgb.train(params_best,
                  lgb_train,
                  num_boost_round=10000,
                  valid_sets=[lgb_train, lgb_eval],
```

```
                  valid_names=['train', 'valid'],
                  callbacks=[lgb.early_stopping(100),
                  lgb.log_evaluation(500)])

y_va_pred = model.predict(
          X_va, num_iteration=model.best_iteration)
score = mean_absolute_error(y_va, y_va_pred)
print(f'MAE valid: {score:.2f}')
```

▼実行結果

```
Training until validation scores don't improve for 100 rounds
[500]   train's l1: 214.444       valid's l1: 246.515
[1000] train's l1: 176.938       valid's l1: 242.022
[1500] train's l1: 159.092       valid's l1: 241.43
Early stopping, best iteration is:
[1709] train's l1: 153.582       valid's l1: 241.337
MAE valid: 241.34
```

テストデータで汎化性能を確認します。4.4節と比べると、スコアが10以上改善して、モデルの精度改善を確認できました。

▼テストデータの予測と評価

```
y_test_pred = model.predict(X_test, num_iteration=model.best_
iteration)
print('MAE test: %.2f' % (mean_absolute_error(y_test, y_test_
pred)))
```

▼実行結果

```
MAE test: 240.81
```

 クロスバリデーションのモデル評価

最適化されたハイパーパラメータparams_bestを使って、**クロスバリデーション**を実行します。4.3～4.4節と同様に、random_state=0の分割条件で検証データを作成して、最適化ハイパーパラメータparams_bestにより、すべてのfoldで、精度が改善するかを確認します。

▼最適化ハイパーパラメータを用いたクロスバリデーション

```
from sklearn.model_selection import KFold

# 格納用データの作成
valid_scores = []
models = []
oof = np.zeros(len(X_train))

# KFoldを用いて学習データを5分割してモデルを作成
kf = KFold(n_splits=5, shuffle=True, random_state=0)
for fold, (tr_idx, va_idx) in enumerate(kf.split(X_train)):
    X_tr = X_train.iloc[tr_idx]
    X_va = X_train.iloc[va_idx]
    y_tr = y_train.iloc[tr_idx]
    y_va = y_train.iloc[va_idx]
    lgb_train = lgb.Dataset(X_tr, y_tr)
    lgb_eval = lgb.Dataset(X_va, y_va, reference=lgb_train)

    # 最適化ハイパーパラメータを読み込み
    model = lgb.train(params_best,
                      lgb_train,
                      num_boost_round=10000,
                      valid_sets=[lgb_train, lgb_eval],
                      valid_names=['train', 'valid'],
                      callbacks=[lgb.early_stopping(100),
                      lgb.log_evaluation(500)])
    y_va_pred = model.predict(
               X_va, num_iteration=model.best_iteration)
```

```
    score = mean_absolute_error(y_va, y_va_pred)
    print(f'fold {fold+1} MAE valid: {score:.2f}')
    print('')

    # スコア、モデル、予測値の格納
    valid_scores.append(score)
    models.append(model)
    oof[va_idx] = y_va_pred

# クロスバリデーションの平均スコア
cv_score = np.mean(valid_scores)
print(f'CV score: {cv_score:.2f}')
```

▼実行結果

```
省略
Training until validation scores don't improve for 100 rounds
[500]   train's l1: 213.37      valid's l1: 250.681
[1000]  train's l1: 178.746     valid's l1: 247.014
[1500]  train's l1: 159.403     valid's l1: 245.93
Early stopping, best iteration is:
[1602]  train's l1: 156.668     valid's l1: 245.789
fold 5 MAE valid: 245.79

CV score: 244.66
```

4.4節のハイパーパラメータ初期値の誤差と比べて、すべてのfoldで誤差が低下しました。検証データ（random_state=1で分割）でハイパーパラメータを最適化した結果、テストデータの誤差に加えて、クロスバリデーション（random_state=0）でもすべてのfoldで精度が改善しました。よって、ハイパーパラメータの最適化に使用した検証データ（random_state=1で分割）はレコードの偏りがなく、レコードの分割条件は適切だったことがわかります。

▼検証データの誤差

```
valid_scores
```

▼実行結果

```
[241.92787340734705,
 244.2196698204141,
 245.78150048457576,
 245.59781386253843,
 245.78883698359985]
```

LightGBMモデル改善の結果

最後に、4章の締めくくりとして、4.3節、4.4節、4.5節で実装したLightGBMの誤差を再掲し、モデル改善の効果を確認します。4.3節はLightGBMの最低限の予測モデル作成、4.4節は特徴量エンジニアリング、4.5節はハイパーパラメータ最適化にそれぞれ取り組みました。

クロスバリデーションは、4.3節、4.4節、4.5節で実装し、学習データの20%を検証データに使用し、5つの予測モデルで精度を確認しました。その結果、すべてのfoldで精度が改善し、特徴量エンジニアリングおよびハイパーパラメータ最適化の効果を確認できました。

▼4.3節：特徴量エンジニアリングなし×ハイパーパラメータ初期値（再掲）

```
valid_scores
```

▼実行結果

```
[257.6803136357446,
 264.0191748647657,
 266.9213824925146,
 266.61596704243175,
 265.26537176018445]
```

▼4.4節：特徴量エンジニアリングあり×ハイパーパラメータ初期値（再掲）

```
valid_scores
```

▼実行結果

```
[250.16923366724612,
 251.6816001720493,
 254.71880028573426,
 257.3795685819195,
 257.3488436801284]
```

▼4.5節：特徴量エンジニアリングあり×ハイパーパラメータ最適値（再掲）

```
valid_scores
```

▼実行結果

```
[241.92787340734705,
 244.2196698204141,
 245.78150048457576,
 245.59781386253843,
 245.78883698359985]
```

同様に、テストデータの誤差はモデル改善を通じて、MAEのスコアが20以上改善しました。テストデータの精度が改善できたので、予測モデルは汎化できていると判断できます。誤差の評価指標はMAE（絶対誤差）なので、LightGBMの予測モデルは平均20ドルの価格の誤差を改善できたことになります。

▼4.3節：特徴量エンジニアリングなし×ハイパーパラメータ初期値（再掲）

```
y_test_pred = model.predict(X_test, num_iteration=model.best_
iteration)
print('MAE test: %.2f' % (mean_absolute_error(y_test, y_test_
pred)))
```

▼実行結果

```
MAE test: 262.61
```

▼4.4節：特徴量エンジニアリングあり×ハイパーパラメータ初期値（再掲）

```
y_test_pred = model.predict(X_test, num_iteration=model.best_
iteration)
print('MAE test: %.2f' % (mean_absolute_error(y_test, y_test_
pred)))
```

▼実行結果

```
MAE test: 251.08
```

▼4.5節：特徴量エンジニアリングあり×ハイパーパラメータ最適値（再掲）

```
y_test_pred = model.predict(X_test, num_iteration=model.best_
iteration)
print('MAE test: %.2f' % (mean_absolute_error(y_test, y_test_
pred)))
```

▼実行結果

```
MAE test: 240.81
```

本章のまとめ

- ここでのハンズオンは、ホールドアウト法により、データセットを学習用の「学習データ」と評価用の「テストデータ」に2分割し、テストデータは汎化性能の評価に使用します。
- 学習データの一部を「検証データ」として分割し、検証データはハイパーパラメータを最適化する際の評価に使用します。
- 線形回帰は、特徴量にカテゴリ変数があるとき、one-hot encodingで数値に変換します。このとき、カテゴリ値が多いと特徴量の数が増えます。Lasso回帰で予測値に貢献しない特徴量を削除すると、モデルの解釈性が上がり、精度改善が期待できます。
- LightGBMは、カテゴリ変数にpandas categoryのデータ型を指定することにより、文字列でモデルを作成できます。ただし、SHAPは文字列を扱えないため、label encodingで数値に変換します。
- クロスバリデーションは、複数のモデルを作成し、検証データで評価します。
  クロスバリデーションしたあとの対応は3択になります。
  ①1個のモデルを選択して予測
  ②複数のモデルの予測値の平均で予測
  ③学習データ＋検証データでモデルを1個作成して予測
- 特徴量エンジニアリングは、データ型の組み合わせにより、3パターンに整理できます。
  ①数値変数×数値変数
  ②数値変数×カテゴリ変数
  ③カテゴリ変数×カテゴリ変数
- LightGBMハイパーパラメータの中で、モデルの複雑さを決めるnum_leaves、過学習を防ぐmin_data_in_leafなどが特に重要となります。
- Optunaは、ハイパーパラメータの探索範囲と検証データの評価スコアを指定し、探索を実行します。その結果、評価スコアが最良の最適化ハイパーパラメータを出力します。

第5章

LightGBMへの発展

5.1

回帰木の計算量

本節は2.3節の回帰木の続きになります。回帰木アルゴリズムの計算量の問題を示します。続いて、簡単なデータを使い、深さ2の回帰木を実装して、次節以降の勾配ブースティングと結果を比較します。

 学習アルゴリズム

2.3節の回帰木アルゴリズムは特徴量の閾値（分割点）と予測値の計算方法を整理しました。ここでは回帰木アルゴリズムの計算量に注目します。

2.3節と同様、学習データのレコードはインデックスi（$1 \leq i \leq n$）、特徴量はインデックスj（$1 \leq j \leq m$）で区別し、$n \times m$の特徴量$\mathbf{X}$に対して回帰木を作成します。

$$\mathbf{X} = \begin{pmatrix} x_{11} & x_{12} & \cdots & x_{1m} \\ x_{21} & x_{22} & \cdots & x_{2m} \\ \vdots & \vdots & \ddots & \vdots \\ x_{n1} & x_{n2} & \cdots & x_{nm} \end{pmatrix}$$

回帰木はm個の特徴量$\mathbf{X} = (X_1, X_2, \cdots X_m)$から順番にインデックス$j$の特徴量$X_j$を取り出し、特徴量の閾値（分割点）$s$でレコードを左葉$R_1$と右葉$R_2$に2分割します。このとき、特徴量の$n$件のレコードは左葉$R_1$と右葉$R_2$のどちらかに含まれます。特徴量の取り出しは図5.14の左側のイメージです。

$$X_j = \begin{pmatrix} x_{1j} \\ x_{2j} \\ \vdots \\ x_{nj} \end{pmatrix}$$

$$R_1(j, s) = \{X | X_j \leq s\}$$
$$R_2(j, s) = \{X | X_j > s\}$$

2.3節で紹介したSSE（二乗和誤差）の式に特徴量インデックスjを追加して、目的関数objを作成します。なお、特徴量X_jはインデックスjで1つの特徴量に限定しているので、レコードの表記は「ベクトル$\mathbf{x}_i$」ではなく、「スカラーx_i」で記載します。

$$\text{obj} = \min_{j,s}\left[\min_{c1}\sum_{x_i \in R_1(j,s)}(y_i - c_1)^2 + \min_{c2}\sum_{x_i \in R_2(j,s)}(y_i - c_2)^2\right]$$

目的関数objは特徴量と分割点の組み合わせ$(j,\ s)$ごとに計算します。特徴量のインデックスjを固定すると、n件のレコードの特徴量X_jに対してインデックスsで分割点を計算します。このとき、左葉は目的変数のレコードの平均値$\hat{c}_1$、右葉は平均値$\hat{c}_2$とすると、目的関数objは2.3節のSSEと一致します。

$$\hat{c}_1 = \text{average}(y_i|x_i \in R_1(j,s))$$
$$\hat{c}_2 = \text{average}(y_i|x_i \in R_2(j,s))$$

目的関数objはインデックスjの特徴量の分割点の探索が終わったら、次のインデックスの特徴量に進み、m個の特徴量の分割点を計算します。その結果、特徴量Xに対して、目的関数objを最小化する$(j,\ s)$が見つかるので、深さ1の回帰木の作成が完了です。

このとき、目的関数は特徴量の「列」とレコードの「行」で総当りで最小化する組み合わせを探索するため、1回のレコード2分割の計算オーダーは$O(n \times m)$と高くつきます。なお、記号Oはビッグ・オーで、アルゴリズムの計算量を表します。

続いて、左葉R_1と右葉R_2のレコードに対して、同様に2分割する深さ2の処理が始まり、2分割の処理を再帰的に繰り返し、木を深くします。繰り返し処理はハイパーパラメータの終了条件を満たすまで継続します。

・深さが、深さの最大値max_depthを満たすまで
・葉に含まれるレコード数が最小のレコード数min_samples_leafを満たすまで

コラム

特徴量の行列Xと行と列で抽出したベクトルの表記方法

特徴量の行列$\mathbf{X}$は行と列を持つので、太字かつ大文字で表記します。

$$\mathbf{X} = \begin{pmatrix} x_{11} & x_{12} & \ldots & x_{1m} \\ x_{21} & x_{22} & \ldots & x_{2m} \\ \vdots & \vdots & \ddots & \vdots \\ x_{n1} & x_{n2} & \ldots & x_{nm} \end{pmatrix}$$

行列$\mathbf{X}$に対して、インデックスiの「行」で固定したレコードは太字$\mathbf{x}_i$のベクトル表記とし、転置Tを付けて横ベクトル$\mathbf{x}_i^T$で記載します。添え字のTは転置(Transpose)の略で縦ベクトルを横ベクトルに変換します。

$$\mathbf{x}_i = \begin{pmatrix} x_{i1} \\ x_{i2} \\ \vdots \\ x_{im} \end{pmatrix} \quad \mathbf{x}_i^T = (x_{i1}, x_{i2}, \cdots, x_{im})$$

インデックスjの「列」で固定した特徴量は大文字X_jの縦ベクトルで記載します。

$$X_j = \begin{pmatrix} x_{1j} \\ x_{2j} \\ \vdots \\ x_{nj} \end{pmatrix}$$

 回帰木の可視化

5章は直観的に木を検証できるように1個の特徴量を持つシンプルな架空の学習データを用意します。データの特徴量は年齢、目的変数は架空のコンピュータゲームXへの興味の指数とします。ハンズオンは学習データの木を可視化して、特徴量の閾値(分割点)と予測値を出力し、次節以降の実装と比較します。最初に、深さ2の回帰木をライブラリscikit-learnで実装します。

▼ライブラリのインポート

```
%matplotlib inline
import matplotlib.pyplot as plt
import numpy as np
import graphviz
from sklearn.tree import DecisionTreeRegressor
from sklearn import tree
```

▼特徴量と目的変数の設定

```
X_train = np.array([[10], [20], [30], [40], [50], [60], [70], [80]])
y_train = np.array([6, 5, 7, 1, 2, 1, 6, 4])
```

回帰木の深さは2を指定します。分割点を計算する関数に二乗誤差を指定します。

図5.1 DecisionTreeRegressorのハイパーパラメータ

ハイパーパラメータ	初期値	説明
criterion	squared_error	分割点を計算するときの誤差を指定する。二乗誤差が基本
max_depth	None	決定木の深さの最大値
min_samples_leaf	1	葉の作成に必要な最小レコード数
ccp_alpha	0	葉数に対する正則化の強さ

▼回帰木の学習と予測

```
model = DecisionTreeRegressor(criterion='squared_error', max_
depth=2, min_samples_leaf=1, ccp_alpha=0, random_state=0)
model.fit(X_train, y_train)
model.predict(X_train)
```

▼実行結果

```
array([5.5        , 5.5        , 7.         , 1.33333333, 1.33333333,
       1.33333333, 5.         , 5.         ])
```

データと予測値を同時にプロットします。深さ2の決定木を作成しているので、予測値は4つになります。

▼データと予測値の可視化

```
plt.figure(figsize=(8, 4)) #プロットのサイズ指定

# 学習データの最小値から最大値まで0.01刻みのX_pltを作成し、予測
X_plt = np.arange(X_train.min(), X_train.max(), 0.01)[:, np.
newaxis]
y_pred = model.predict(X_plt)

# 学習データの散布図と予測値のプロット
plt.scatter(X_train, y_train, color='blue', label='data')
plt.plot(X_plt, y_pred, color='red', label='Decision tree')
plt.ylabel('y')
plt.xlabel('X')
plt.title('simple data')
plt.legend(loc='upper right')
plt.show()
```

▼実行結果

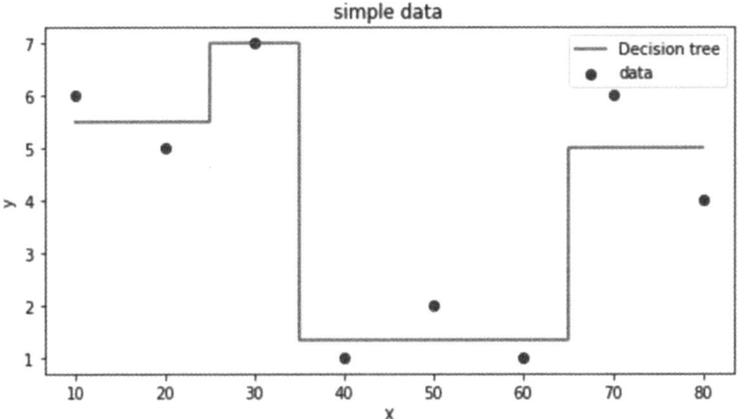

木を可視化します。4つの葉のvalueは予測値に対応します。

▼木の可視化

```
dot_data = tree.export_graphviz(model, out_file=None,
rounded=True, feature_names=['X'], filled=True)
graphviz.Source(dot_data, format='png')
```

▼実行結果

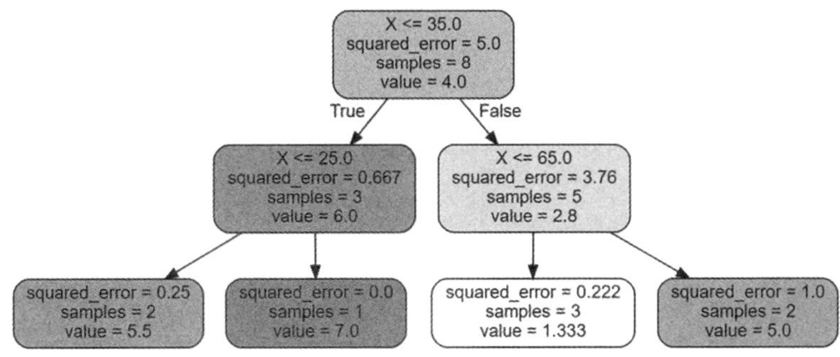

 回帰木の予測値の検証

続いて、ライブラリscikit-learnの回帰木で得られた予測値を検証します。最初に、特徴量の値に対して、分割点ごとのSSE（2章を参照）を計算する関数lossを定義します。「関数loss」はループ処理の中で特徴量の分割点を左から右にスライドしながら、SSEが最小化する分割点を探し、最後に分割点のインデックスとSSEを可視化して、SSEが最小化するインデックスを確認します。なお、学習データの特徴量は昇順に並んでいるので、ソートは不要です。

▼分割点の計算

```
def loss(X_train, y_train):
  index =[]
  loss =[]
  # 表示のため、2次元配列のX_trainを1次元配列に変換
  X_train = X_train.flatten()
  # 分割点ごとの予測値とSSE,MSEを計算
  for i in range(1, len(X_train)):
      X_left = np.array(X_train[:i])
      X_right = np.array(X_train[i:])
      y_left = np.array(y_train[:i])
      y_right = np.array(y_train[i:])
      # 分割点のインデックス
      print('*****')
      print('index', i)
      index.append(i)
      # 左右の分割
      print('X_left:', X_left)
      print('X_right:', X_right)
      print('y_left:', y_left)
      print('y_right:', y_right)
      # 予測値の計算
      print('y_pred_left:', np.mean(y_left))
      print('y_pred_right:', np.mean(y_right))
      # SSEの計算
      y_error_left = y_left - np.mean(y_left)
```

```
        y_error_right = y_right - np.mean(y_right)
        SSE = np.sum(y_error_left * y_error_left) + np.sum(y_error_
right * y_error_right)
        print('SSE:', SSE)
        loss.append(SSE)
        # MSEの計算
        MSE_left = 1/len(y_left) * np.sum(y_error_left *
        y_error_left)
        MSE_right = 1/len(y_right) * np.sum(y_error_right *
        y_error_right)
        print('MSE_left:', MSE_left)
        print('MSE_right:', MSE_right)
        print('')

    # プロットのため、1次元配列のX_trainを2次元配列に変換
    index = np.array(index)
    X_plt = index[:, np.newaxis]
    # 分割点ごとのSSEを可視化
    plt.figure(figsize=(10, 4)) #プロットのサイズ指定
    plt.plot(X_plt, loss)
    plt.xlabel('index')
    plt.ylabel('SSE')
    plt.title('SSE vs Split Point index')
    plt.grid()
    plt.show()
```

深さ1の分割を実行します。indexごとにレコードの分割点が異なり、index3の分割点でSSEが最小化します。

▼全レコードの深さ1の分割点

```
X_train = np.array([[10], [20], [30], [40], [50], [60], [70], [80]])
y_train = np.array([6, 5, 7, 1, 2, 1, 6, 4])
loss(X_train, y_train)
```

▼実行結果

```
*****
index 1
X_left: [10]
X_right: [20 30 40 50 60 70 80]
y_left: [6]
y_right: [5 7 1 2 1 6 4]
y_pred_left: 6.0
y_pred_right: 3.7142857142857144
SSE: 35.42857142857143
MSE_left: 0.0
MSE_right: 5.061224489795919

*****
index 2
X_left: [10 20]
X_right: [30 40 50 60 70 80]
y_left: [6 5]
y_right: [7 1 2 1 6 4]
y_pred_left: 5.5
y_pred_right: 3.5
SSE: 34.0
MSE_left: 0.25
MSE_right: 5.583333333333333

*****
index 3
X_left: [10 20 30]
X_right: [40 50 60 70 80]
y_left: [6 5 7]
y_right: [1 2 1 6 4]
y_pred_left: 6.0
y_pred_right: 2.8
SSE: 20.8
MSE_left: 0.6666666666666666
```

```
MSE_right: 3.7600000000000002
以降、省略
```

index3の分割でSSEが最小になります。

▼実行結果

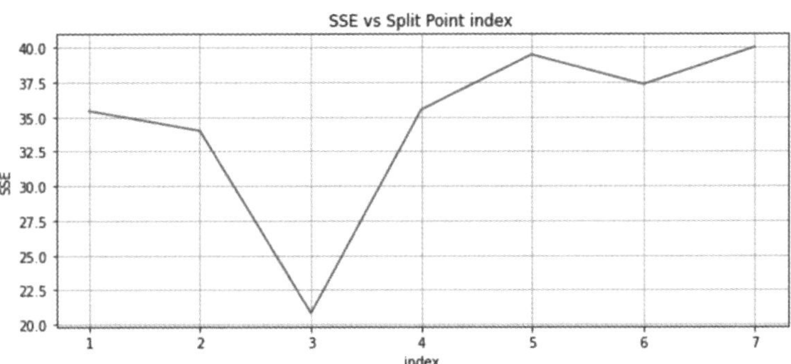

深さ1の閾値（分割点）は35で、レコードは[10 20 30]と[40 50 60 70 80]に2分割できました。レコード[10 20 30]は左葉、[40 50 60 70 80]は右葉になり、深さ2の分割に進みます。

■図5.2　深さ1のscikit-learn実装の回帰木

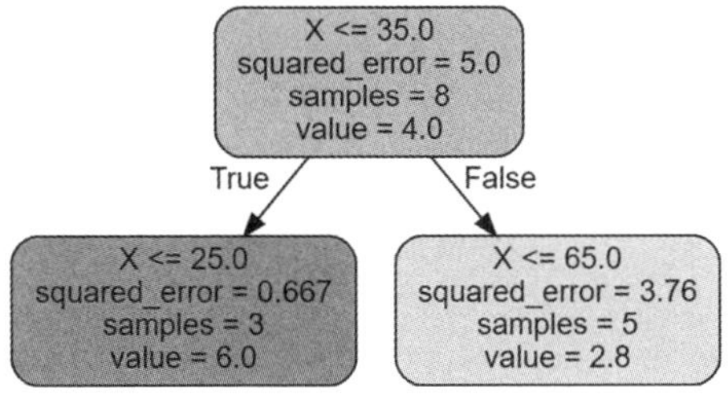

次に、深さ1で作成された左葉レコード[10 20 30]に対して深さ2の分割を実行します。

▼左葉データの深さ2の分割点

```
X_train_L = np.array([[10], [20], [30]])
y_train_L = np.array([6, 5, 7])
loss(X_train_L, y_train_L)
```

▼実行結果

```
*****
index 1
X_left: [10]
X_right: [20 30]
y_left: [6]
y_right: [5 7]
y_pred_left: 6.0
y_pred_right: 6.0
SSE: 2.0
MSE_left: 0.0
MSE_right: 1.0

*****
index 2
X_left: [10 20]
X_right: [30]
y_left: [6 5]
y_right: [7]
y_pred_left: 5.5
y_pred_right: 7.0
SSE: 0.5
MSE_left: 0.25
MSE_right: 0.0
```

分割は[10] + [20 30]と[10 20] + [30]の2パターンですが、後者のSSEが低く、左葉の深さ2は分割点25で分割されます。これで左葉レコードの深さ2の分割は完了です。このときの予測値は「y_pred_left」と「y_pred_right」になります。この結果はscikit-learn実装の予測値valueと一致します。

図5.3 深さ2左葉のscikit-learn実装の回帰木

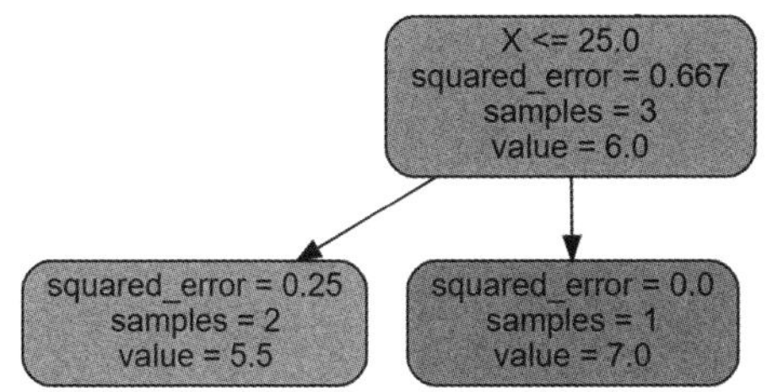

最後に、深さ1で作成された右葉レコード[40 50 60 70 80]に対して、深さ2の分割を実行します。

右葉レコードの深さ2の分割点

```
X_train_R = np.array([[40], [50], [60], [70], [80]])
y_train_R = np.array([1, 2, 1, 6, 4])
loss(X_train_R, y_train_R)
```

実行結果

```
省略
*****
index 3
X_left: [40 50 60]
X_right: [70 80]
y_left: [1 2 1]
y_right: [6 4]
y_pred_left: 1.3333333333333333
y_pred_right: 5.0
SSE: 2.6666666666666665
```

```
MSE_left: 0.2222222222222222
MSE_right: 1.0
省略
```

index3の分割でSSEが最小です。

▼実行結果

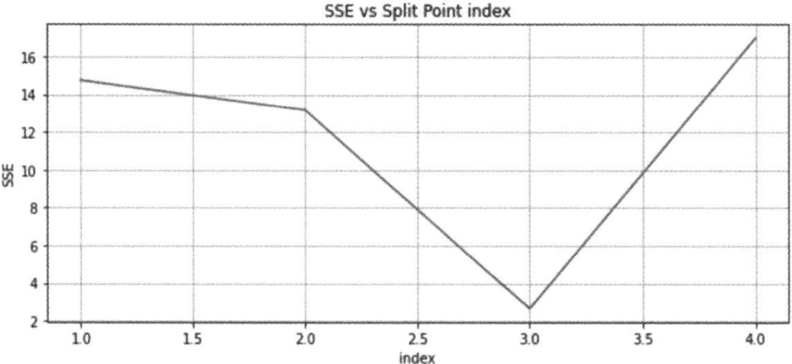

index3は[40 50 60] + [70 80]で右葉を分割します。右葉は分割点65で2分割するとSSEが最小化し、右葉レコードの深さ2の分割は完了です。このときの予測値は「y_pred_left」と「y_pred_right」になります。この結果はscikit-learn実装の予測値valueと一致します。

■図5.4 深さ2右葉のscikit-learn実装の回帰木

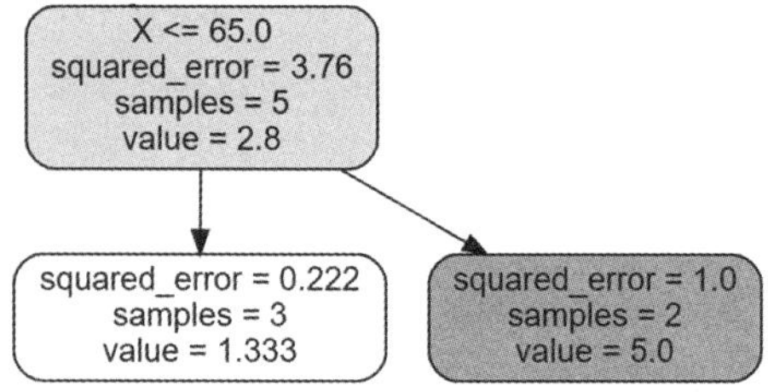

以上で、深さ2の分割まで終わったので、回帰木の終了条件を満たして作成完了です。検証用に実装した関数lossはライブラリscikit-learnと同じ木を再現でき、深さ2の葉の予測値「y_pred_left」と「y_pred_right」はライブラリscikit-learnの予測値「value」と一致しました。

図5.5 scikit-learn実装の回帰木

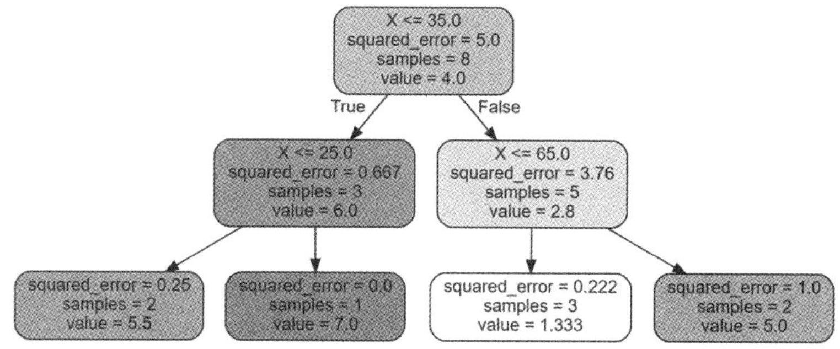

5.2

回帰木の勾配ブースティング

前節では、回帰木アルゴリズムの計算方法と計算量を確認しました。本節は勾配ブースティングの学習アルゴリズムの全体像と回帰木の役割を理解し、予測値を検証します。

学習アルゴリズム

2.4節の勾配ブースティングはK本の回帰木を使って予測しました。インデックスi ($1 \le i \le n$)のレコードの特徴量$\mathbf{x}_i$をモデルに入力すると、インデックスk ($1 \le k \le K$)で区別する回帰木のどこかの葉に含まれます。特徴量$\mathbf{x}_i$が含まれる回帰木の葉の予測値は木ごとに異なります。そこで、回帰木の予測値はインデックスkを使って、重み$w_k(\mathbf{x}_i)$と記載しました。その結果、ブースティングする回帰木の数がK本だと、予測値$\hat{y}_i$は図5.6のように初期値$\hat{y}^{(0)}$にK本の木の重み$w_k(\mathbf{x}_i)$を加算した式になりました。

$$\hat{y}_i = \hat{y}^{(0)} + w_1(\mathbf{x}_i) + w_2(\mathbf{x}_i) + \cdots + w_K(\mathbf{x}_i) = \hat{y}^{(0)} + \sum_{k=1}^{K} w_k(\mathbf{x}_i)$$

以上が2.4節のポイントです。重み$w_k(\mathbf{x}_i)$は正解値y_iと1回前の予測値$\hat{y}^{(k-1)}(\mathbf{x}_i)$の残差を基に計算するという説明で2.4節のアルゴリズム解説を終えました。

■図5.6　勾配ブースティング回帰の予測

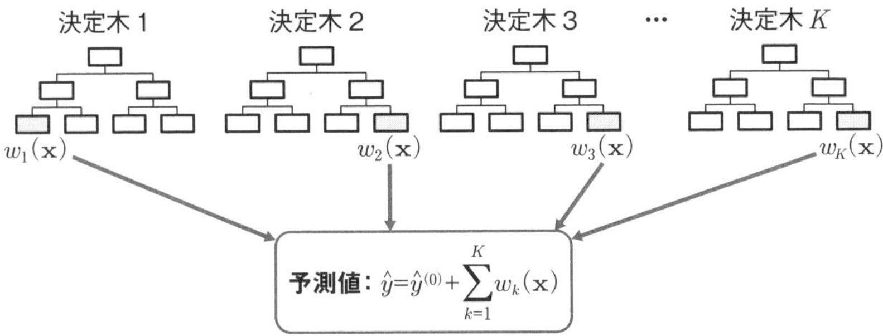

本節は2.4節の続きで、重み$w_k(\mathbf{x}_i)$の具体的な学習方法にスポットを当てます。2.4節は重みを簡易的に$w_k(\mathbf{x}_i)$と記載しましたが、重みは木のインデックスkと葉のインデックス$j\ (1\leq j\leq T)$の組み合わせでユニークなため、以降は$w_{jk}(\mathbf{x}_i)$と記載します。

学習データの特徴量は5.1節の回帰木と同様、$n\times m$の特徴量$\mathbf{X}$を使用し、インデックス$i\ (1\leq i\leq n)$のレコードを$\mathbf{x}_i^T=(x_{i1}, x_{i2}, \cdots, x_{im})$と記載します。

$$\mathbf{X}=\begin{pmatrix} x_{11} & x_{12} & \dots & x_{1m} \\ x_{21} & x_{22} & \dots & x_{2m} \\ \vdots & \vdots & \ddots & \vdots \\ x_{n1} & x_{n2} & \dots & x_{nm} \end{pmatrix}$$

勾配ブースティングの学習は図5.7のイメージで、予測値$\hat{y}^{(K)}(\mathbf{x}_i)$は①～④の処理を$K$回ぶん実行します。

①正解値y_iと前回予測値$\hat{y}^{(k-1)}(\mathbf{x}_i)$の残差$r_{ik}$を計算
②残差r_{ik}を目的変数とした回帰木を作成
③回帰木で残差r_{ik}を重みw_{jk}に汎化
④前回予測値$\hat{y}^{(k-1)}(\mathbf{x}_i)$に重み$w_{jk}$を加算して、新たな予測値$\hat{y}^{(k)}(\mathbf{x}_i)$を計算

■図5.7　勾配ブースティング回帰の学習

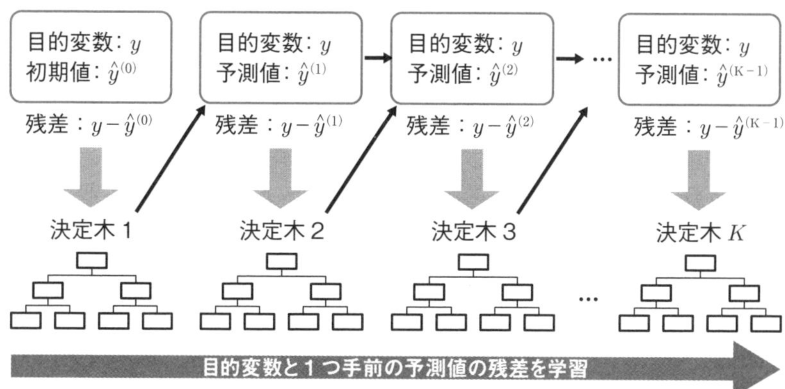

勾配ブースティングの学習アルゴリズムはFriedmanの論文[2]で解説してあり、記載を引用しながら紹介します。上に記載した処理①～④は手順2の中で実行します。損失関数$l(y_i, \hat{y}^{(k-1)}(\mathbf{x}_i))$は下に凸の微分可能な関数とします(目的関数と損失関数を区別して、損失関数は$l(y_i, \hat{y}_i)$と記載します)。

勾配ブースティングの学習アルゴリズム

- **手順1　初期値$\hat{y}^{(0)}$を計算する**

$$\hat{y}^{(0)} = \mathrm{argmin}_w \sum_{i=1}^{n} l(y_i, w)$$

- **手順2　ブースティング木の数**$(k = 1, 2, \cdots, K)$**以下の処理を繰り返す**

①すべてのレコード$(i = 1, 2, \cdots, n)$に対して、正解値y_iと前回予測値$\hat{y}^{(k-1)}(\mathbf{x}_i)$の残差$r_{ik}$を計算する

$$r_{ik} = -\left[\frac{\partial l(y_i, \hat{y}^{(k-1)}(\mathbf{x}_i))}{\partial \hat{y}^{(k-1)}(\mathbf{x}_i)}\right]$$

②k番目の回帰木を作成し、レコードごとの残差r_{ik}を回帰木の葉R_{jk}に分割する。jは葉を区別するインデックス

③回帰木でn個の残差をT個の葉に汎化して、葉$(j = 1, 2, \cdots, T)$の重みw_{jk}を計算する

$$w_{jk} = \mathrm{argmin}_w \sum_{\mathbf{x}_i \in R_{jk}} l(y_i, \hat{y}^{(k-1)}(\mathbf{x}_i) + w)$$

④1つ前の木の予測値$\hat{y}^{(k-1)}(\mathbf{x}_i)$に特徴量$\mathbf{x}_i$が含まれる重み$w_{jk}$を加算して、$k$番目の予測値$\hat{y}^{(k)}(\mathbf{x}_i)$を出力する

$$\hat{y}^{(k)}(\mathbf{x}_i) = \hat{y}^{(k-1)}(\mathbf{x}_i) + \sum_{j=1}^{T} w_{jk} I(\mathbf{x}_i \in R_{jk})$$

- **手順3　K番目までブースティングした予測値$\hat{y}^{(K)}(\mathbf{x}_i)$を最終的な予測値として出力する**

$$\hat{y}_i = \hat{y}^{(K)}(\mathbf{x}_i)$$

以上の仕組みから、回帰木がK本の勾配ブースティングの計算量は$O(K \times n \times m)$になります。そのため、回帰木を使った勾配ブースティングは大規模な学習データの場合、計算量が増えてしまい、学習に時間がかかる問題があります。

二乗誤差の重み

学習アルゴリズムの損失関数$l(y_i, \hat{y}^{(k-1)}(\mathbf{x}_i))$は回帰のときに「二乗誤差」、分類のときに「二値交差エントロピー」が基本です。実装で予測値を検証できるよう損失関数に二乗誤差を代入して勾配を具体化します。

二乗誤差は次の式になります。

$$l(y_i, \hat{y}^{(k-1)}(\mathbf{x}_i)) = \frac{1}{2}(\hat{y}^{(k-1)}(\mathbf{x}_i) - y_i)^2$$

これを学習アルゴリズムの手順の数式に代入して整理します。

- **手順1の計算**

二乗誤差を代入します。

$$\hat{y}^{(0)} = \mathrm{argmin}_w \sum_{i=1}^{n} l(y_i, w) = \mathrm{argmin}_w \sum_{i=1}^{n} \frac{1}{2}(w - y_i)^2$$

最小化する重みwが初期値$\hat{y}^{(0)}$なので、wで微分して勾配がゼロになるwを計算します。

$$\frac{\partial}{\partial w} \sum_{i=1}^{n} \frac{1}{2}(w - y_i)^2 = \sum_{i=1}^{n}(w - y_i) = 0$$

添え字の変更

ワンポイント

勾配ブースティング論文[2]の木のインデックスはmですが、本書はXGBoost論文[4]に合わせてインデックスkで記載します。

初期値は学習データの正解値の平均値になります。

$$\hat{y}^{(0)} = w = \frac{1}{n}\sum_{i=1}^{n} y_i$$

- **手順2 ①の計算**

二乗誤差を代入して微分します。誤差はレコードごとの残差になります。

$$\begin{aligned}
r_{ik} &= -\left[\frac{\partial l(y_i, \hat{y}^{(k-1)}(\mathbf{x}_i))}{\partial \hat{y}^{(k-1)}(\mathbf{x}_i)}\right] \\
&= -\frac{\partial}{\partial \hat{y}^{(k-1)}(\mathbf{x}_i)}\frac{1}{2}(\hat{y}^{(k-1)}(\mathbf{x}_i) - y_i)^2 \\
&= y_i - \hat{y}^{(k-1)}(\mathbf{x}_i)
\end{aligned}$$

- **手順2 ③の計算**

二乗誤差を代入して微分します。

$$\begin{aligned}
w_{jk} &= \mathrm{argmin}_w \sum_{\mathbf{x}_i \in R_{jk}} l(y_i, \hat{y}^{(k-1)}(\mathbf{x}_i) + w) \\
&= \mathrm{argmin}_w \sum_{\mathbf{x}_i \in R_{jk}} \frac{1}{2}(\hat{y}^{(k-1)}(\mathbf{x}_i) + w - y_i)^2
\end{aligned}$$

重みw_{jk}は二乗誤差をwで微分して極値となる値w^*を求めればよく、重みw^*は以下の式を計算します。

$$\frac{\partial}{\partial w}\sum_{\mathbf{x}_i \in R_{jk}} \frac{1}{2}(\hat{y}^{(k-1)}(\mathbf{x}_i) + w - y_i)^2 = \sum_{\mathbf{x}_i \in R_{jk}} (w + \hat{y}^{(k-1)}(\mathbf{x}_i) - y_i) = 0$$

その結果、重みw_{jk}はインデックスjの葉に含まれるレコードの残差合計をレコード件数で割った残差平均になります。

$$w_{jk} = \frac{\sum_{\mathbf{x}_i \in R_{jk}} (y_i - \hat{y}^{(k-1)}(\mathbf{x}_i))}{\sum_{\mathbf{x}_i \in R_{jk}} 1}$$

 勾配ブースティングの可視化

5.1節の回帰木と同じデータを使用し、ライブラリscikit-learnのGradientBoosting-Regressorで2回ブースティングした予測モデルを実装します。

▼ライブラリのインポート

```
%matplotlib inline
import matplotlib.pyplot as plt
import numpy as np
import graphviz
from sklearn.tree import DecisionTreeRegressor
from sklearn.ensemble import GradientBoostingRegressor
from sklearn import tree
```


▼特徴量と目的変数の設定

```
X_train = np.array([[10], [20], [30], [40], [50], [60], [70], [80]])
y_train = np.array([6, 5, 7, 1, 2, 1, 6, 4])
```

回帰木と同じ条件にします。ブースティング回数は2回と少ないので、学習率は大きめの0.8を指定します。

■図5.8 GradientBoostingRegressorのハイパーパラメータ

ハイパーパラメータ	初期値	説明
n_estimators	100	ブースティングする決定木の数を指定する。
learning_rate	0.1	1回のブースティングで加算する重みの比率
criterion	friedman_mse	誤差の評価指標を指定する。
loss	squared_error	損失関数を指定する。
max_depth	3	決定木の深さの最大値
min_samples_leaf	1	葉の作成に必要な最小のレコード数
ccp_alpha	0	葉数に対する正則化の強さ

▼勾配ブースティング回帰の学習と予測

```
model = GradientBoostingRegressor(n_estimators=2, learning_
rate=0.8, criterion='squared_error', loss ='squared_error', max_
depth=2, min_samples_leaf=1, ccp_alpha=0, random_state=0)
model.fit(X_train, y_train)
model.predict(X_train)
```

▼実行結果

```
array([5.84, 5.36, 6.56, 1.44, 1.44, 1.44, 4.96, 4.96])
```

予測値は2本の木の合算値なので、予測値が回帰木の4値から5値に増えています。

▼データと予測値の可視化

```
plt.figure(figsize=(8, 4)) #プロットのサイズ指定

# 学習データの最小値から最大値まで0.01刻みのX_pltを作成し、予測
X_plt = np.arange(X_train.min(), X_train.max(), 0.01)[:, np.
newaxis]
y_pred = model.predict(X_plt)

# 学習データの散布図と予測値のプロット
plt.scatter(X_train, y_train, color='blue', label='data')
plt.plot(X_plt, y_pred, color='red', label='GradientBoostingRegres
sor')
plt.ylabel('y')
plt.xlabel('X')
plt.title('simple data')
plt.legend(loc='upper right')
plt.show()
```

▼実行結果

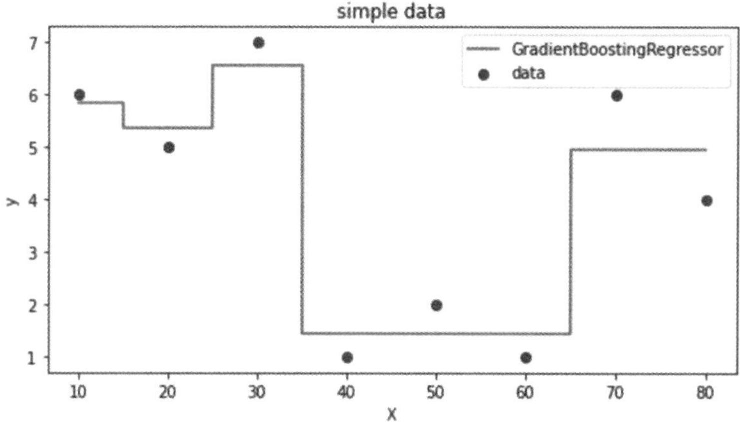

勾配ブースティングはブースティング回数ごとに木を作成しているので、1回目と2回目のブースティングの木を可視化します。

▼ブースティング1回目の木の可視化

```
dot_data = tree.export_graphviz(model.estimators_[0, 0], out_
file=None, rounded=True, feature_names=['X'], filled=True)
graphviz.Source(dot_data, format='png')
```

▼実行結果

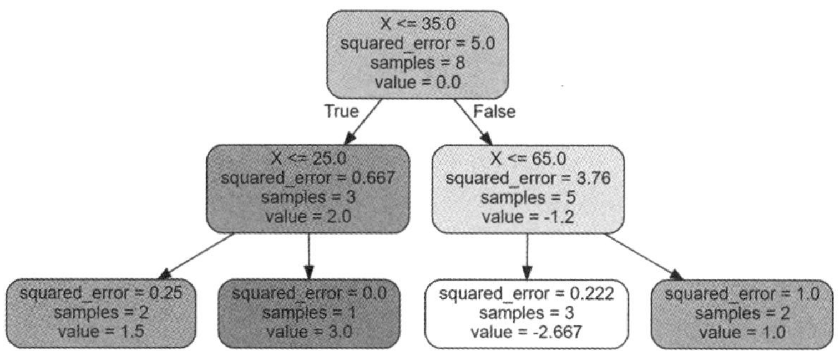

ブースティング2回目の木の可視化

```
dot_data = tree.export_graphviz(model.estimators_[1, 0], out_
file=None, rounded=True, feature_names=['X'], filled=True)
graphviz.Source(dot_data, format='png')
```

実行結果

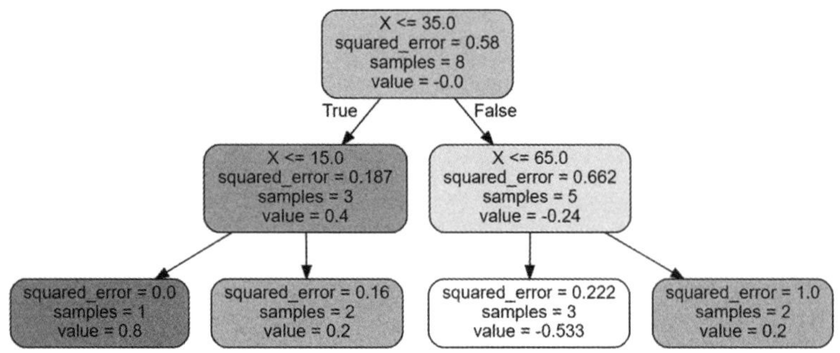

勾配ブースティングの予測値の検証

先ほどはライブラリscikit-learnのGradientBoostingRegressorを使って、2回ブースティングした予測モデルを実装しました。今度は学習アルゴリズムの手順に沿って、ブースティングして予測値を計算します。先ほどと同じデータを使います。

特徴量と目的変数の設定

```
X_train = np.array([[10], [20], [30], [40], [50], [60], [70], [80]])
y_train = np.array([6, 5, 7, 1, 2, 1, 6, 4])
```

最初に学習アルゴリズムの手順1に従って正解の平均を計算し、初期値$\hat{y}^{(0)}$を計算します。

初期値の計算

```
pred0 = np.mean(y_train)
print(pred0)
```

▼実行結果

```
4.0
```

次に、手順2に進んでブースティング1回目の$k=1$の処理を開始します。手順2①に従い、正解値y_iと初期値の残差γ_{i1}を計算します。

▼残差1=正解値ー初期値

```
residual1 = y_train - pred0
print(residual1)
```

▼実行結果

```
[ 2.  1.  3. -3. -2. -3.  2.  0.]
```


手順2②のとおり、残差を正解として回帰木の予測モデルを作成します。手順2③に進み、回帰木の予測値をweight1とします。この予測値が重みw_{j1}になります。重みのインデックスはレコードのiの単位ではなく、葉のjの単位になっています。

▼重み1の計算

```
# 特徴量と残差1で回帰木1の学習
model_tree = DecisionTreeRegressor(criterion='squared_error',
max_depth=2, min_samples_leaf=1, ccp_alpha=0, random_state=0)
model_tree.fit(X_train, residual1)
# 重み1の予測
weight1 = model_tree.predict(X_train)
print(weight1)
```

▼実行結果

```
[ 1.5         1.5         3.          -2.66666667 -2.66666667
-2.66666667
  1.          1.          ]
```

1本目の回帰木を可視化すると、深さ2なので4つの葉があります。この木はscikit-learnの勾配ブースティング1回目と同じ木になっています。

▼1本目の回帰木の可視化

```
dot_data = tree.export_graphviz(model_tree, out_file=None,
rounded=True, feature_names=['X'], filled=True)
graphviz.Source(dot_data, format='png')
```

▼実行結果

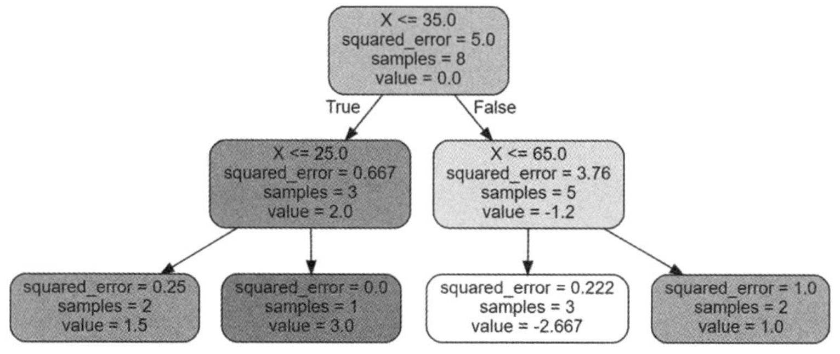

1回目のブースティングの手順2④に進み、初期値$\hat{y}^{(0)}$に学習率×重みw_{j1}を加えて、ブースティング1回の予測値$\hat{y}^{(1)}$を計算します。以上でブースティング1回目の処理は完了です。

▼予測値1＝ 初期値 ＋ 学習率 × 重み1

```
pred1 = pred0 + 0.8 * weight1
print(pred1)
```

▼実行結果

```
[5.2        5.2        6.4        1.86666667 1.86666667 1.86666667
 4.8        4.8       ]
```

続けて、$k=2$ブースティング2回目の処理を開始します。手順2①に戻り、正解値y_iと1回ブースティングした予測値$\hat{y}^{(1)}$の残差r_{i2}を計算します。

▼残差2＝ 正解値 － 予測値1

```
residual2 = y_train - pred1
print(residual2)
```

▼実行結果

```
[ 0.8         -0.2          0.6         -0.86666667  0.13333333
-0.86666667
  1.2         -0.8        ]
```

2回目の残差を正解値として、手順2②で2本目の回帰木で作成し、2③で重みw_{j2}を計算します。

▼重み2の計算

```
# 特徴量と残差２で回帰木２の学習
model_tree.fit(X_train, residual2)

# 重み２の予測値
weight2 = model_tree.predict(X_train)
print(weight2)
```

▼実行結果

```
[ 0.8          0.2          0.2         -0.53333333 -0.53333333
-0.53333333
  0.2          0.2        ]
```

2本目の回帰木を表示します。

▼2本目の回帰木の可視化

```
dot_data = tree.export_graphviz(model_tree, out_file=None,
rounded=True, feature_names=['X'], filled=True)
graphviz.Source(dot_data, format='png')
```

▼実行結果

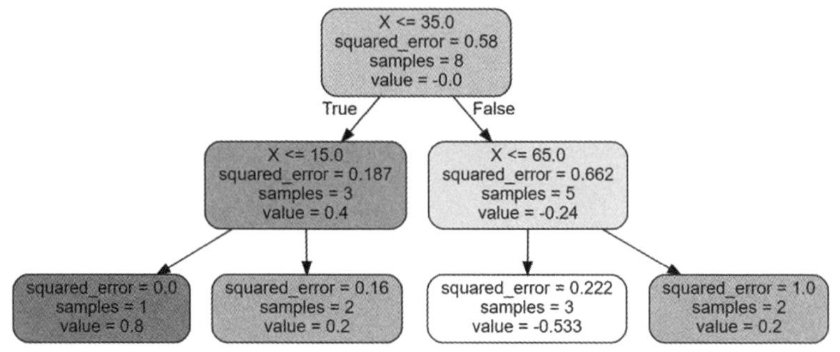

最後に、手順2④のとおり、ブースティング1回した予測値$\hat{y}^{(1)}$に学習率×重みw_{j2}を加えて、ブースティング2回の予測値$\hat{y}^{(2)}$を計算します。

▼予測値2＝ 予測値1 ＋ 学習率 × 重み2

```
pred2 = pred1 + 0.8 * weight2
print(pred2)
```

▼実行結果

```
[5.84 5.36 6.56 1.44 1.44 1.44 4.96 4.96]
```

ブースティング回数は2回なので、以上で手順2の繰り返し処理が完了で、最後の手順3で予測$\hat{y}^{(2)}$を最終的な予測結果として出力します。

2本の回帰木を使ってライブラリscikit-learnのGradientBoostingRegressorの分割点と予測値を再現しました。

5.3

XGBoost

前節は回帰木を使った勾配ブースティングの予測モデルを実装しました。本節は目的関数を用いた勾配ブースティングの学習アルゴリズムを理解します。続いて、XGBoostの予測モデルを実装し、類似度を使った予測値と一致するかを検証します。

 XGBoostの改善点

XGBoost（eXtreme Gradient Boosting）[4]は2014年に登場した勾配ブースティングアルゴリズムの1つです。従来の勾配ブースティングはレコードの2分割に回帰木を使用しました。回帰木はレコード分割の計算コストが高く、大規模データセットだと、学習できない問題がありました。XGBoostは学習アルゴリズムに目的関数を導入し、目的関数の誤差を最小化する重みを用いて、レコードを2分割する改善が加えてあります。

目的関数の導入により、XGBoostおよびLightGBMは以下の恩恵があります。

①目的関数が最小化する重みでレコードを2分割するので、回帰木が不要になった
②目的関数が葉の誤差合計のため、新しい葉を追加すべきか否か計算可能になった
③特徴量の取り得る数値を離散化して、学習データの行方向の計算を高速化できるようになった
④目的関数は損失関数の1次微分と2次微分に依存するため、損失関数の微分を引数として外部から渡すことで、独自の目的関数を定義し、学習が可能になった

特に3点目の行方向の計算高速化についてですが、XGBoostは**Weighted Quantile Sketch**、LightGBMは**ヒストグラム**を使って特徴量の数値を離散化してからレコードを分割することで、モデルの学習を高速化します。

本節ではXGBoostアルゴリズムの中核となる1点目、および2点目にスポットを当てます。3点目については、次節のLightGBMのヒストグラムで紹介します。また、4点目はアルゴリズムの最後のワンポイントで少しだけ触れておきます。

上記以外には、並列計算の導入など、様々な学習の高速化の工夫がありますが、本書では対象外とします。

 アンサンブル学習の目的関数

XGBoostの論文[4]、およびチュートリアル[5]を引用しながら、処理を確認します。学習データは5.1節と同様、インデックスiで区別するn件のレコードを持つ学習データ$(\mathbf{x}_i, y_i)$の集合で、1レコードはm個の特徴量$\mathbf{x}_i^T = (x_{i1}, x_{i2}, \cdots, x_{im})$があると考えます。このとき、データ$(\mathbf{x}_i, y_i)$に対して$K$個の決定木でアンサンブルした予測モデルは次式になります。関数f_kはインデックスkの関数で$f_k \in F$を満たし、Fは決定木の集合です。

$$\hat{y}_i = \sum_{k=1}^{K} f_k(\mathbf{x}_i)$$

予測モデルはパラメータθに依存する目的関数$\mathrm{obj}(\theta)$で最適化できると仮定します。このとき、目的関数$\mathrm{obj}(\theta)$はn個ぶんの損失関数$l(y_i, \hat{y}_i)$の合計とK本の木の正則化$\Omega(f_k)$の合計になります。損失関数$l(y_i, \hat{y}_i)$は下に凸の微分可能な関数とします。

$$\mathrm{obj}(\theta) = \sum_{i=1}^{n} l(y_i, \hat{y}_i) + \sum_{k=1}^{K} \Omega(f_k)$$

木がf_kの場合、木の葉数がT、葉数に応じて発生する正則化の強さがγ、重みのL2正則化の強さがλ、葉が持つ重みをwとすると、正則化$\Omega(f_k)$は次式になります。

$$\Omega(f_k) = \gamma T + \frac{1}{2}\lambda ||w||^2$$

目的関数$\mathrm{obj}(\theta)$の中の予測モデル$\hat{y}_i$をパラメータθを用いた式でモデル化できないため、線形回帰のように目的関数$\mathrm{obj}(\theta)$を最小化するパラメータθを直接計算できません。

 XGBoostの目的関数

勾配ブースティングはブースティング回数（以降、ステップと記載）ごとに分けて木を作成します。この前提条件を活かして、XGBoostは目的関数obj（θ）をt回の回数ぶんブースティングしたステップtの目的関数obj$^{(t)}$だと置き換えて考えます（前提条件①）。目的関数と予測値にステップを示す上添え字$^{(t)}$を追加し、正則化もステップtまで加えた式になります。

$$\mathrm{obj}^{(t)} = \sum_{i=1}^{n} l(y_i, \hat{y}_i^{(t)}) + \sum_{k=1}^{t} \Omega(f_k)$$

予測値はブースティングした結果なので、ステップtの予測値は1つ前のステップ$t-1$の予測値に$f_t(\mathbf{x}_i)$を加算した式になります（前提条件②）。

$$\hat{y}_i^{(t)} = \hat{y}_i^{(t-1)} + f_t(\mathbf{x}_i)$$

つまり、ステップtの予測値は、過去ステップの予測値の積み上げで、ステップごとの関数f_kを具体化できたら過去ステップの予測値を加算することで、ステップtの予測値を計算できます。

$$\hat{y}_i^{(t)} = \sum_{k=1}^{t} f_k(\mathbf{x}_i)$$

目的関数の予測値$\hat{y}_i^{(t)}$に1ステップ前の予測値$\hat{y}_i^{(t-1)}$と関数$f_t(\mathbf{x}_i)$を加算した式を代入します。

$$\mathrm{obj}^{(t)} = \sum_{i=1}^{n} l(y_i, \hat{y}_i^{(t)}) + \sum_{k=1}^{t} \Omega(f_k)$$

$$= \sum_{i=1}^{n} l(y_i, \hat{y}_i^{(t-1)} + f_t(\mathbf{x}_i)) + \sum_{k=1}^{t} \Omega(f_k)$$

正則化はステップごとに最適化するので、ステップtだけを残します。

$$\text{obj}^{(t)} = \sum_{i=1}^{n} l(y_i, \hat{y}_i^{(t-1)} + f_t(\mathbf{x}_i)) + \Omega(f_t) + \text{constant}$$

関数$f_t(\mathbf{x}_i)$は小さい値として、1ステップ前を中心に2次までテイラー展開します。g_iは損失関数の1次微分、h_iは2次微分になります。

$$\text{obj}^{(t)} = \sum_{i=1}^{n} \left[l(y_i, \hat{y}_i^{(t-1)}) + g_i f_t(\mathbf{x}_i) + \frac{1}{2} h_i f_t^2(\mathbf{x}_i) \right] + \Omega(f_t) + \text{constant}$$

$$g_i = \frac{\partial l(y_i, \hat{y}_i^{(t-1)})}{\partial \hat{y}_i^{(t-1)}} \qquad h_i = \frac{\partial^2 l(y_i, \hat{y}_i^{(t-1)})}{(\partial \hat{y}_i^{(t-1)})^2}$$

目的関数$\text{obj}^{(t)}$の中で$f_t(\mathbf{x}_i)$に非依存の項は定数項とみなして、定数項を除いた目的関数$\tilde{\text{obj}}^{(t)}$を定義します。

$$\tilde{\text{obj}}^{(t)} = \sum_{i=1}^{n} \left[g_i f_t(\mathbf{x}_i) + \frac{1}{2} h_i f_t^2(\mathbf{x}_i) \right] + \Omega(f_t)$$

特徴量$\mathbf{x}_i$を葉に割り振る関数$q(\mathbf{x}_i)$を導入します。葉に含まれるレコード集合I_jとすると、インデックスiのレコードとインデックスjは以下の関係になります。

$$I_j = \{i | q(\mathbf{x}_i) = j\}$$

ステップtの関数$f_t(\mathbf{x}_i)$は特徴量$\mathbf{x}_i$を葉の重みにマッピングする関数となり、次式になります。

$$f_t(\mathbf{x}_i) = w_{q(\mathbf{x}_i)}$$

関数$f_t(\mathbf{x}_i)$のマッピング関数を目的関数に代入します。

$$\tilde{\text{obj}}^{(t)} = \sum_{i=1}^{n} \left[g_i w_{q(\mathbf{x}_i)} + \frac{1}{2} h_i w_{q(\mathbf{x}_i)}^2 \right] + \Omega(f_t)$$

直前の目的関数はn件のレコードの合計で、特徴量$\mathbf{x}_i$はT個の葉の中の1つに割り当てられます。レコード集合I_jは1つの葉に対応するので、回帰木の葉の重みと同様、レコード集合I_jの中のレコード$\mathbf{x}_i$の重みは同じという前提条件を使えます（前提条件③）。

結果、レコード集合I_jの中の重みは以下の式になります。

$$w_{q(\mathbf{x}_i)} = w_j$$

目的関数はインデックスiを用いた「レコード単位の合計」から、インデックスjの「葉単位の合計」に誤差の集計方法を変更できます。

$$\tilde{\mathrm{obj}}^{(t)} = \sum_{j=1}^{T}(\sum_{i \in I_j} g_i)w_j + \frac{1}{2}\sum_{j=1}^{T}(\sum_{i \in I_j} h_i)w_j^2 + \Omega(f_t)$$

図5.9 インデックスiのレコード数の合計から、インデックスjの葉の合計への変換

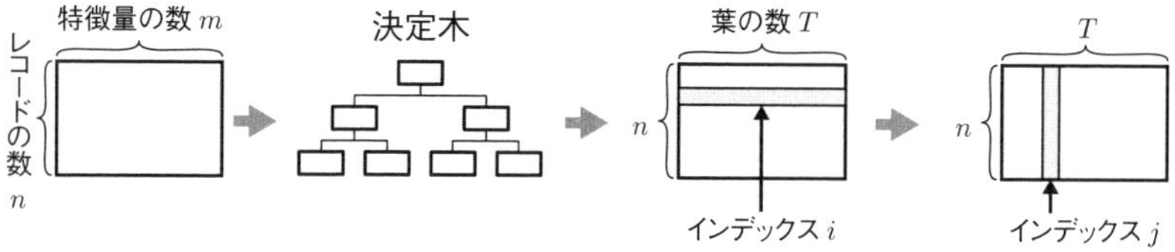

また、ステップtの木のf_tに対する正則化は、葉数と重みの二乗で発生すると考えます。

$$\Omega(f_t) = \gamma T + \frac{1}{2}\lambda||w||^2 = \gamma T + \frac{1}{2}\lambda\sum_{j=1}^{T} w_j^2$$

その結果、最初に計算したかった関数$f_t(\mathbf{x}_i)$は重みw_jに置き換わり、以下のように整理します。

$$\tilde{\mathrm{obj}}^{(t)} = \sum_{j=1}^{T}(\sum_{i \in I_j} g_i)w_j + \frac{1}{2}\sum_{j=1}^{T}(\sum_{i \in I_j} h_i)w_j^2 + \frac{1}{2}\lambda\sum_{j=1}^{T} w_j^2 + \gamma T$$

$$= \sum_{j=1}^{T}\left[(\sum_{i \in I_j} g_i)w_j + \frac{1}{2}(\sum_{i \in I_j} h_i + \lambda)w_j^2\right] + \gamma T$$

以上、目的関数obj (θ) からスタートして、ステップ単位の目的関数、予測値のステップ単位の加算、葉の中のレコードの重みは同じという3つの前提条件①、②、③

を追加した結果、ステップの目的関数$\tilde{\text{obj}}^{(t)}$を重みw_jに依存する式に整理できました。ここまできたら、重みw_jをパラメータとみなして、目的関数$\tilde{\text{obj}}^{(t)}$が最小化する重みを計算できます。

ステップtの$\tilde{\text{obj}}^{(t)}$の中の1次微分g_iと2次微分h_iはステップ$t-1$までの計算で決まっていて、重みw_jに非依存です。よって、ステップtにおいて最適化された目的関数$\tilde{\text{obj}}^{(t)}$はw_jで微分して極値となる値を求めればよく、目的関数を最小化する重みw_j^*は次式になります。

$$w_j^* = -\frac{\sum_{i \in I_j} g_i}{\sum_{i \in I_j} h_i + \lambda}$$

ステップtの予測値はステップ$t-1$の予測値に重みw_j^*を加算して計算できます。

$$\hat{y}_i^{(t)} = \hat{y}_i^{(t-1)} + w_j^*$$

目的関数$\tilde{\text{obj}}^{(t)}$に重みw_j^*を代入すると、ステップtにおける最小化する目的関数$\tilde{\text{obj}}^{(t)*}$を計算できます。この目的関数はインデックス$j$の合計で、葉の合計値になります。

$$\tilde{\text{obj}}^{(t)*} = -\frac{1}{2}\sum_{j=1}^{T} \frac{(\sum_{i \in I_j} g_i)^2}{\sum_{i \in I_j} h_i + \lambda} + \gamma T$$

ここで、インデックスjの葉に含まれるレコードの1次微分の合計値をG_j、2次微分の合計値をH_jとします。

$$G_j = \sum_{i \in I_j} g_i \qquad H_j = \sum_{i \in I_j} h_i$$

このとき、インデックスjの葉における最適化された重みは次式になります。

$$w_j^* = -\frac{G_j}{H_j + \lambda}$$

この重みを目的関数$\tilde{\text{obj}}^{(t)}$に代入すると、ステップtにおいて最小化する目的関数$\tilde{\text{obj}}^{(t)*}$は以下の式になります。目的関数は葉のインデックス$j$で合計した式です。

$$\tilde{\mathrm{obj}}^{(t)*} = -\frac{1}{2}\sum_{j=1}^{T}\frac{{G_j}^2}{H_j+\lambda}+\gamma T$$

図5.10はレコード数が5件、葉数が3の場合の目的関数の例です。インデックス$j=1, 2$の葉はレコードは1件ずつです。インデックス$j=3$の葉はレコードのインデックス$i=2, 3, 5$が含まれていて、G_3とH_3は3レコードのgradientとhessianの合計値になります。

■図5.10　目的関数のレコードと葉の関係 [5]

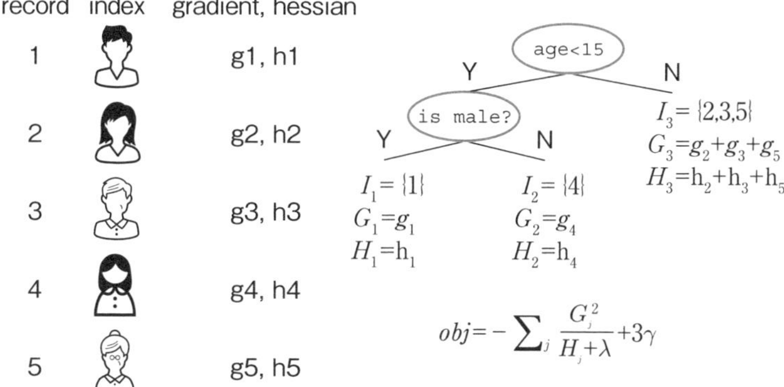

葉の分割条件

これまでの説明で誤差が最小化する目的関数は、葉のインデックスjで合計した式になることを確認できました。

$$\tilde{\mathrm{obj}}^{(t)*} = -\frac{1}{2}\sum_{j=1}^{T}\frac{{G_j}^2}{H_j+\lambda}+\gamma T$$

そのため、葉を増やす前後の目的関数を比較することで、葉を増やすべきか否か評価できます。ある葉に含まれるレコードの集合I_L+I_RをI_LとI_Rの2つのレコード集合に分割する場合、**情報利得（Gain）**は分割前から分割後の左右の合計を引いた式になります。

$$\text{Gain} = \left[-\frac{1}{2}\frac{(G_L + G_R)^2}{H_L + H_R + \lambda} + \gamma\right] - \left[-\frac{1}{2}\frac{{G_L}^2}{H_L + \lambda} + \gamma - \frac{1}{2}\frac{{G_R}^2}{H_R + \lambda} + \gamma\right]$$

$$= \frac{1}{2}\left[\frac{{G_L}^2}{H_L + \lambda} + \frac{{G_R}^2}{H_R + \lambda} - \frac{(G_L + G_R)^2}{H_L + H_R + \lambda}\right] - \gamma$$

このとき、Gain＞0であれば、レコード集合$I_L + I_R$をI_LとI_Rに分割した方が目的関数$\tilde{\text{obj}}^{(t)*}$の誤差は低下します。XGBoostはGain＞0の条件を利用することで、誤差が低下する範囲で葉の分割を繰り返します。

なお、数式中のγは葉の分割を防ぐハイパーパラメータ「min_split_loss」に相当し、min_split_lossの値(正の値を指定)を大きくすることで、Gainはプラスになりづらく、分割を抑えることができます。min_split_lossは**枝刈り**による過学習抑制の効果があります。

 類似度によるデータ分割点の計算

XGBoostの計算アルゴリズムはステップごとの最適化された目的関数$\tilde{\text{obj}}^{(t)*}$の最小値を計算する代わりに、符号を反転した**類似度**(**Similarity Score**)の最大値を計算します。類似度はインデックスjの葉の単位で計算し、以下の式とします。

$$\text{Similarity}(j) = \frac{{G_j}^2}{H_j + \lambda}$$

目的関数にSimilarityを代入すると次式になります。Similarityの最大値は目的関数$\tilde{\text{obj}}^{(t)*}$の最小値になります。

$$\tilde{\text{obj}}^{(t)*} = -\frac{1}{2}\sum_{j=1}^{T}\text{Similarity}(j) + \gamma T$$

また、GainにSimilarityを代入して1/2を省略すると、次式になります。

$$\text{Gain} = [\text{Similarity}\ (L) + \text{Similarity}\ (R) - \text{Similarity}\ (L + R)] - \gamma$$

Gainの最初の2項は特徴量の閾値(分割点)の計算に使用でき、左右の類似度の合計が最大化する値でレコードを左右に分割します。例えば、図5.11は葉に5件のレ

コードがあり、それを年齢の特徴量で2分割する場合のイメージです。レコードを年齢でソートして、分割点を左から右に順番に移動しながら類似度合計を計算し、合計値が最大化するとき、レコードを2分割します。

$$\text{Similarity}(L) + \text{Similarity}(R) = \frac{G_L^2}{H_L + \lambda} + \frac{G_R^2}{H_R + \lambda}$$

■図5.11 特徴量の年齢でデータ分割するイメージ [5]

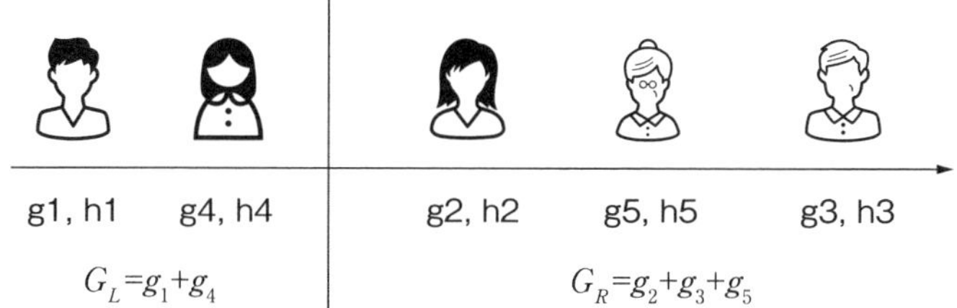

二乗誤差の重みと類似度

いままでの損失関数$l(y_i, \hat{y}_i^{(t-1)})$は下に凸の微分可能な関数という一般的な記載でした。ここでは、損失関数$l(y_i, \hat{y}_i^{(t-1)})$に二乗誤差を代入して、1次微分と2次微分を計算して、「重み」と「類似度」を具体化します。

$$l(y_i, \hat{y}_i^{(t-1)}) = \frac{1}{2}(\hat{y}_i^{(t-1)} - y_i)^2$$

レコードごとの微分は次の式で計算します。

$$g_i = \frac{\partial l(y_i, \hat{y}_i^{(t-1)})}{\partial \hat{y}_i^{(t-1)}} \qquad h_i = \frac{\partial^2 l(y_i, \hat{y}_i^{(t-1)})}{(\partial \hat{y}_i^{(t-1)})^2}$$

結果は以下になります。

1次微分：$g_i = \hat{y}_i^{(t-1)} - y_i$

2次微分：$h_i = 1$

正則化がないときの重みは、1次微分と2次微分を代入した式となります。葉の重みw_j^*はインデックスjの葉に含まれるレコード件数の残差平均になります。

$$w_j^* = \frac{\sum_{i \in I_j}(y_i - \hat{y}_i^{(t-1)})}{\sum_{i \in I_j} 1}$$

この結果は5.2節の学習アルゴリズムで紹介した手順2③の重みの計算結果と一致します。つまり、正則化がない場合、XGBoostの予測値は前節の回帰木を用いた勾配ブースティングの予測値と一致します。

続いて、1次微分と2次微分を類似度Similarityに代入します。

$$\text{Similarity}(j) = \frac{(\sum_{i \in I_j}(y_i - \hat{y}_i^{(t-1)}))^2}{\sum_{i \in I_j} 1}$$

特徴量の分割点は回帰木のSSEの代わりに、左右の類似度の合計で計算します。二乗誤差の場合、以下の式が最大化する点が分割点になります。

$$\begin{aligned}
&\text{Similarity}(L) + \text{Similarity}(R) \\
&= \frac{(\sum_{i \in I_L}(y_i - \hat{y}_i^{(t-1)}))^2}{\sum_{i \in I_L} 1} + \frac{((\sum_{i \in I_R}(y_i - \hat{y}_i^{(t-1)}))^2}{\sum_{i \in I_R} 1}
\end{aligned}$$

ここで計算した二乗誤差の重みと類似度をスクラッチ実装に組み込んで、XGBoostの予測値と比較します。

ワンポイント

独自の目的関数の定義方法

特徴量の分割点の計算は類似度を使用し、類似度は損失関数の1次微分の合計値G_j、2次微分の合計値H_jに依存します。そのため、損失関数の1次微分と2次微分を独自に定義して、ライブラリxgboostの引数objに渡すことで、独自の目的関数で学習できます。詳細は公式ドキュメント[19]の実装をご確認ください。同様に、LightGBMも独自の目的関数で学習できます。詳細は公式ドキュメント[20]の実装をご確認ください。

XGBoostの可視化

XGBoostの予測モデルを実装します。データは5.1節と同じデータを使い、scikit-learnの予測値と比較します。

▼ライブラリのインポート

```
%matplotlib inline
import matplotlib.pyplot as plt
import numpy as np
import pandas as pd
from sklearn.metrics import mean_squared_error
import xgboost as xgb
```


5.1節のデータを使用します。

▼特徴量と目的変数の設定

```
X_train = np.array([[10], [20], [30], [40], [50], [60], [70], [80]])
y_train = np.array([6, 5, 7, 1, 2, 1, 6, 4])
```

ワンポイント

損失関数の微分

二乗誤差の1次微分と2次微分を計算しましたが、絶対誤差と二値交差エントロピーの微分は以下になります。

誤差	損失関数 $l(y_i, \hat{y}_i)$	1次微分 $g_i = \dfrac{\partial l(y_i, \hat{y}_i)}{\partial \hat{y}_i}$	2次微分 $h_i = \dfrac{\partial^2 l(y_i, \hat{y}_i)}{\partial \hat{y}_i^2}$
二乗誤差	$\frac{1}{2}(\hat{y}_i - y_i)^2$	$\hat{y}_i - y_i$	1
絶対誤差	$\lvert\hat{y}_i - y_i\rvert$	$\mathrm{sign}\lvert\hat{y}_i - y_i\rvert$	1
二値交差エントロピー	$-[y_i \log(p_i) + (1 - y_i) \log(1 - p_i)]$	$p_i - y_i$	$p_i(1 - p_i)$

XGBoostの予測の初期値は0.5です。前節の実装と同じ予測値を再現するため、初期値base_scoreに4を指定します。正則化や枝刈りをなしとします。損失関数は二乗誤差、予測の評価指標はRMSEとします。

図5.12　XGBoostのハイパーパラメータ

ハイパーパラメータ	初期値	説明
objective	reg：squarederror	1次微分と2次微分を計算する損失関数を指定する。損失関数で回帰と分類を変更する。回帰はreg:squarederror、分類はreg:logisticなどを使用する。
eval_metric	objectiveに依存	回帰の場合、初期値：rmse 分類の場合、初期値：logloss
learning_rate eta	0.3	学習率を指定する。初期値0.3は大きいので、小さい値を指定する。
base_score	0.5	予測の初期値を指定する。lightgbmは目的関数を使って自動的に計算するが、xgboostはハイパーパラメータで指定する。
min_child_weight	1	葉の作成に必要な2次微分の最小値を指定する。回帰と分類で指定する値を変える。
max_depth	6	決定木の深さの最大値
min_split_loss	0	葉数に対する正則化の強さ
reg_lambda	1	L2正則化の強さを指定する。初期値が1なので無効にするときは0を指定する。
reg_alpha	0	L1正則化の強さ

▼ハイパーパラメータの設定

```
xgb_train = xgb.DMatrix(X_train, label=y_train)

params = {
    'objective': 'reg:squarederror', # 損失関数
    'eval_metric': 'rmse', # 評価指標
    'max_depth': 2, # 深さの最大値
    'learning_rate': 0.8, # 学習率
    'base_score': 4, # 初期値
```

```
    'min_split_loss': 0, # 枝刈り
    'reg_lambda': 0, # L2正則化
    'reg_alpha': 0, # L1正則化
    'seed': 0, # 乱数
    }
```

ブースティング回数は2回で学習します。

▼XGBoostの学習

```
model = xgb.train(params,
                  xgb_train,
                  evals=[(xgb_train, 'train')],
                  num_boost_round=2)
```

▼実行結果

```
[0]	train-rmse:0.76158
[1]	train-rmse:0.61774
```

予測値は5.2節の勾配ブースティングの予測値と一致します。

▼XGBoostの予測

```
model.predict(xgb.DMatrix(X_train))
```

▼実行結果

```
array([5.84     , 5.3599997, 6.56     , 1.4399999, 1.4399999,
1.4399999,       4.96     , 4.96     ], dtype=float32)
```

ライブラリxgboostの評価指標

評価指標でmseを使用できないので、代わりにrmseを指定します。

XGBoostの木を可視化します。予測値は「leaf」で重みに学習率0.8をかけた数値を表示します。そのため、学習率なしの予測値を出力する5.2節のGradientBoostingRegressorの「value」とは学習率ぶん数値が異なります。また、予測値には初期値4は含まれていません。

▼1本目の木の可視化

```
xgb.to_graphviz(model, num_trees=0)
```

▼実行結果

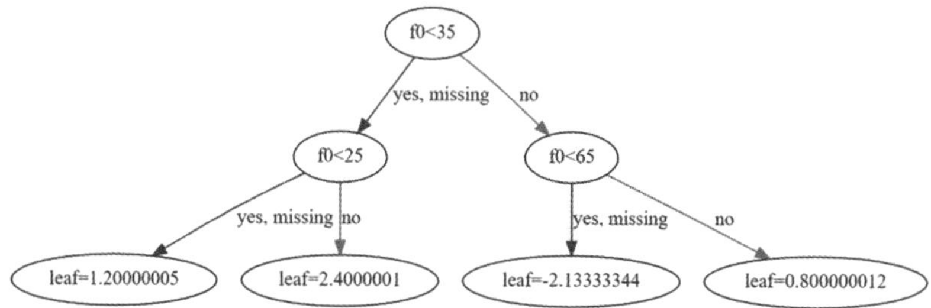

2本目の木を可視化します。

▼2本目の木の可視化

```
xgb.to_graphviz(model, num_trees=1)
```

▼実行結果

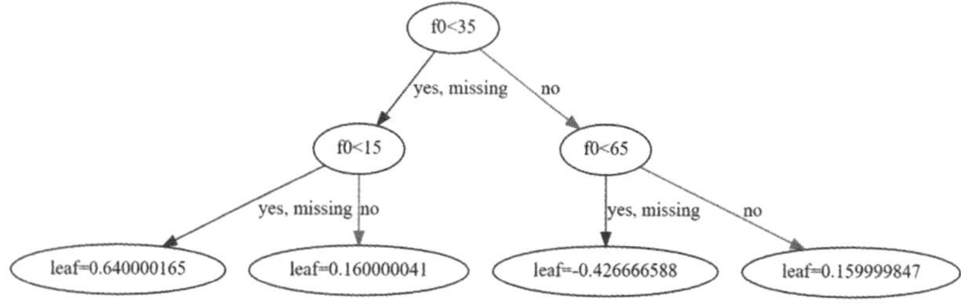

 XGBoostの予測値の検証

ライブラリXGBoostの予測モデル実装に続いて、先ほど計算した二乗誤差の重みと類似度を使って、スクラッチ実装で予測値を計算します。

最初に重みの「関数weight」を定義します。二乗誤差の重みは残差合計をレコード件数で割った式でした。また、L2正則化の強さlamは0とします。

▼二乗誤差の重み

```
def weight(res, lam=0):
    if len(res)==0:
        return 0
    return sum(res)/(len(res)+lam)
```

同様に、類似度の「関数similarity」を定義します。類似度は残差合計の二乗をレコード件数で割った式でした。

▼二乗誤差の類似度

```
def similarity(res, lam=0):
    if len(res)==0:
        return 0
    return  sum(res)**2/(len(res)+lam)
```

分割点の候補を計算する「関数split」を定義します。予測値は関数weightで計算し、類似度は関数similarityを呼び出し、左葉と右葉の合計の類似度を計算します。また、分割点のインデックスと類似度を可視化して、最大化する類似度を確認します。

▼分割点ごとの左葉類似度＋右葉類似度の計算

```
def split(X_train, residual):
  # プロット用のリスト
  index_plt = []
  similarity_plt = []
  # L2正則化
  lam = 0
```

```
# 2次元配列を1次元配列
X_train = X_train.flatten()
# 分割点ごとの重みと類似度を計算
for i in range(1, len(X_train)):
    X_left = np.array(X_train[:i])
    X_right = np.array(X_train[i:])
    res_left = np.array(residual[:i])
    res_right = np.array(residual[i:])
    # 分割点のインデックス
    print('*****')
    print('index', i)
    index_plt.append(i)
    # 分割後の配列
    print('X_left:', X_left)
    print('X_right:', X_right)
    print('res_left:', res_left)
    print('res_right:', res_right)
    # 重み
    print('res_weight_left:', weight(res_left, lam))
    print('res_weight_right:', weight(res_right, lam))
    # 類似度
    print('similarity_left:', similarity(res_left, lam))
    print('similarity_right:', similarity(res_right, lam))
    # 左葉類似度+右葉類似度の合計
    print('similarity_total:', similarity(res_left, lam) + 
similarity(res_right, lam))
    similarity_plt.append(similarity(res_left, lam) + 
similarity(res_right, lam))
    print('')

# 1次元配列→2次元配列
index_plt = np.array(index_plt)
X_plt = index_plt[:, np.newaxis]
# 分割点ごとの類似度を可視化
plt.figure(figsize=(10, 4)) #プロットのサイズ指定
```

```
  plt.plot(X_plt, similarity_plt)
  plt.xlabel('index')
  plt.ylabel('Similarity Score')
  plt.title('Similarity Score vs Split Point index')
  plt.grid()
  plt.show()
```

初期値は学習データの正解値の平均になります。

▼初期値の計算

```
pred0 = np.mean(y_train)
pred0
```

▼実行結果

```
4.0
```

勾配ブースティングと同様、残差1を計算します。

▼残差1=正解値ー初期値

```
residual1 = y_train - pred0
residual1
```

▼実行結果

```
array([ 2.,  1.,  3., -3., -2., -3.,  2.,  0.])
```

特徴量と残差1を学習データとして、深さ1の分割点を計算します。index3の[10 20 30]と[40 50 60 70 80]の分割で類似度が最大化します。

▼残差1の深さ1の分割点

```
X_train = np.array([[10], [20], [30], [40], [50], [60], [70], [80]])
split(X_train, residual1)
```

▼実行結果

```
省略
*****
index 3
X_left: [10 20 30]
X_right: [40 50 60 70 80]
res_left: [2. 1. 3.]
res_right: [-3. -2. -3.  2.  0.]
res_weight_left: 2.0
res_weight_right: -1.2
similarity_left: 12.0
similarity_right: 7.2
similarity_total: 19.2
省略
```

▼実行結果

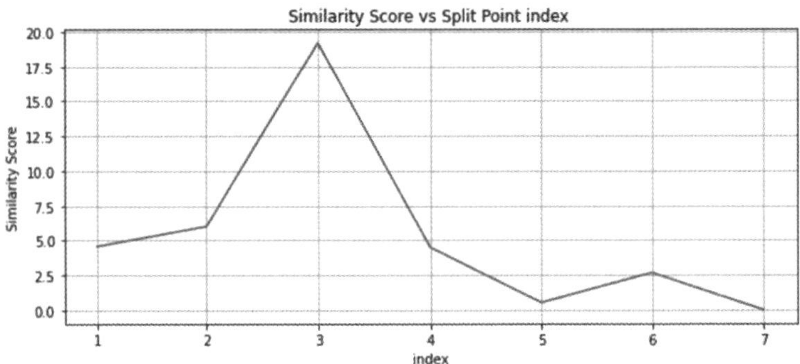

次に深さ2の分割に進み、左葉レコード[10 20 30]を2分割します。index1と2を比較すると、index2の類似度が高く、[10 20]と[30]に分割します。

▼左葉：残差1の深さ2の分割点

```
X_train1_L = np.array([[10], [20], [30]])
residual1_L = np.array([2, 1, 3])
split(X_train1_L, residual1_L)
```

▼実行結果

```
*****
index 1
X_left: [10]
X_right: [20 30]
res_left: [2]
res_right: [1 3]
res_weight_left: 2.0
res_weight_right: 2.0
similarity_left: 4.0
similarity_right: 8.0
similarity_total: 12.0
*****
index 2
X_left: [10 20]
X_right: [30]
res_left: [2 1]
res_right: [3]
res_weight_left: 1.5
res_weight_right: 3.0
similarity_left: 4.5
similarity_right: 9.0
similarity_total: 13.5
```


▼実行結果

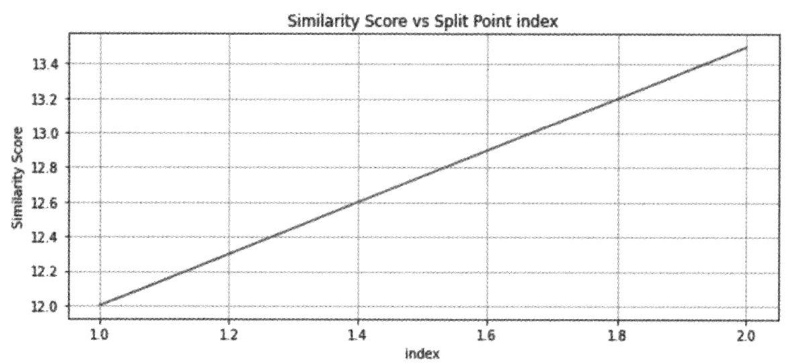

右葉データ[40 50 60 70 80]の深さ2の分割に進みます。index3の分割の類似度が最大となり、[40 50 60]と[70 80]で分割します。

▼右葉：残差1の深さ2の分割点

```
X_train1_R = np.array([[40], [50], [60], [70], [80]])
residual1_R = np.array([-3, -2, -3,  2,  0])
split(X_train1_R, residual1_R)
```

▼実行結果

```
省略
*****
index 3
X_left: [40 50 60]
X_right: [70 80]
res_left: [-3 -2 -3]
res_right: [2 0]
res_weight_left: -2.6666666666666665
res_weight_right: 1.0
similarity_left: 21.333333333333332
similarity_right: 2.0
similarity_total: 23.333333333333332
省略
```

▼実行結果

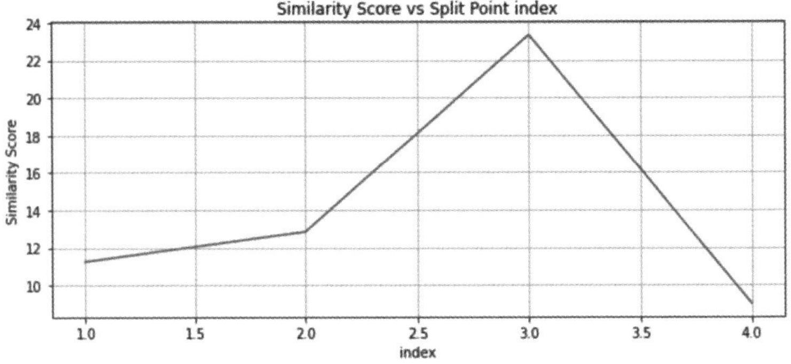

ブースティング1回目の重みres_weight_leftとres_weight_rightをweight1に保存して学習率をかけます。

▼学習率×1回ブースティングした重み

```
weight1 = np.array([1.5, 1.5, 3, -2.6666666666666665,
-2.6666666666666665, -2.6666666666666665, 1, 1])
0.8 * weight1
```

▼実行結果

```
array([ 1.2        ,  1.2        ,  2.4        , -2.13333333,
       -2.13333333, -2.13333333,  0.8        ,  0.8        ])
```


初期値に1回ブースティングした重みを加算して、1回ブースティングしたときの予測を計算できました。

▼予測値1＝ 初期値 + 学習率 × 重み1

```
pred1 = pred0 + 0.8 * weight1
pred1
```

▼実行結果

```
array([5.2        , 5.2        , 6.4        , 1.86666667, 1.86666667,
       1.86666667, 4.8        , 4.8        ])
```

この予測値をRMSEで計算すると、XGBoostの学習ログの1回ブースティングしたときの評価と同じになります。

▼予測値1のRMSE

```
print('RMSE train: %.5f' % (mean_squared_error(y_train, pred1) **
0.5))
```

▼実行結果

```
RMSE train: 0.76158
```

次にブースティング2回目の処理が始まり、残差2を正解値と予測値1から計算します。

▼残差2＝ 正解値 － 予測値1

```
residual2 = y_train - pred1
residual2
```

▼実行結果

```
array([ 0.8       , -0.2       ,  0.6       , -0.86666667,
        0.13333333, -0.86666667,  1.2       , -0.8       ])
```

ブースティング1回目と同様に関数splitを使用して、深さ2までの分割点を計算します。

▼残差2の深さ1の分割点

```
X_train = np.array([[10], [20], [30], [40], [50], [60], [70], [80]])
split(X_train, residual2)
```

関数splitにより得られた分割点の予測値をweight2に保存します。

▼学習率×2回ブースティングした重み

```
weight2 = np.array([0.8, 0.2, 0.2, -0.5333333366666667,
-0.5333333366666667, -0.5333333366666667, 0.19999999999999996,
0.19999999999999996])
0.8 * weight2
```

▼実行結果

```
array([ 0.64      ,  0.16      ,  0.16      , -0.42666667,
       -0.42666667, -0.42666667,  0.16      ,  0.16      ])
```

1回ブースティングした予測値1に重み2の80%を加算して、予測値2を計算します。

▼予測値2＝予測値1＋学習率×重み2

```
pred2 = pred1 + 0.8 * weight2
pred2
```

▼実行結果

```
array([5.84, 5.36, 6.56, 1.44, 1.44, 1.44, 4.96, 4.96])
```

RMSEで誤差を評価するとXGBoostのブースティング2回目の誤差と一致します。

▼予測値2のRMSE

```
print('RMSE train: %.5f' % (mean_squared_error(y_train, pred2) **
0.5))
```

▼実行結果

```
RMSE train: 0.61774
```

以上、「重み」と「類似度」を使ったスクラッチ実装で予測値を計算し、XGBoostの予測値と同じ予測値を計算できました。

XGBoostの枝刈り

XGBoostの1本目の木を表示します。この木は枝刈りがないです。深さ1の左葉に注目し、深さ2の分割前後の類似度を比較し、Gainを計算します。

図5.13　1本目の木の可視化

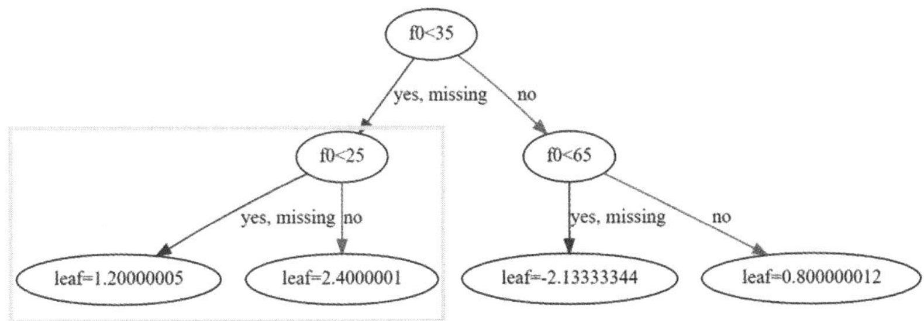

Gainは以下の式になります。学習時に枝刈りのハイパーパラメータmin_split_lossは指定していないので、$\gamma = 0$とします。

$$\text{Gain} = [\text{Similarity}\ (L) + \text{Similarity}\ (R) - \text{Similarity}\ (L + R)] - \gamma$$

分割前の深さ1の左葉類似度は「similarity_left」で12.0になります。

▼深さ1の分割の実行結果（再掲）

```
*****
index 3
X_left: [10 20 30]
X_right: [40 50 60 70 80]
res_left: [2. 1. 3.]
res_right: [-3. -2. -3.  2.  0.]
res_weight_left: 2.0
res_weight_right: -1.2
similarity_left: 12.0
similarity_right: 7.2
similarity_total: 19.2
```

左葉を深さ2で分割したときの類似度を確認すると、「similarity_left」が4.5、「similarity_right」が9.0なので、分割したときの類似度合計は13.5になります。

▼左葉データの深さ2の分割の実行結果（再掲）

```
*****
index 2
X_left: [10 20]
X_right: [30]
res_left: [2 1]
res_right: [3]
res_weight_left: 1.5
res_weight_right: 3.0
similarity_left: 4.5
similarity_right: 9.0
similarity_total: 13.5
```

その結果、左葉を分割したときのGainは1.5になります。符号がプラスなので、深さ2で左葉は分割しました。

$$\text{Gain} = 4.5 + 9.0 - 12.0 - 0 = 1.5 > 0$$

次に、ハイパーパラメータmin_split_lossに1.51を指定して、Gainが深さ2の分割時にマイナスになるようにします。

▼ハイパーパラメータの設定

```
params2 = {
    'objective': 'reg:squarederror', # 損失関数
    'eval_metric': 'rmse', # 評価指標
    'max_depth': 2, # 深さの最大値
    'learning_rate': 0.8, # 残差を80%ぶん更新
    'base_score': 4, # 予測の初期値
    'min_split_loss': 1.51, # 枝刈り
    'reg_lambda': 0, # L2正則化
    'reg_alpha': 0, # L1正則化
    'seed': 0, # 乱数
    }
```

▼XGBoostの学習

```
model2 = xgb.train(params2,
                   xgb_train,
                   evals=[(xgb_train, 'train')],
                   num_boost_round=1)
```

▼実行結果

```
[0]     train-rmse:0.87178
```

▼XGBoostの予測

```
model2.predict(xgb.DMatrix(X_train))
```

▼実行結果

```
array([5.6       , 5.6       , 5.6       , 1.8666666, 1.8666666,
       1.8666666, 4.8       , 4.8       ], dtype=float32)
```

Gainを計算すると、min_split_loss = 1.51のため、Gainの符号はマイナスになります。

Gain = 4.5 + 9.0 − 12.0 − 1.51 = − 0.1 < 0

その結果、左葉は枝刈りのため、深さ2の分割がなくなりました。

▼1本目の木の可視化

```
xgb.to_graphviz(model2, num_trees=0)
```

▼実行結果

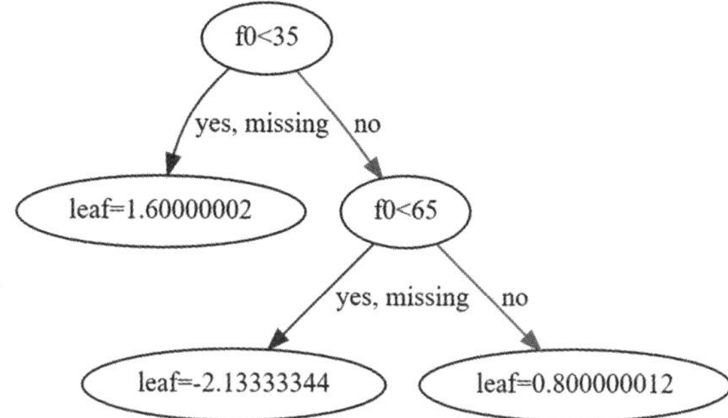

5.4

LightGBM

LightGBMはXGBoostを基本に改善を加えたアルゴリズムです。XGBoostからの改善点を確認して、どのようにしてモデル学習を高速化したか理解します。また、前節と同じデータで予測モデルを実装し、予測値を検証します。

LightGBMの改善点

LightGBM(Light Gradient Boosting Machine) [6] は2016年に登場した勾配ブースティングアルゴリズムの1つです。XGBoostより学習時間が短く、精度も同程度のため、実務で広く使われます。LightGBMはXGBoostを基本にして、主に以下の改善が追加されています。

・ヒストグラムによる学習の高速化
・深さから葉への探索方法の変更
・カテゴリ変数のヒストグラム化

ヒストグラムによる学習の高速化

5.1節の回帰木では、ライブラリscikit-learn DecisionTreeRegressorの閾値(分割点)の計算量の問題を示しました。続いて、5.2節の勾配ブースティングでは、scikit-learn GradientBoostingRegressorの分割点の計算に回帰木DecisionTreeRegressorを使用するため、大規模データの学習が難しい問題を解説しました。

ここでは、LightGBMが回帰木にまつわる計算量の問題をどのように解決したかを整理します。

5.1節と同様、学習データはインデックスiで区別する学習データ$(\mathbf{x}_i, y_i)$の集合で、レコード件数はn件とします。また、1レコードにはm個の特徴量$\mathbf{x}_i^T = (x_{i1}, x_{i2}, \cdots, x_{im})$があり、特徴量$\mathbf{X}$は$n \times m$の行列とします。

特徴量$\mathbf{X} = (X_1, X_2, \cdots, X_m)$から図5.14の左側のようにインデックス$j$の特徴量$X_j$を取り出したとき、回帰木はレコード$n$件の分割点を1件ずつを総当たりで計算するため、分割点の計算量は$O(n)$です。よって、特徴量$\mathbf{X}$全体の計算量は$O(n \times m)$になります。

$$\mathbf{X} = \begin{pmatrix} x_{11} & x_{12} & \dots & x_{1m} \\ x_{21} & x_{22} & \dots & x_{2m} \\ \vdots & \vdots & \ddots & \vdots \\ x_{n1} & x_{n2} & \dots & x_{nm} \end{pmatrix} \qquad X_j = \begin{pmatrix} x_{1j} \\ x_{2j} \\ \vdots \\ x_{nj} \end{pmatrix}$$

一方、LightGBMは図5.14の右側のように特徴量X_jの数値をヒストグラムで**bin**（まとまり）に離散化し、離散化したbinの件数（**bins**）に対する分割点を計算します。

図5.14　ヒストグラムによる離散化

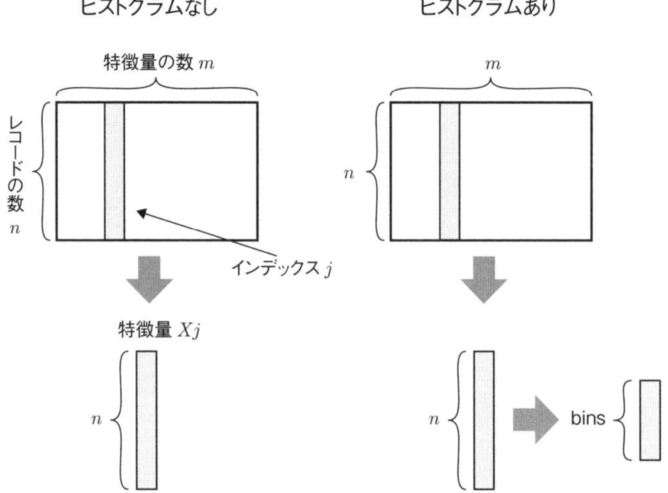

LightGBMはヒストグラムを作成する過程でソートするため、初回に計算量$O(n)$が1回発生します。しかし、その後の計算量は$O(\text{bins})$に減り、処理が高速化します。ヒストグラムのおかげで、1回のブースティングに必要な計算量が$O(n \times m)$から$O(\text{bins} \times m)$に削減でき、学習に使用する計算環境のメモリも節約できます。

ヒストグラムによる特徴量の数値の離散化は大量のレコード件数を持つ学習データに対して特に有効で、レコードを離散化して扱うことで、従来扱いが難しかった大規模データの学習が可能になります。データに合わせた計算環境を用意できれば、レコード件数が1,000万、特徴量数が1,000個の大規模データでも数時間で学習できます。

ヒストグラムのbinの件数(bins)の最大値はハイパーパラメータmax_binで指定し、初期値は255です。また、binsの中に含める最小のレコード数はmin_data_in_binで指定し、初期値は3です。

このとき、以下条件を満たすと、図5.14のn(レコード数)= bins(ヒストグラムのbinの数)の関係となり、ヒストグラムが無効化します。

- binsの数はレコード数より多い(max_bin(binsの数)≧n(レコード数))
- binsの中のレコード数は1レコード縛り(min_data_in_bin = 1)

その結果、総当たりの計算となるため、他のハイパーパラメータの調整次第では、LightGBMの木は5.2節の回帰木を使った勾配ブースティングの木と同じになり、分割点と予測値が一致します。

ヒストグラムの例として、2.4節の住宅価格データセットの学習データ100件に対して、max_bin = 20とmax_bin = 10のヒストグラムを表示します。ヒストグラムの横軸は特徴量RM(平均部屋数)の値を離散化した結果です。LightGBMは離散化したbinの粒度で、5.3節で紹介した類似度(Similarity)の合計値を計算し、最適な分割点を探索します。そのため、max_bin = 10のヒストグラムはmax_bin = 20と比べて、binが粗くなり、分割点の計算量は半減します。なお、ヒストグラムの縦軸はbinに含まれるレコード件数で、横軸のmax_binに依存します。縦軸のレコード件数は分割点の計算に使用しません。

$$\text{Similarity}(L) + \text{Similarity}(R) = \frac{G_L^2}{H_L + \lambda} + \frac{G_R^2}{H_R + \lambda}$$

▼max_bin=20

```
X_train = df.loc[:99, ['RM']] # 特徴量に100件のRM(平均部屋数)を設定
X_train.hist(bins=20) # 100件レコードに対してbinが20のヒストグラム
```

▼実行結果

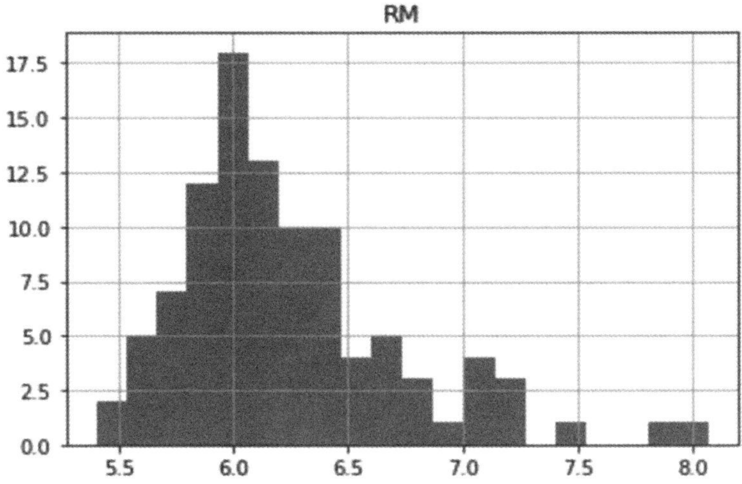

▼max_bin=10

```
X_train.hist(bins=10) # 100件レコードに対してbinが10のヒストグラム
```

▼実行結果

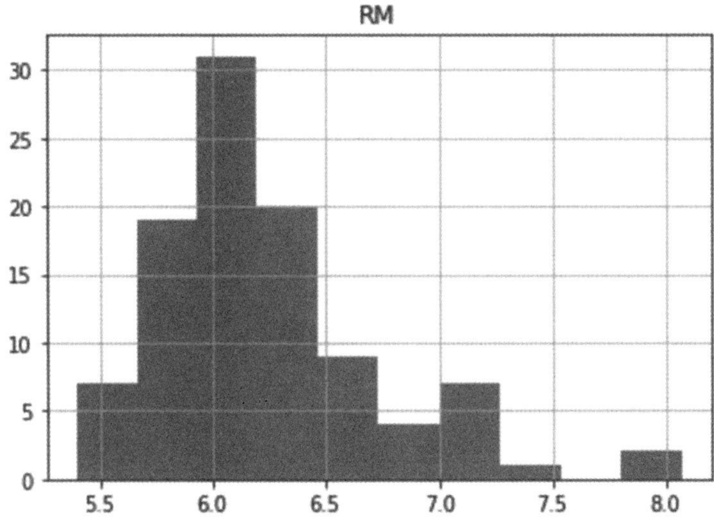

深さから葉への探索方法の変更

XGBoostはハイパーパラメータ**max_depth**（**木の深さ**）で木の形を指定します。この場合、葉に含まれるレコード件数が減り、これ以上葉を分割できなくなるか、あるいは指定したmax_depthの深さになるまで、図5.15のように葉の分割を繰り返します。それにより、XGBoostの木の形はLightGBMと比べると「左右対称」に近くなります。

図5.15　level wiseの決定木［7］

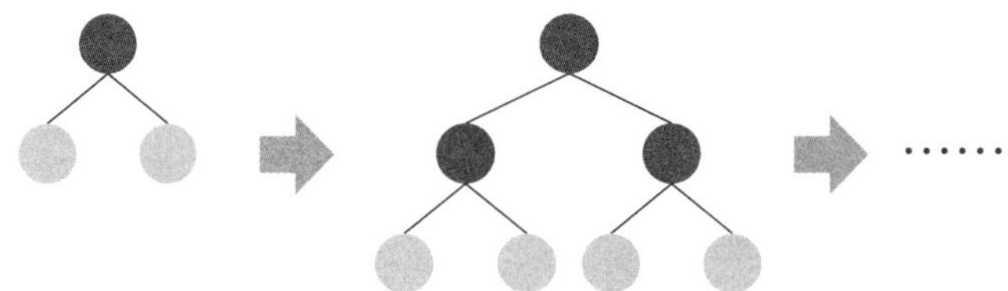

一方でLightGBMは、ハイパーパラメータ**num_leaves**（**木の葉数**）で木の形を指定します。この場合、分割可能なすべての葉のGainを計算し、符号がプラスでGainが最大化する葉で分割します。そのため、木は深さの制約がなく、葉の分割を繰り返すので、片方だけが深い「左右非対称」な木に成長することがあります。図5.16を見ると、色が異なる葉がGain最大の葉のイメージで、次の分割が発生します。

図5.16　leaf wiseの決定木［7］

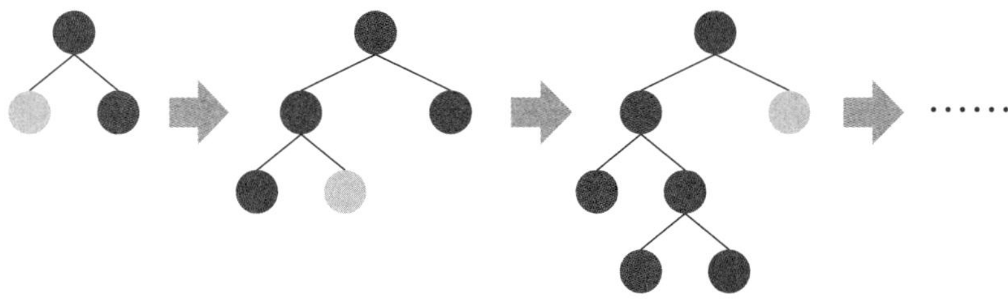

$$\text{Gain} = \frac{1}{2}\left[\frac{{G_L}^2}{H_L+\lambda} + \frac{{G_R}^2}{H_R+\lambda} - \frac{(G_L+G_R)^2}{H_L+H_R+\lambda}\right] - \gamma$$

なお、LightGBMにもハイパーパラメータmax_depthがありますが、初期値「－1（無限大）」をそのまま利用し、代わりにnum_leavesを指定します。leaf-wiseはレコード数が少ないときに過学習するので、max_depthは過学習を防ぎたいときに指定するとよいでしょう。

カテゴリ変数のヒストグラム化

決定木のレコード2分割は数値の特徴量が前提なので、カテゴリ変数は文字列から数値に変換し、モデルに渡す必要があります。決定木のカテゴリ変数の変換は「label encoding」が一般的です。

ただし、LightGBMやHistGradientBoostingRegressorなど一部のアルゴリズムは数値への変換が不要で、文字列のままモデルに渡すことができます。

LightGBMは、pandasの「category型」のカテゴリ変数を受け取ると、内部でカテゴリごとの損失関数の1次微分と2次微分を使って数値に変換します。数値変換されたカテゴリ変数は、ヒストグラムの作成が可能で、最適な分割点を計算できます。

カテゴリ数がKの場合、各カテゴリ変数を左と右に2分割する分割点の数は$2^{(K-1)}-1$個になります。一方、カテゴリ変数を数値に変換できると、分割点の数は$K-1$個になります。

計算量を比較すると、カテゴリ変数で2分割するときの計算量は$O(2^K)$です。数値に変換してヒストグラムで分割点を探索するときの計算量は、ヒストグラムを作成する際に発生するソート計算量$O(K\log(K))$に、分割点数$K-1$の計算量を加えた、$O(K\log(K)+K)$になります。詳細については、scikit-learnのドキュメント[21]を

ワンポイント

カテゴリ数Kの分割点の数

K個のカテゴリ変数を左右の葉に分割するとき、組み合わせは2^Kになります。この数からすべて左と、すべて右の2通りを除き、最後に左右の葉の区別をなくすために2で割るので、分割数は$2^{(K-1)}-1$になります。

ご確認ください。

上記の数値変換は「label encoding」を使った数値変換より精度がよくなる傾向があり、LightGBMはカテゴリ変数をpandasの「category型」に変換してモデルに渡す実装が一般的です。実装例は3.3節、4.3節を確認してください。

 LightGBMの可視化

LightGBMは、いままでの勾配ブースティングと異なり、特徴量の分割点の計算にヒストグラムを使います。ただし、ハイパーパラメータの設定次第でヒストグラムを無効化でき、5.2節 GradientBoostingRegressor、5.3節 XGBoostの実装と同じ予測値になります。

▼ライブラリのインポート

```
%matplotlib inline
import matplotlib.pyplot as plt
import numpy as np
import pandas as pd
from sklearn.metrics import mean_squared_error
import lightgbm as lgb
```

勾配ブースティングと同じデータを使用します。

ワンポイント 

カテゴリから数値への変換

カテゴリ変数から数値の変換はカテゴリごとの sum_gradient / sum_hessian を計算します。損失関数が二乗誤差の場合、sum_gradientは残差合計、sum_hessianはレコード件数となります。その結果、sum_gradient / sum_hessianはカテゴリごとの残差平均になります。公式ドキュメント[7]とIssue [22]を参照してください。

▼特徴量と目的変数の設定

```
X_train = np.array([[10], [20], [30], [40], [50], [60], [70], [80]])
y_train = np.array([6, 5, 7, 1, 2, 1, 6, 4])
```

ハイパーパラメータは、5.2節および5.3節の実装と条件を揃えるため、objective、learning_rate、max_depth、min_data_in_leafを指定します。加えて、min_data_in_binに1を指定して、1つのbinに入るレコード数を1個に制限します。これでヒストグラムを作成しなくなります。

図5.17　LightGBMのハイパーパラメータ

ハイパーパラメータ	初期値	説明
objective	regression	1次微分と2次微分を計算する損失関数を指定する。損失関数で回帰と分類を変更する。
metric	objectiveに依存	objectiveと異なる評価指標を使用するときに指定する。
learning_rate	0.1	1回のブースティングで加算する重みの比率
num_leaves	31	決定木の葉数の最大値
max_depth	−1（無限大）	決定木の深さの最大値
min_data_in_leaf	20	葉の作成に必要な最小のレコード数
max_bin	255	ヒストグラムのbinの件数の最大値
min_data_in_bin	3	ヒストグラムの1つのbinに含まれる最小のレコード数
min_gain_to_split	0	葉数に対する正則化の強さ
lambda_l1	0	L1正則化の強さ
lambda_l2	0	L2正則化の強さ

▼ハイパーパラメータの設定

```
lgb_train = lgb.Dataset(X_train, y_train)
params = {
    'objective': 'mse', # 損失関数
    'metric': 'mse', # 評価指標
    'max_depth': 2, # 深さの最大値
```

```
    'learning_rate': 0.8, # 学習率
    'min_data_in_leaf': 1, # 葉の最小のレコード数
    'max_bin': 255, # ヒストグラムの最大のbin数
    'min_data_in_bin': 1, # binの最小のレコード数
    'min_gain_to_split': 0, # 枝刈り
    'seed': 0, # 乱数
    'verbose': -1, # ログ表示
}
```

2回ブースティングします。

▼モデルの学習

```
model = lgb.train(params,
                  lgb_train,
                  num_boost_round=2,
                  valid_sets=[lgb_train],
                  valid_names=['train'])
```

▼実行結果

```
[1]     train's l2: 0.58
[2]     train's l2: 0.3816
```

予測値はGradientBoostingRegressor、およびXGBoostの予測値と小数点2桁で一致します。

▼学習データの予測値

```
model.predict(X_train)
```

▼実行結果

```
array([5.84000001, 5.36000001, 6.56000001, 1.44      , 1.44      ,
       1.44      , 4.96000001, 4.96000001])
```

予測値を使ってMSEを計算すると、ブースティング2回目のログの誤差と一致します。

▼学習データの予測値の評価

```
y_train_pred = model.predict(X_train)
print('MSE train: %.4f' % (mean_squared_error(y_train, y_train_
pred)))
```

▼実行結果

```
MSE train: 0.3816
```

1本目の木を可視化すると葉は4つで、leaf_valueが予測値です。GradientBoostingRegressor、XGBoostと異なり、leaf_valueに初期値4が含まれています。

▼1本目の木の可視化

```
lgb.plot_tree(model, tree_index=0, figsize=(20, 20))
```

▼実行結果

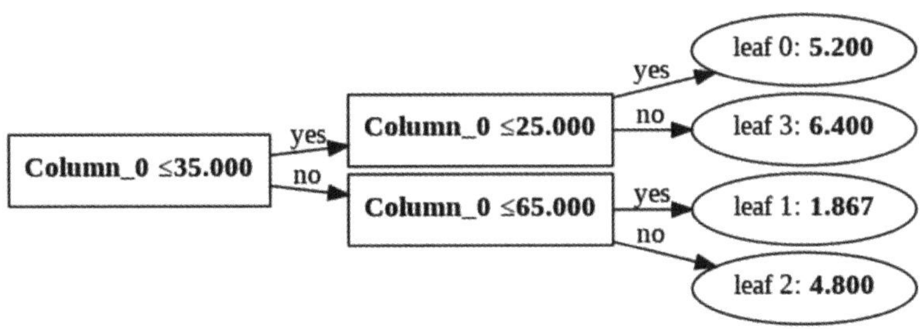

2本目の木はXGBoostと同じ予測になってます。ブースティング2回目の予測に学習率0.8をかけた値がleaf_valueに表示しています。

▼2本目の木の可視化

```
lgb.plot_tree(model, tree_index=1, figsize=(20, 20))
```

▼実行結果

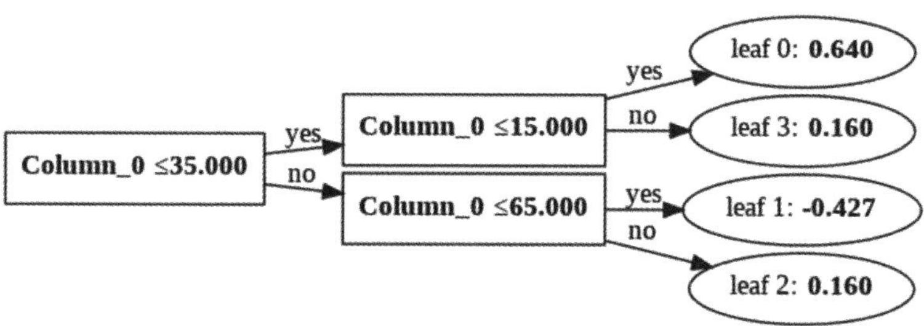

LightGBM (leaf-wise) の可視化

ハイパーパラメータの深さ2をコメントアウトして、葉数4を指定します。

▼ハイパーパラメータの変更

```
params2 = {
    'objective': 'mse', # 損失関数
    'metric': 'mse', # 評価指標
#     'max_depth': 2, # 深さの最大値
    'num_leaves': 4, # 葉数の最大値
    'learning_rate': 0.8, # 学習率
    'min_data_in_leaf': 1, # 葉の最小のレコード数
    'max_bin': 255, # ヒストグラムの最大のbin数
    'min_data_in_bin': 1, # binの最小のレコード数
    'min_gain_to_split': 0, # 枝刈り
    'seed': 0, # 乱数
    'verbose': -1, # ログ表示
}
```

変更したハイパーパラメータparams2で2回ブースティングします。

▼モデルの学習

```
model2 = lgb.train(params2,
                   lgb_train,
                   num_boost_round=2,
                   valid_sets=[lgb_train],
                   valid_names=['train'])
```

▼実行結果

```
[1]	train's l2: 0.52
[2]	train's l2: 0.1704
```

木を可視化すると、葉数は4ですが、深さが2から3に変化し、木が非対称になっています。

▼1本目の木の可視化

```
lgb.plot_tree(model2, tree_index=0, figsize=(20, 20))
```

▼実行結果

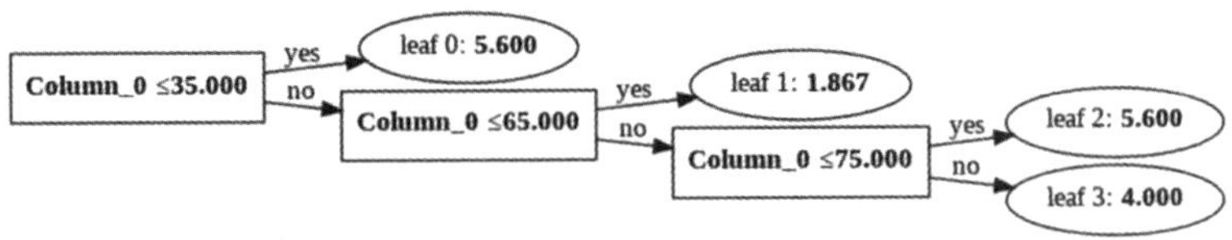

5.5

学習時間の比較

ハンズオンの最後は、ライブラリ scikit-learn、XGBoost、LightGBMの予測モデルを実装し、学習時間と精度を比較します。

太陽系外惑星データセットと前処理

学習にはNASAが提供している二値分類のデータセットを使用します。データはリンク先から取得できます。ファイルは2つあり、ファイル「exoTrain.csv」をハンズオンで使用します。

▼太陽系外惑星データセット(NASA)のリンクURL

https://www.kaggle.com/datasets/keplersmachines/kepler-labelled-time-series-data

太陽系外惑星データセットのレコード数は約5,000件、特徴量数は約3,000個になります。恒星ごとにレコードが作成され、特徴量には恒星の輝きを示す数値が入っています。正解ラベルの「ラベル1」は惑星を持たない星、「ラベル2」は惑星を持つ星を表します。

データセットの容量は260MBなのでColaboratoryの環境で動かす際、Notebookからローカルファイルを指定してアップロードすると時間がかかります。アップロードする方法は4.1節のコラムを参照してください。Colaboratoryで動かす際は、データセットをGoogleドライブにあらかじめ格納しておき、NotebookからGoogle Driveにマウントする方法を推奨します。

▼ライブラリのインポート

```
%matplotlib inline
import pandas as pd
import numpy as np
import matplotlib.pyplot as plt
import seaborn as sns
from sklearn.model_selection import train_test_split
from sklearn.metrics import accuracy_score
```

5 LightGBMへの発展

```
from sklearn.metrics import f1_score
from sklearn.metrics import confusion_matrix
from sklearn.metrics import classification_report
from sklearn.tree import DecisionTreeClassifier
from sklearn.ensemble import GradientBoostingClassifier
import xgboost as xgb
import lightgbm as lgb
```

マウントが完了すると、Googleドライブの中のディレクトリへ移動できます。

▼Googleドライブにマウント

```
from google.colab import drive
drive.mount('/content/drive')
```

▼実行結果

```
Mounted at /content/drive
```

ファイルをアップロードしたディレクトリに移動します。ハンズオンはファイル「exoTrain.csv」をディレクトリ「chaper5」にアップロードした例で説明します。

▼ディレクトリ移動

```
%cd '/content/drive/MyDrive/Colab Notebooks/lightgbm_sample/
chapter5'
```

▼実行結果

```
/content/drive/MyDrive/Colab Notebooks/lightgbm_sample/chapter5
```

pandasでデータセットを読み込みます。

▼データセットの読み込み

```
df = pd.read_csv('exoTrain.csv')
df.head()
```

▼実行結果

	LABEL	FLUX.1	FLUX.2	FLUX.3	FLUX.4	FLUX.5	FLUX.6	FLUX.7	FLUX.8	FLUX.9	...	FLUX.3188	FLUX.3189	FLUX.3190	FLUX.3191
0	2	93.85	83.81	20.10	-26.98	-39.56	-124.71	-135.18	-96.27	-79.89	...	-78.07	-102.15	-102.15	25.13
1	2	-38.88	-33.83	-58.54	-40.09	-79.31	-72.81	-86.55	-85.33	-83.97	...	-3.28	-32.21	-32.21	-24.89
2	2	532.64	535.92	513.73	496.92	456.45	466.00	464.50	486.39	436.56	...	-71.69	13.31	13.31	-29.89
3	2	326.52	347.39	302.35	298.13	317.74	312.70	322.33	311.31	312.42	...	5.71	-3.73	-3.73	30.05
4	2	-1107.21	-1112.59	-1118.95	-1095.10	-1057.55	-1034.48	-998.34	-1022.71	-989.57	...	-594.37	-401.66	-401.66	-357.24

5 rows × 3198 columns

データの形状を確認します。行数は約5,000、列数は3,000を超えます。

▼データ形状

```
df.shape
```

▼実行結果

```
(5087, 3198)
```

データ型は正解ラベルLABELはint型で、それ以外の特徴量FLUX.はfloat型になります。

▼データ型

```
df.info()
```

▼実行結果

```
<class 'pandas.core.frame.DataFrame'>
RangeIndex: 5087 entries, 0 to 5086
Columns: 3198 entries, LABEL to FLUX.3197
dtypes: float64(3197), int64(1)
memory usage: 124.1 MB
```

欠損値はありません。

▼欠損値の有無

```
df.isnull().sum().sum()
```

▼実行結果

```
0
```

正解ラベルの内訳を確認します。惑星を持たない恒星が5,050件で、惑星を持つ恒星が37件で、正解ラベルが不均衡なデータセットです。

▼正解ラベルの件数内訳

```
df['LABEL'].value_counts()
```

▼実行結果

```
1    5050
2      37
Name: LABEL, dtype: int64
```

惑星を持つ星を「ラベル1」、持たない星を「ラベル0」に置換します。予測モデルは「ラベル1」(惑星を持つ星)の確率を予測します。正解ラベルは不均衡なので、混同行列で評価します。

▼前処理

```
# 正解ラベルの置換
df['LABEL'] = df['LABEL'].replace(1, 0)
df['LABEL'] = df['LABEL'].replace(2, 1)

# 置換後の正解ラベルの件数内訳
df['LABEL'].value_counts()
```

▼実行結果

```
0    5050
1      37
Name: LABEL, dtype: int64
```

 ライブラリの学習時間比較

ハンズオンの最後は、前処理したデータセットを使って、分類木、勾配ブースティング分類、XGBoost、LightGBMの4つの二値分類モデルを作成し、モデル学習の実行時間を比較します。ハンズオンは公平な比較ができるように、可能な範囲でハイパーパラメータの設定を揃えます。また、学習データの混同行列を表示して、モデルの精度を確認します。本来の評価は、ホールドアウト法で学習データとテストデータにレコードを分割しますが、今回は全レコードを学習に使用し、学習データで簡易的に精度を確認します。特徴量は「LABEL」以外の列、目的変数は「LABEL」の列を設定します。

▼特徴量と目的変数の設定

```
X_train = df.drop(['LABEL'], axis=1)
y_train = df['LABEL']
```

深さ2の分類木を実装します。実行時間は約6秒です。37件の「ラベル1」の内、予測モデルで検出できた件数は1件です。

■図5.18 DecisionTreeClassifierのハイパーパラメータ

ハイパーパラメータ	初期値	説明
criterion	gini	分割点を計算するときの不純度を指定する。回帰木と異なり、gini係数(gini)かエントロピー(entropy)などを指定する。
max_depth	None	決定木の深さの最大値
min_samples_leaf	1	葉の作成に必要な最小のレコード数
ccp_alpha	0	葉数に対する正則化の強さ

▼DecisionTreeClassifierの実行時間

```
# 分類木の学習
start = time.time()
model_tree = DecisionTreeClassifier(max_depth=2, random_state=0)
model_tree.fit(X_train, y_train)
y_train_pred = model_tree.predict(X_train)
end = time.time()
```

```
elapsed = end - start
print('Run Time: ' + str(elapsed) + ' seconds')

# 混同行列
cm = confusion_matrix(y_train, y_train_pred)
sns.heatmap(cm, annot=True, fmt='d', cmap='Blues')
plt.xlabel('pred')
plt.ylabel('label')
```

▼実行結果

```
Run Time: 6.1362245082855225 seconds
```

▼実行結果

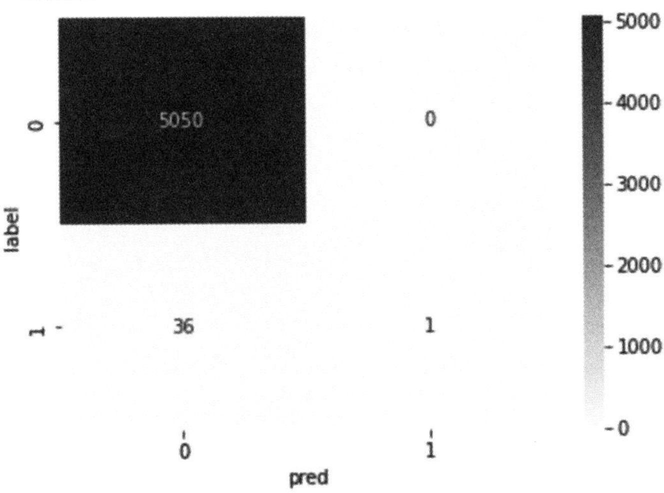

図5.19　GradientBoostingClassifierのハイパーパラメータ

ハイパーパラメータ	初期値	説明
n_estimators	100	ブースティングする決定木の数を指定する。
learning_rate	0.1	1回のブースティングで加算する重みの比率
criterion	friedman_mse	誤差の評価指標を指定する。
loss	log_loss	損失関数を指定する。
max_depth	3	決定木の深さの最大値

min_samples_leaf	1	葉の作成に必要な最小のレコード数
ccp_alpha	0	葉数に対する正則化の強さ

勾配ブースティングを実装します。勾配ブースティングはブースティング回数100回、学習率0.1で実装します。木の深さは2を使用します。

GradientBoostingClassifierで予測モデルを実装すると、100本ぶんの木の作成があるので、実行時間は約370秒です。混同行列を確認すると、37件の「ラベル1」の内、32件を正しく分類できています。

▼GradientBoostingClassifierの実行時間

```
# GradientBoostingClassifierの学習
start = time.time()

model_gbdt = GradientBoostingClassifier(n_estimators=100,
learning_rate=0.1, max_depth=2, criterion='squared_error',
random_state=0)
model_gbdt.fit(X_train, y_train)
y_train_pred = model_gbdt.predict(X_train)

end = time.time()

elapsed = end - start
print('Run Time: ' + str(elapsed) + ' seconds')

# 混同行列
cm = confusion_matrix(y_train, y_train_pred)
sns.heatmap(cm, annot=True, fmt='d', cmap='Blues')
plt.xlabel('pred')
plt.ylabel('label')
```

▼実行結果

```
Run Time: 370.25381302833557 seconds
```

▼実行結果

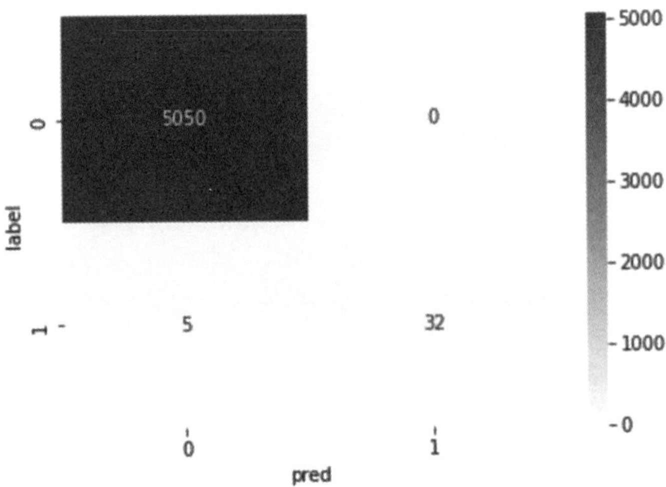

続いてXGBoostを実装します。XGBoostのブースティング回数、学習率、木の深さはGradientBoostingClassifierと同じ条件を指定します。また、損失関数objectiveは二値交差エントロピー、min_child_weightはLightGBMの初期値1e-3を指定します。XGBoostはL2正則化の初期値は1なので、ハイパーパラメータreg_lambdaで0を指定して、正則化を無効化します。なお、tree_methodは「auto」を指定していますが、「hist」を指定しても同じくらいの学習時間になります。XGBoostのnthreadの初期値は計算環境の最大スレッド数です。他のアルゴリズムと条件を揃えるため、スレッド数1を指定し、並列計算を無効化します。

▼XGBoostハイパーパラメータの設定

```
xgb_train = xgb.DMatrix(X_train, label=y_train)

params_xgb = {
    'objective': 'reg:logistic', # 損失関数
    'max_depth': 2, # 深さの最大値
    'learning_rate': 0.1, # 学習率
    'base_score': 0.5, # 初期値
    'min_child_weight': 1e-3, # 葉の2次微分の最小値
    'min_split_loss': 0, # 枝刈り
```

```
    'reg_alpha': 0, # L1正則化
    'reg_lambda': 0, # L2正則化
    'tree_method': 'auto', # 計算方法
    'nthread': 1, # スレッド数
    'seed': 0, # 乱数
}
```

図5.20　XGBoostのハイパーパラメータ

ハイパーパラメータ	初期値	説明
objective	reg：squarederror	1次微分と2次微分を計算する損失関数を指定する。損失関数で回帰と分類を変更する。回帰はreg:squarederror、分類はreg:logisticなどを使用する。
eval_metric	objectiveに依存	回帰の場合、初期値：rmse 分類の場合、初期値：logloss
learning_rate	0.3	学習率を指定する。初期値0.3は大きいので、小さい値を指定する。
base_score	0.5	予測の初期値を指定する。lightgbmは目的関数を使って自動的に計算するが、xgboostはハイパーパラメータで指定する。
min_child_weight	1	葉の作成に必要な2次微分の最小値を指定する。回帰と分類で指定する値を変える。
max_depth	6	決定木の深さの最大値
min_split_loss	0	葉数に対する正則化の強さ
reg_lambda	1	L2正則化の強さを指定する。初期値が1なので無効にするときは0を指定する。
reg_alpha	0	L1正則化の強さ
tree_method	auto	分割点の計算方法を指定する。 auto：データサイズで自動選択 exact：小規模データセットに使用 approx：大規模データセットに使用 hist：大規模データセットに使用し、ヒストグラムで計算
nthread	計算環境の論理プロセッサーの数（スレッド数）	並列計算に使用するスレッド数を指定する。

実行時間は約56秒です。37件の「ラベル1」のうち、28件を正しく分類できています。

▼XGBoostの実行時間

```
# XGBoostの学習
start = time.time()

model_xgb = xgb.train(params_xgb,
                      xgb_train,
                      num_boost_round=100)
y_train_pred_proba= model_xgb.predict(xgb.DMatrix(X_train))
y_train_pred = np.round(y_train_pred_proba)

end = time.time()

elapsed = end - start
print('Run Time: ' + str(elapsed) + ' seconds')

# 混同行列
cm = confusion_matrix(y_train, y_train_pred)
sns.heatmap(cm, annot=True, fmt='d', cmap='Blues')
plt.xlabel('pred')
plt.ylabel('label')
```

▼実行結果

```
Run Time: 56.078919410705566 seconds
```

▼実行結果

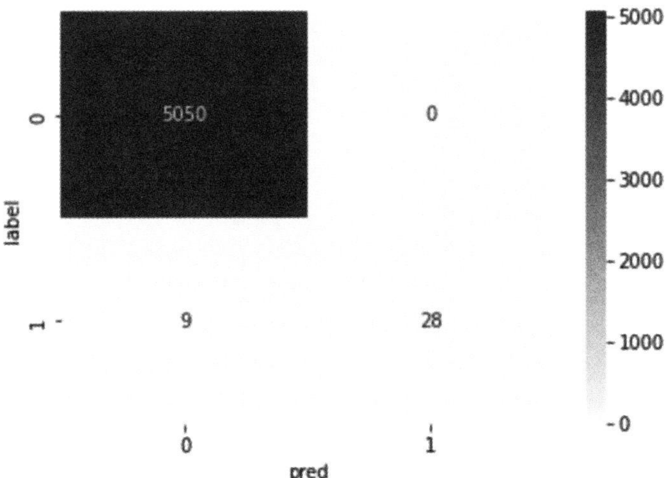

最後に、LightGBMで実装して学習時間を確認します。XGBoostと比較できるよう損失関数、ブースティング回数、学習率、木の深さ、2次微分、正則化、スレッド数の設定値を揃えます。max_binなどLightGBM固有のハイパーパラメータは初期値を使用します。

▼LightGBMハイパーパラメータの設定

```
lgb_train = lgb.Dataset(X_train, y_train)

params_lgb = {
    'objective': 'binary', # 損失関数
    'max_depth': 2, # 深さの最大値
    'learning_rate': 0.1, # 学習率
    'min_data_in_leaf': 20, # 葉の最小のレコード数
    'min_sum_hessian_in_leaf': 1e-3, # 葉の2次微分の最小値
    'max_bin': 255, # ヒストグラムの最大のbin数
    'min_data_in_bin': 3, # binの最小のレコード数
    'min_gain_to_split': 0, # 枝刈り
    'lambda_l1': 0, # L1正則化
    'lambda_l2': 0, # L2正則化
```

```
    'num_threads': 1, # スレッド数
    'seed': 0, # 乱数
    'verbose': -1, # ログ表示
}
```

■図5.21　LightGBMのハイパーパラメータ

ハイパーパラメータ	初期値	説明
objective	regression	1次微分と2次微分を計算する損失関数を指定する。損失関数で回帰と分類を変更する。
metric	objectiveに依存	objectiveと異なる評価指標を使用するときに指定する。
learning_rate	0.1	1回のブースティングで加算する重みの比率
num_leaves	31	決定木の葉数の最大値
max_depth	−1（無限大）	決定木の深さの最大値
min_data_in_leaf	20	葉の作成に必要な最小のレコード数
min_sum_hessian_in_leaf	1e−3	葉の作成に必要な2次微分の最小値を指定する。XGBoostのmin_child_weightに対応する。
max_bin	255	ヒストグラムのbinの件数の最大値
min_data_in_bin	3	ヒストグラムの1つのbinに含まれる最小のレコード数
min_gain_to_split	0	葉数に対する正則化の強さ
lambda_l1	0	L1正則化の強さ
lambda_l2	0	L2正則化の強さ
num_threads	計算環境のCPUコア数	並列計算に使用するスレッド数を指定する。推奨値はCPUコアの数であり、論理プロセッサーの数（スレッド数）ではない。

実行時間は約12秒に短縮し、37件のラベル1の内、35件を正しく分類できています。

▼LightGBMの実行時間

```
# LightGBMの学習
start = time.time()

model_lgb = lgb.train(params_lgb, lgb_train, num_boost_round=100)

y_train_pred_proba = model_lgb.predict(X_train)
y_train_pred = np.round(y_train_pred_proba)

end = time.time()

elapsed = end - start
print('Run Time: ' + str(elapsed) + ' seconds')

# 混同行列
cm = confusion_matrix(y_train, y_train_pred)
sns.heatmap(cm, annot=True, fmt='d', cmap='Blues')
plt.xlabel('pred')
plt.ylabel('label')
```

▼実行結果

```
Run Time: 12.161127805709839 seconds
```

▼実行結果

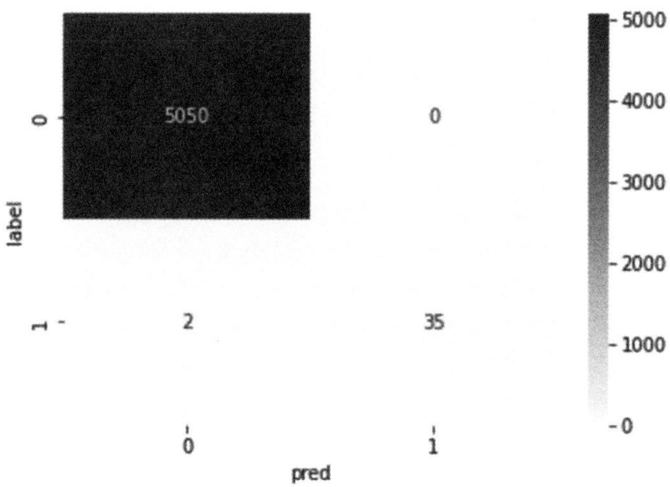

以上、二値分類の予測モデルを通じて、決定木、勾配ブースティング、XGBoost、LightGBMの学習時間と精度を比較しました。LightGBMは学習時間が圧倒的に短く、精度が高い予測モデルを実装できます。

本章のまとめ

- scikit-learn DecisionTreeRegressorの回帰木は$n \times m$の特徴量Xを使って学習するとき、計算量は$O(n \times m)$になります。
- scikit-learn GradientBoostingRegressorの勾配ブースティングは回帰木を使用するため、本の木で学習したときの計算量は$O(K \times n \times m)$になります。
- XGBoostの目的関数は、アンサンブル学習の目的関数を「重み」に依存する関数に整理します。その結果、目的関数が最小化する「重み」でレコードを分割できます。
- LightGBMは特徴量の数値をヒストグラムで離散化して計算するため、1回のブースティングの計算量は$O(n \times m)$から$O(\mathrm{bins} \times m)$に減少します。
- LightGBMは葉に対してGainを計算して、Gainが最大化する葉を分割します。

参考文献

[1] scikit-learn algorithm cheat-sheet
https://scikit-learn.org/stable/tutorial/machine_learning_map/index.html

[2] Friedman, J.H. (2001) . Greedy function approximation: A gradient boosting machine. Annals of Statistics, 29, 1189-1232.
https://projecteuclid.org/journals/annals-of-statistics/volume-29/issue-5/Greedy-function-approximation-A-gradient-boosting-machine/10.1214/aos/1013203451.full

[3] Yoav Freund, Robert E. Schapire (1996) , Experiments with a New Boosting Algorithm
https://cseweb.ucsd.edu/~yfreund/papers/boostingexperiments.pdf

[4] Tianqi Chen, Carlos Guestrin (2014) , XGBoost: A Scalable Tree Boosting System
https://arxiv.org/abs/1603.02754

[5] XGBoost (Introduction to Boosted Trees)
https://xgboost.readthedocs.io/en/stable/tutorials/model.html

[6] Guolin Ke ,et al. (2016) , LightGBM: A Highly Efficient Gradient Boosting Decision Tree
https://proceedings.neurips.cc/paper/2017/file/6449f44a102fde848669bdd9eb6b76fa-Paper.pdf

[7] LightGBM (Features)
https://lightgbm.readthedocs.io/en/latest/Features.html

[8] LightGBM (Parameters)
https://lightgbm.readthedocs.io/en/latest/Parameters.html

[9] LightGBM (Parameters Tuning)
https://lightgbm.readthedocs.io/en/latest/Parameters-Tuning.html

[10] Histogram-Based Gradient Boosting (1.11.5. Histogram-Based Gradient Boosting)
https://scikit-learn.org/stable/modules/ensemble.html#histogram-based-gradient-boosting

[11] Liudmila Prokhorenkova ,et al. (2017) , CatBoost: unbiased boosting with categorical features
https://arxiv.org/abs/1706.09516

[12] Scott Lundberg, Su-In Lee (2017) , A Unified Approach to Interpreting Model Predictions
https://arxiv.org/abs/1705.07874

[13] Welcome to the SHAP documentation
https://shap.readthedocs.io/en/latest/index.html
[14] Dominik Janzing ,et al. (2019) , Feature relevance quantification in explainable AI: A causal problem
https://arxiv.org/abs/1910.13413
[15] TreeEnsemble instance has no attribute 'values' in LightGBM
https://github.com/slundberg/shap/issues/480
[16] Unclear documentation regarding min_data_in_leaf and min_sum_hessian_in_leaf
https://github.com/microsoft/LightGBM/issues/3816
[17] Explanation of min_child_weight in xgboost algorithm
https://stats.stackexchange.com/questions/317073/explanation-of-min-child-weight-in-xgboost-algorithm
[18] Optuna
https://optuna.readthedocs.io/en/latest/
[19] XGBoost:Custom Objective and Evaluation Metric
https://xgboost.readthedocs.io/en/stable/tutorials/custom_metric_obj.html
[20] LightGBM:Custom Objective and Evaluation Metric
https://github.com/microsoft/LightGBM/blob/master/examples/python-guide/advanced_example.py
[21] Histogram-Based Gradient Boosting (1.11.5.4. Categorical Features Support)
https://scikit-learn.org/stable/modules/ensemble.html#histogram-based-gradient-boosting
[22] optimal split for categorical features
https://github.com/Microsoft/LightGBM/issues/699

索引

【た行】

【な行】

【は行】

【ま行】

【や行】

【ら行】

【アルファベット】

●著者プロフィール

毛利　拓也（もうり　たくや）

大学院で量子コンピュータの素子となる量子ビットの理論モデルを研究、論文を執筆し修了。SIerではエンジニアとして、基幹システム（SAP）の開発運用プロジェクトに従事。コンサルティング会社ではITコンサルタントとして基幹システムの導入および開発運用プロジェクトをリード。AIスタートアップではプロジェクトマネージャーとして機械学習システムの開発運用（MLOps）プロジェクトおよびMLOps基盤の構築プロジェクトをリード。

『PyTorchニューラルネットワーク実装ハンドブック』、『scikit-learnデータ分析実装ハンドブック』、『GANディープラーニング実装ハンドブック』を共著で執筆（いずれも株式会社秀和システム）。

『最新マーケティングの教科書2022』、『日経コンピュータ（2022年10/13号）』にMLOpsの記事を寄稿（いずれも日経BP）。

LightGBM（ライトジービーエム） 予測（よそく）モデル実装（じっそう）ハンドブック

発行日　2023年　6月26日　　第1版第1刷
　　　　2023年　9月　1日　　第1版第2刷

著　者　毛利（もうり）　拓也（たくや）

発行者　斉藤　和邦

発行所　株式会社　秀和システム
〒135-0016
東京都江東区東陽2-4-2　新宮ビル2F
Tel 03-6264-3105（販売）Fax 03-6264-3094

印刷所　三松堂印刷株式会社　　Printed in Japan

ISBN978-4-7980-6761-2 C3055

定価はカバーに表示してあります。
乱丁本・落丁本はお取りかえいたします。
本書に関するご質問については、ご質問の内容と住所、氏名、電話番号を明記のうえ、当社編集部宛FAXまたは書面にてお送りください。お電話によるご質問は受け付けておりませんのであらかじめご了承ください。